中国城市规划设计研究院重大项目成果

中国工程院重大咨询项目

村镇规划建设与管理

Rural Planning，Construction and Management

（上卷）

《村镇规划建设与管理》项目组 著

中国建筑工业出版社

审图号：GS（2020）6439号

图书在版编目（CIP）数据

村镇规划建设与管理 = Rural Planning，Construction and Management．上卷 /《村镇规划建设与管理》项目组著．—北京：中国建筑工业出版社，2019.1

ISBN 978-7-112-22965-9

Ⅰ．①村… Ⅱ．①村… Ⅲ．①乡村规划－研究－中国 Ⅳ．①TU982.29

中国版本图书馆CIP数据核字（2018）第264451号

本卷包括《村镇规划建设与管理》的课题一、课题二和课题二子课题的研究报告。课题一《综合报告》由邹德慈、王凯负责。课题二《村镇规划管理与土地综合利用研究》由王凯负责。分六章梳理了研究内容，包括研究概述；村镇规划、管理与土地利用的主要问题；国内相关规划管理探索的得失分析；国外村镇规划与管理经验借鉴；村镇空间发展态势判断；政策建议。子课题《以人为本的乡村治理制度改革与创新》由叶裕民负责，内容包括中国城乡关系变迁与系统性障碍；中国古代乡村治理历史演进与治理特征；中国现代乡村规划建设管理制度；国际乡村规划治理的经验与教训；中国新时代乡村规划建设管理趋势；以人为本的乡村规划治理理论框架与制度创新；中国乡村规划治理区域性差异及治理模式。

本书适合于村镇规划建设的政策制定者及相关从业人员参考使用。

责任编辑：李春敏　张　磊
书籍设计：锋尚设计
责任校对：赵　颖

村镇规划建设与管理（上卷）
Rural Planning，Construction and Management
《村镇规划建设与管理》项目组　著
*
中国建筑工业出版社出版、发行（北京海淀三里河路9号）
各地新华书店、建筑书店经销
北京锋尚制版有限公司制版
天津图文方嘉印刷有限公司印刷
*
开本：787毫米×1092毫米　1/16　印张：19¾　字数：300千字
2020年11月第一版　2020年11月第一次印刷
定价：198.00元
ISBN 978-7-112-22965-9
（33049）

总目录

课题三　农村经济与村镇发展研究

课题四　村镇环境基础设施建设研究

课题五　村镇文化、特色风貌与绿色建筑研究

目录

课题一　综合报告

课题二　村镇规划管理与土地综合利用研究

子课题　以人为本的乡村治理制度改革与创新

中国工程院重大咨询项目：村镇规划建设与管理

课题一
综合报告

项目委托单位：中国工程院

项目承担单位：中国城市规划设计研究院

项目负责人：邹德慈　中国工程院院士

王　凯　教授级高级城市规划师

课题主要参加人：

靳东晓　教授级高级城市规划师

谭　静　教授级高级城市规划师

曹　璐　教授级高级城市规划师

魏　来　城市规划师

陈　宇　高级城市规划师

冯　旭　城市规划师

蒋　鸣　城市规划师

卓　佳　高级城市规划师

华传哲　城市规划师

王　璐　城市规划师

许顺才　教授级高级城市规划师

前 言

我国已进入全面建成小康社会的决定性阶段，正处于经济转型升级、加快推进社会主义现代化的重要时期和新型城镇化深入发展的关键时期。《中共中央关于制定国民经济和社会发展第十三个五年规划的建议》提出："坚持发展是第一要务，以提高发展质量和效益为中心，加快形成引领经济发展新常态的体制机制和发展方式。牢固树立创新、协调、绿色、开放、共享的发展理念。重点促进城乡区域协调发展，促进经济社会协调发展，促进新型工业化、信息化、城镇化、农业现代化同步发展。"推进城乡发展一体化，是工业化、城镇化、农业现代化发展到一定阶段的必然要求，是国家现代化的重要标志①。

中国的现代化经历了百年历程。中华人民共和国成立以来，特别是改革开放40年来，伴随着国家社会经济的持续快速发展，城市经济和城市建设的现代化突飞猛进。从某种程度上来说，我国已经基本实现了城市的现代化。相比较而言，农业和农村的现代化仍处于起步阶段。城乡二元结构的刚性约束和城乡系统的分治状态，直接导致国家经济快速增长的同时，城乡差距持续扩大、社会不平等问题突出、生态环境不断恶化，造成城镇化带来的经济效益越来越多地被巨大的社会成本、环境成本所抵消。正如习近平同志指出，"近年来，党中央坚持把解决好'三农'问题作为全党工作重中之重，不断加大强农惠农富农政策力度，农业基础地位得到显著加强，农村社会事业得到显著改善，统筹城乡发展、城乡关系调整取得重大进展。同时，由于欠账过多、基础薄弱，我国城乡发展不平衡、不协调的矛盾依然比较突出，加快推进城乡发展一体化意义更加凸显、要求更加紧迫。"近期，中央更是加快了农村改革的步伐。2017年中央经济工作会议

① 习近平. 健全城乡发展一体化体制机制　让广大农民共享改革发展成果. 习近平同志在2015年4月30日的中央政治局集体学习时的讲话，2015年05月01日，来源：新华网。

中提出“深入推进农业供给侧结构性改革……细化和落实承包土地‘三权分置’办法，培育新型农业经营主体和服务主体……统筹推进农村土地征收、集体经营性建设用地入市、宅基地制度改革试点”。

长期以来，以城市为中心的经济增长模式决定了我国规划、建设、管理的重心也在城市。当前，中央提出加快推进城乡发展一体化，意味着城乡规划、建设和管理也必须适应整个国家发展模式的转型，从城乡分治、重城轻乡走向城乡一体、关注乡村。长期以来，乡村地区在规划、建设、管理领域缺乏理论支撑，研究和实践存在诸多不足。为此，2013年邹德慈院士牵头主持了中国工程院重大咨询项目《村镇规划建设与管理》，这也是继《中国特色新型城镇化发展战略研究》之后在城乡规划建设领域启动的又一项工程院重大咨询项目，旨在通过对我国城镇化进程中乡村地区发展滞后问题的分析，找准制约瓶颈和主要矛盾，树立系统性思维，做好整体谋划和顶层设计，进一步提高农村改革决策和乡村规划建设管理的科学性，促进中国城乡关系的平衡协调和村镇的健康发展。

在正式启动中国工程院重大咨询项目《村镇规划建设与管理》之前，中国城市规划设计研究院于2013年初即开展了该项目的前期调研工作。2013年11月26～28日，在北京香山饭店召开了以“我国村镇规划建设和管理的问题与趋势”为主题的第478次香山科学会议，邀请来自国内40余位专家学者与会，围绕我国村镇发展的形势与问题、村镇发展模式与新型城镇化战略、村镇建设的科学规划与管理三个中心议题进行了广泛交流和深入讨论。2014年初，《村镇规划建设与管理》项目正式启动，该咨询项目下设综合报告和农村经济与村镇发展研究、村镇规划管理与土地综合利用研究、村镇环境基础设施建设研究、村镇文化特色风貌与绿色建筑研究四个子课题，由邹德慈、崔愷、石玉林等几位院士分别牵头，多家单位共同参与。截至2015年底，课题组已完成对山东邹平，北京周边，河北宣化以及河北南部，江苏昆山、江阴，广东南海、东莞、深圳、广州，四川绵阳三台县等我国东、中、西部不同地区村镇的调研工作。2015年11月21～22日，在北京召开了中国工程院第219场中国工程科技论坛“村镇规划建设与管理国际论坛”，来自国内外多个领域的专家和学者围绕“中国村镇规划建设与管理”这一中心议题和咨询项目已经取得的初步成果进行了多角度、跨学科的深入研讨。2016年7月28日和8月2日，课题组在北京又就“乡愁”和“农村宅基地制度改革”两个议题，邀请来自政府部门、科研、院校以及NGO组织的专家和学者召开了专题研讨会。截至2016年12月，课题组已完成综合报告和四个子课题报告的撰写工作。2016年12月26日，在中国城市规划设计研究院召开了课题的专家评审会。中国工程院主席团名誉主席徐匡迪院士任专家组组长，主持评审。侯立安院士等七位教授、专家参与评审，一致认为课题在诸多方面有突破和创新，是一项高水平的科研成果，达到国内领先水平。

一　村镇规划建设与管理的特征和问题

改革开放近40年来，我国经济、社会生活的方方面面均取得了前所未有的发展和进步，但作为“后发”国家，这些发展和进步是在高度“时空压缩[①]”的背景下取得的。其正面效应在于我国在30年的时间里完成了发达国家用百年实现的历史任务，而负面效应体现在发达国家百年中不断出现、不断解决的矛盾与问题在我国短时期集中爆发，使得当前的改革发展面临的挑战更为严峻。

我国能在高度“时空压缩”的背景下取得如此巨大的发展和进步，与长期以来我国农村做出的巨大贡献是分不开的。农村是中国经济资本化进程的稳定器[②]，是中国现代化的稳定器和蓄水池[③]。与此同时，乡村在产业、社会、文化、建设和管理等多领域也罹患严重的“乡村病”[④]。

课题研究的对象“村镇”，是指包括乡镇驻地（不含县城关镇）、村庄居民点在内的广大乡村地区。截至2017年底，全国共有建制镇1.81万个，建制镇建成区户籍人口1.6亿人；乡1.03万个，乡建成区户籍人口0.25亿人；村224.9万个，村户籍人口7.56亿人。镇乡村户籍总人口9.41亿人，占全国户籍总人口的67.7%，村镇数量之大，人口之多，说明其仍然是我国城乡最为重要的空间管理单元之一。

① “时空压缩”的概念源自大卫·哈维（David Harvey，1935-，英国，代表作品《空间观察》、《资本的限度》等），哈维认为现代性改变了时间与空间的表现形式，并进而改变了我们经历与体验时间与空间的方式。而由现代性促进的“时空压缩”过程，在后现代时期已被大大加速，迈向“时空压缩”的强化阶段。

② 温铁军. 农村是中国经济资本化进程稳定器[N]. 第一财经日报，2011-12-30.

③ 贺雪峰. 农村是中国现代化稳定器与蓄水池[N]. 中国乡村发现，2014-12-01.

④ 刘彦随. 新型城镇化应治乡村病[N]. 人民日报，2013-09-10.

（一）乡村经济发展乏力，社会结构失衡

1. 农业发展缺乏竞争力，非农产业发展不平衡，农民持续增收困难

我国农业生产区域布局与资源禀赋条件不匹配。2005~2010年，我国粮食产量重心北移106公里，到达河南封丘县东南部，北粮南运与南水北调并存，加大了北方地区耕地、水资源与生态安全风险。

传统农业比较收益低、缺乏竞争力。我国农业生产面临着成本不断抬升、价格天花板不断下压的双重挤压，农民从事单一的种植业或畜牧业的比较效益较低，缺乏竞争力。农业小生产与社会化大市场的矛盾日益突出，小规模、分散式的农业经营既难以有效满足全社会对农产品的大量需求，又难以抵御自然灾害、市场波动带来的各种风险。由于我国的劳动生产率比较低，谷物产品如玉米、小麦、大米的国内价格远高于国际市场。

现代农业发展的基础薄弱。一、二、三产业融合程度低、层次浅，未能真正建立紧密协作的产业链，难以形成具有市场竞争力的现代农业体系。目前我国的农产品加工率（初加工以上的农产品比例）只有55%，精深加工率（二次以上加工）不足45%，低于发达国家90%和80%的初加工和精深加工水平。在拉动就业方面，主要发达国家从事农副产品深加工的劳动力是从事农业生产的5倍多，而我国农产品加工企业人数还不到从事农业生产人口的1/10。

非农产业发展总体上不平衡、不协调。位于大城市近郊区、大都市连绵区的乡村非农产业发展的市场需求大、动力也强，总体上发展态势好；传统农区承受着较重的粮食生产压力，农业结构调整与非农产业发展限制多、阻力大；而地处偏远欠发达的乡村地区则缺乏非农产业的成长基础和发展动力。

2. 乡村社会主体老弱化，谁来种地困境凸显，社会治理艰难前行

农村社会结构不完整，农村劳动力主体老弱化加剧。随着工业化和城镇化进程的快速推进，农村大量青壮年劳动力不断进入城市，农村“三留

人口”群体快速增大。2014年全国妇联最新调查显示，我国农村留守儿童数量超过6100万人，约占全国儿童总数的21.88%，总体规模呈现扩大趋势。“三留人口”难以适应和支撑现代农业的发展。

农村家庭呈现“空巢化”，农村老龄化比城市更为严重。我国已进入老龄化社会，劳动力人口比例逐渐降低，人口红利在逐渐消失，农村未富先老的问题尤为突出。我国60岁以上的人口比例由2000年的10%增至2014年的15.5%，农村老龄化率高出城市1.24%。《中国老龄事业发展报告（2013）》显示，2012年我国农村留守老人达5000万人，老年农民逐渐成为农村劳动力主体。

留守儿童问题日益突出，隐含极高的社会风险。调查表明，我国安徽、江西、重庆、四川等中西部地区的留守儿童占农村儿童比例高达50%。农村留守人口在生活、教育、心理、安全等方面潜伏的社会问题亟需引起高度重视。

农村社会主体老弱化、精英缺失、基层政府手段不足，导致全国不同乡村地区均面临艰巨的社会治理压力。

（二）耕地被占和耕种结构扭曲并存，宅基地扩张与闲置并举

我国最强劲的经济发展区域与亟需保护的集中连片优质耕地分布区域在空间上大致重合，农业内部结构调整存在逐利性和庸惰性，导致耕地由粮食种植向果园、茶叶、畜牧业和水产养殖等用途转变，水田改为旱地，加上城市、工业对耕地的占用，导致耕地面积持续减少，耕种结构严重扭曲。

乡村空间资源利用存在较大浪费。改革开放以来，我国工业化、城镇化进程不断加快，农村常住人口不断减少，而农村居民点用地却不断增加。统计资料显示，2000~2011年全国农村人口减少了1.33亿人，农村居民点用地却增加了3045万亩（图1-1-1）。农村人口快速非农化引起的“人走屋空”和普遍的“建新不拆旧”相伴而生，成为优化城乡土地利用配置、统筹城乡协调发展和新农村建设面临的现实困境和瓶颈问题。

村庄低水平重复建设，导致资源的极大浪费。绝大多数农宅建造时无

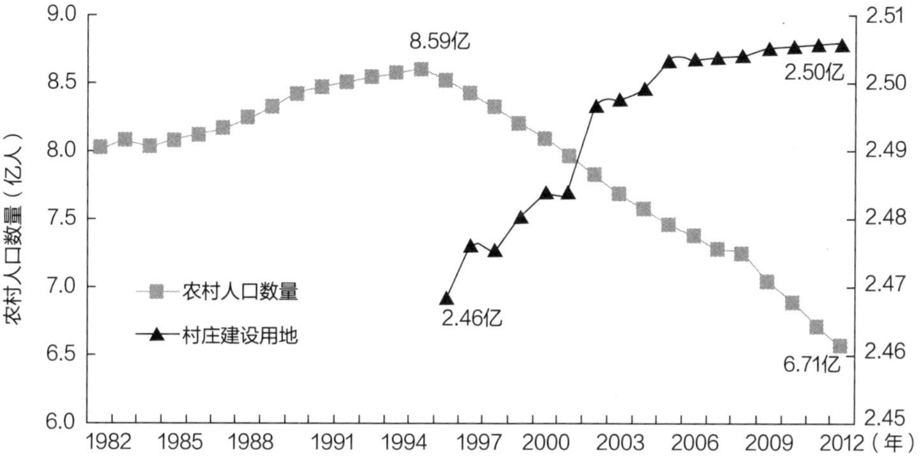

图1-1-1　我国农村人口数量与村庄建设用地变化

设计依据，施工无资质，竣工无验收，使得农房一直处于无规划、低水平的重复建设之中。而村庄分散、细碎，缺乏统筹规划和资金的多头投入，也导致农村基础设施、公共服务设施的重复建设和使用效率低下。

我国"一户一宅"制度设计的不适应性日益凸显。长期以来，我国以"一户一宅"为基本特征的福利化宅基地使用制度，为广大农民改善生活居住条件、维护"住有所居"的基本权利提供了重要保障。但是，在经济社会背景发生了巨大变化的新形势下，农村宅基地使用权制度的一些缺陷和不适应性开始显现。首先，我国农户的数量已经由新中国成立初期的1亿户左右增长到现在的2亿～3亿户，宅基地的无偿、无限期、无退出使用制度已经难以为继；其次，不少地方农村宅基地的使用很难确保公平和达到集约节约利用的管理要求，大量空废户、空心村出现，国土资源部的数据显示我国约有2亿亩农村宅基地，其中10%～20%是闲置的，部分地区闲置率甚至高达30%；最后，1988年之后宅基地开始有偿使用，正式和非正式渠道获得宅基地的现象在一些地区出现。因此，在人地矛盾日益突出的新时期，亟需探索推进我国"一户一宅"的宅基地供给与管理制度改革。

（三）城乡基本公共服务差距明显，农村人居环境亟待改善

全面建成小康社会，农村人居环境亟待改善。不仅在基础设施和基本

公共服务上，还包括在环境和生态上。

我国目前城乡基本公共服务差距明显。以教育和医疗为例，2010年我国农村小学的校舍建筑面积为34179万平方米，其中危房面积达到18.7%，占全国小学危房面积的77.2%。农村小学危房率是城镇的3.4倍①。2012年农村每千人口的卫生技术人员数和医疗卫生机构床位数分别为3.41人和3.11张，仅为城市的40.0%和45.2%。同年，农村人均卫生费用为1055.9元，仅为城市的35.6%②（图1-1-2、图1-1-3）。

农村人居环境总体水平仍然偏低，在居住条件、公共设施和环境卫生等方面，与全面建成小康社会的目标要求还有较大的差距。全国还有43%的村庄没有实现集中供水，11%的行政村通村公路没有实现硬化，大量村内道路没有硬化，且普遍没有公共照明。我国是世界上村镇生活垃圾产出量最大的国家，每年有40多亿吨；村镇生活污水排放量约占我国生活污水

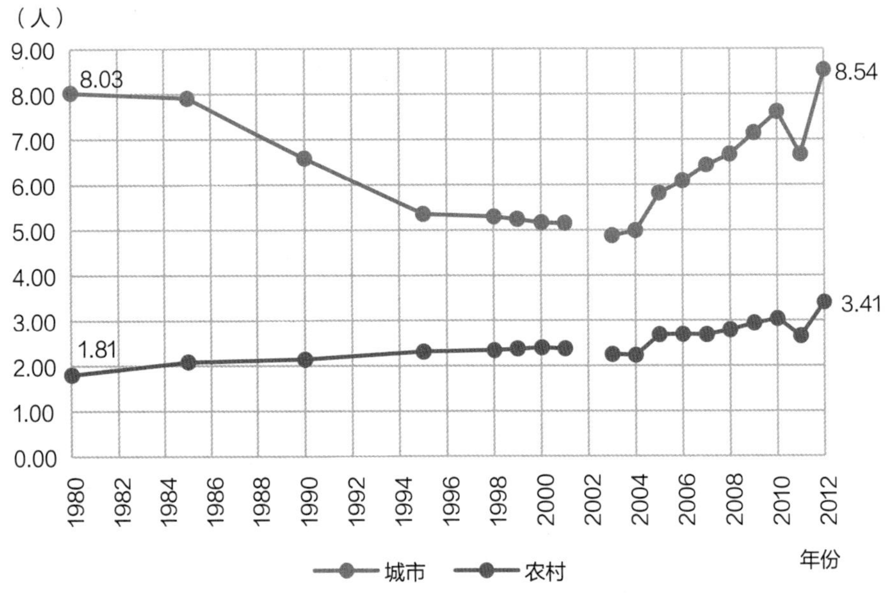

图1-1-2　城乡每千人口卫生技术人员数③

① 谢焕忠，主编. 中国教育统计年鉴2010[M]. 北京：人民教育出版社，2010.

② 国家卫生和计划生育委员会. 编. 中国卫生统计年鉴2013[M]. 北京：中国协和医科大学出版社，2013.

③ 国家卫生和计划生育委员会. 编. 中国卫生统计年鉴2013[M]. 北京：中国协和医科大学出版社，2013.

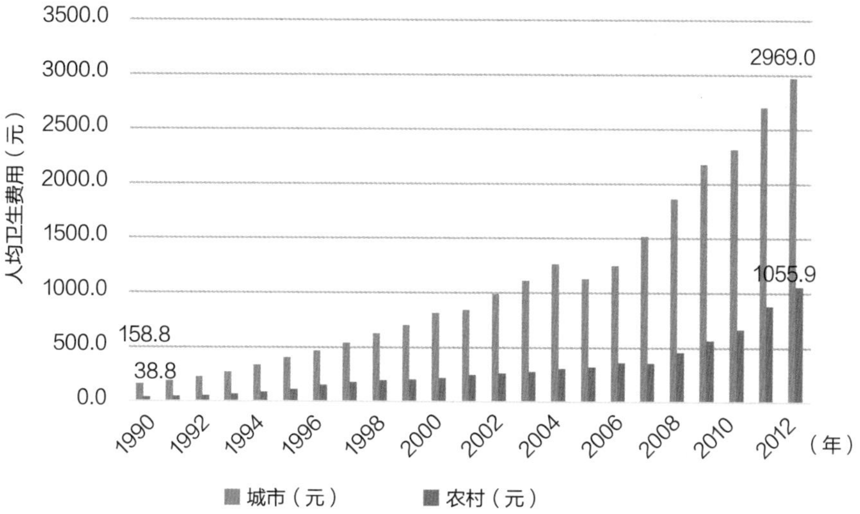

图1-1-3　城乡人均卫生费用[①]

总排放量的一半以上。农村垃圾随意堆放、倾倒现象严重，生活污水和畜禽养殖污染严重，村容村貌脏、乱、差现象突出。

饮用水不安全严重威胁农民健康。目前，我国仍有60%的农村人口以地下水作为饮用水水源。《中国环境状况公报（2015）》显示，2013~2015年地下水水质呈较差和极差的比例分别为60%、61.5%和61.3%。农村安全饮水普及率大致为东部70%、中部40%、西部不到40%，而且高砷、高氟、高氮、苦咸、重金属污染等劣质水源普遍存在且不断增加，治理难度大。长期接触或者饮用劣质水源，可使癌症发病率显著提高。

乡村环境污染物处理率低。2014年全国对生活垃圾进行处理的行政村有25.7万个（引自《2014中国环境状况公报》），占行政村总量的47.0%；有生活垃圾收集点的行政村为34.6万个，占行政村总量的63.2%；对生活污水进行处理的行政村为5.5万个，仅占行政村总量的10.0%。

农用化学品利用率低，农业污染严重。我国化肥当季利用率只有33%左右，普遍低于发达国家50%的水平；我国是世界农药生产和使用第一大国，但目前有效利用率只有35%左右。全国土壤污染调查结果显示，土壤总的点位超标率为16.1%，其中耕地土壤点位超标率为19.4%。

① 国家卫生和计划生育委员会．编．中国卫生统计年鉴2013[M]．北京：中国协和医科大学出版社，2013.

（四）乡村风貌屡遭破坏，乡愁记忆难以维系

我国疆土广袤，地理环境多样，地域文化多元，既造就了乡村多姿多彩的田园美景，更形成了无数“天人合一”的人居空间典范。然而，伴随着城镇化的快速推进，乡村风貌和传统文化的保护问题日益严峻。主要表现在以下三个方面：

传统村落保护乏力，建设性破坏屡禁不止。由于我国传统村落量大而面广，政府各项保护工作存在投入资金有限、保护方式单一、机制不健全等一系列问题，难以对大量优秀传统村落形成有效保护。目前列入全国历史文化名村名录的村庄有276处，列入传统村落名录的村庄有4153处，实施保护的村庄不到我国自然村数量的千分之二，大量优秀传统村落尚未得到有效的保护。由于大量传统建筑维护成本高、产权复杂，且缺乏相应改造技术指导，许多村民认为传统建筑已经与现代生活需求脱节，不愿居住其中，造成大量传统建筑日渐凋败崩塌（图1-1-4、图1-1-5）。另一方面，由于缺乏对村落传统文脉关系的理解和尊重，一些乡村规划建设模式简单粗暴，在不了解传统村落肌理和地形地貌特征的情况下，大规模拆旧建新，对传统村落风貌造成了严重的建设性破坏。

乡村传统文化凝聚力减弱，新乡村建筑与“乡愁记忆”脱钩。当前对于乡村传统文化的保护与传承投入总体不足，随着现代化进程的快速推进，传统文化对于乡村地区的凝聚力和影响力日渐衰微。传统人文美学被粗糙的“新、大、奇、洋”审美观取代，盲目效仿所谓“西洋古典风情、欧陆风情”的建筑风格，导致村庄街巷尺度突变、风貌混杂无序

图1-1-4　四川泸县石牌坊村建筑构件缺损

图1-1-5　四川泸县新溪村建筑结构损毁

（图1-1-6～图1-1-9）。

乡村建设量大幅增长，村镇公共空间被挤占、破坏。随着农民收入水平的不断提高，近年来村镇建设量大幅增长。但新增用地受限，且管理部门对于各类新增建设需求引导和管控乏力，导致村镇各类新增建设挤占村镇公共空间，古树、古井、牌坊、祠堂、宗庙等古迹大量被损毁（图1-1-10、图1-1-11）。

图1-1-6　海南黎安大墩新村布局机械，建筑单一

图1-1-7　某地新农村建设风貌

图1-1-8　某新农村社区中的大面积硬质铺地

图1-1-9　某新农村社区中的宽马路

图1-1-10　保定市朱云坑村被遗弃的古井

图1-1-11　宁波市长洋村的甲子桥损毁

（五）村镇规划管理制度缺失，技术支撑不足

1. 村镇规划建设管理分离，制度保障缺失

村镇的规划与建设脱节。《中华人民共和国城乡规划法》规定村镇规划由乡（镇）人民政府组织编制。在编制过程中，乡镇通常是委托具有相应资质的规划设计单位来主导编制。大多数村镇规划没有充分调动作为村庄规划实施主体的村集体和村民的积极性，是“自上而下”、“见物不见人”的物质规划，因此很难付诸实施。

村镇的建设和运营、管理脱节。以公共服务和基础设施建设为例，设施的建设成本可以通过项目申报等方式，逐级争取财政拨款投入；而管理运营成本绝大多数需要基层政府自行解决。这对经济发展水平较低的乡村地区而言，在缺乏合理的成本分摊机制、财政包袱较重、管理人员缺乏、专业素质低以及体制不健全的背景下，往往导致设施建成后不能正常运行。

城乡一体的规划建设法律法规体系尚未建立。在乡村我国之前一直用土地管理代替规划管理，2008年以来实施的《中华人民共和国城乡规划法》中确立的乡村建设规划许可证制度面临实施难①的问题。除此之外，乡村还存在农房质量安全制度缺失②，传统村落与乡土特色保护的制度尚未健全③，村镇规划建设的技术标准适应性不强等问题。

---

① 村庄建设规划行政许可的基本要件是许可依据、许可部门和许可申请。按照法定规划体系，行政许可依据应为村规划。按照《乡村建设规划许可实施意见》建村[2014]21号，许可的内容包括地块位置、用地范围、用地性质、建筑面积、建筑高度等要求。村庄规划应达到相应深度方可进行行政许可。许可部门，最新的《乡村建设规划许可实施意见》提出许可权可以下放到乡镇人民政府，但也需要相应的人员和机构来实施。同时，村民缺乏许可申请的动力和意愿。

②《中华人民共和国建筑法》（2011修正）第83条规定，抢险救灾及其他临时性房屋建筑和农民自建低层住宅的建筑活动，不适用本法。《中华人民共和国建筑法》第7条规定，国务院建设行政主管部门确定的限额以下的小型工程可以不必申请领取施工许可证，使农村住宅这样的小型工程建设既缺乏设计，又缺少施工监督管理。

③ 目前，我国形成了全国历史文化名村和传统村落体系，但现有的保护制度是基于技术的保护。可以在技术上很好地保护历史建筑和古村落文脉，以及非物质文化遗产。但是，在保护的同时如何满足村庄居民生活现代化发展的需要是没有完全解决的难题。正因为如此，许多自上而下的技术性村庄保护规划实施困难。

2. 村镇规划建设管理技术薄弱、人才匮乏

我国镇、乡、村数量和建设量均极为可观，亟需创新规划服务方式和借助现代化的管理技术、管理平台。全国共有乡镇建设管理人员10.4万人，平均每个乡镇从事村镇建设管理的人员不足3人，60%的乡镇仅一名村镇建设管理员，还有1/4的乡镇无规划建设管理的机构和人员。按照目前农村多为“一户一宅”的情况推算，平均每个乡镇规划管理人员需要负责1200多户农宅及大量公共建筑的建设管理职责。而在东部发达的乡镇，每个规划管理人员需要负责1万余户农宅和更加复杂量大的公共建筑及生产性建筑的建设管理职责。

（六）村镇建设政策和资金分散，未能形成合力

当前，村镇发展建设的各个领域分属不同部门的事权，存在多头管理、“九龙治水”的现象，未能形成有效整合，部门之间缺乏充分沟通与通力合作。一方面，部分事务由多个部门共同管理，不同来源的涉农投入在使用方向、实施范围、建设内容、项目安排等方面存在重复交叉，导致投资效率低下；另一方面，部分事务属于多个部门管理的边缘，缺乏明确的责任主体，结果出现了“没人管”的现象。

二　村镇规划建设与管理的规律和趋势

（一）尊重、顺应我国村镇的发展规律

城市与乡村是两种不同的生活空间和文明形态，是人类空间聚居形态的一体两面。与城市相比，乡村生长空间的不同之处在于：首先，自然山水是村镇空间布局的基础本底，“天人合一”的乡村空间格局应成为村镇空间建设的终极追求。其次，传统乡土社会的“血缘”、“地缘”关系深刻影响了村庄格局。再次，不同地域乡村的经济构成、农业种养殖类型也会在很大程度上影响乡村聚落的空间形态。在大多数地区，农业收入依然占农民经济总收入的三分之一左右，甚至更多。务农的便捷性依然深刻地影响着农民的聚居意愿。不同类型农作物耕作对劳动力支出量和支出频次的需求差异会影响乡村聚落的规模、距离与空间密度。最后，集体土地所有制、土地承包经营制和宅基地福利分配制度决定了我国乡村土地使用和管理模式。

在尊重乡村本质有别于城市的前提之下，充分考虑影响我国乡村当前和长远发展的若干因素，并因地制宜、因势利导，才能有助于推进乡村的现代化。首先，区位和资源禀赋很大程度上是决定村镇能否发展的前提。按照和城市距离的远近和关联程度的强弱，村镇通常被划分为城市周边的村镇和远离城市的村镇，城市周边的村镇往往得益于城市的辐射和带动，发展较为迅速；而远离城市的村镇则缺乏这样一种来自外部的强大动力，发展相对滞后。其次，我国村镇的发展带有更大的自发性，有才干、有主意、带领一方百姓谋发展、为老百姓拥护的能人是不可或缺的关键因素。在各方面条件都相对一般的情况下，能人能够将内外各种资源进行整合并实现效用的最大化，如吴仁宝之于华西村、郭凤莲之于大寨。除此之外，我国的村镇发展受政策的影响极大。改革开放之初，家庭联产承包责任制的确立、农产品流通制度的改革和乡镇企业的兴起为小城镇的蓬勃发展创

造了条件。进入到20世纪90年代之后，土地制度、经济体制和户籍制度的改革，致使乡村地区发展动力不足、经济萎缩、要素大规模流失。2000年以后，政府对三农的持续关注和投入，又使得乡村的面貌有了很大的变化。如今，国家深化农村改革，在乡村地区进行了各种创新和探索，这些创新和探索在给村镇带来发展机遇的同时也同样面临挑战，如城乡建设用地增减挂钩试点地区的村庄面临撤并的威胁，集体经营性建设用地试点地区的村庄可能会迎来集体经济发展的又一轮机遇，特色小镇的试点为浙江若干新的城镇化和经济增长点的出现创造可能等。

（二）村镇规划建设管理的国际经验借鉴

乡村现代化与城市现代化是中国现代化的“两个轮子”，互促互进，缺一不可。国际城市化的历史经验表明，城市与乡村存在辩证的互动关系，伴随着城市化进程的推进，乡村的意义和价值逐渐彰显。在城市化率普遍超70%的欧洲，“真正的英国生活在乡村”，法国南部普罗旺斯、西部诺曼底的农村地区名列“法国哪里生活最舒适”的排行榜上，而非巴黎、尼斯等城市。2000年之后的法国乡村政策中明确提出将提升乡村自然、文化、旅游的丰富性，通过创新促进工业、手工业、地方服务业的发展等作为乡村地区的发展目标①。

国际城市化的经验

在19世纪初～19世纪中期即工业化的初期，英国等老牌资本主义国家内城乡之间的联系紧密，有着相互依存的供求关系。乡村不仅能为城市扩张提供充足的粮食和原材料资源，而且乡村自身在生活品消费、对外物资交换、农业设备更新等方面的巨大需求进一步刺激了大城市的发展，从而协助城市完成了工业化初期的原始积累。

19世纪中叶～20世纪50年代，工业化和城市化加速，农村劳动力和土地迅速减少，乡村经济的比重迅速降低。城乡之间相互依存的关系被打

① 冯建喜，汤爽爽，罗震东. 法国乡村建设政策与实践—以法兰西岛大区为例[J]. 乡村规划建设，2013（1）.

破，城乡差距开始拉大。1801~1901年，农业在英国国民经济中的比重从32%降为6%，农、林、渔业劳动力在总劳动力中的比重从35.95%降到8.7%。

20世纪50年代～20世纪末，乡村在景观环境、生态平衡方面的价值逐渐显现，部分发达国家的人口和企业开始从城市流向乡村地区，出现郊区化现象。乡村产业结构发生变化，非农产业比重增加，和城市生活方式不断融合。1980年美国人口普查表明，圣路易斯、布法罗、底特律之类的大城市社区，10年内流失了超过20%的人口。乡村发展速度自19世纪以来第一次超过了城市，许多企业从城市流向乡村。对许多工商企业来说，乡村的吸引力包括低经营成本、低劳动力成本、无工会的环境、地方和州的金融刺激和一种强调对工作道德的信奉。乡村产业结构变化很快，1990年农业就业份额不超过20%，非农制造业和服务业成为地方经济的支柱产业。

20世纪末～21世纪初，美国等先发国家率先进入了“城乡融合”的发展阶段。城市经济高度发达，并有能力支援乡村农业发展，乡村经济也形成了相对完整的农工商经济体系。城乡之间形成良好的物质双向交流关系，有完善的市场经济体系。在政治上形成了城乡平等融合的民主政治格局。在文化领域，城乡文化更趋兼容，乡村地区科技与教育普及，乡村居民素质得到发展和提高。在空间及社区建设上，乡村社区享有城市社区的基本条件，基础设施和公共设施建设较为完善。在社会保障机制方面，城乡社区拥有统一的社会安全与生活保障，不按城乡划分劳动力就业和失业保障的标准。在保护社会竞争机制的同时，更加侧重对社会的整体关怀。

乡村规划是引导农村有序发展的重要环节。乡村规划建设普遍经历从单一目标向多元目标综合推进的转变过程，其中改善乡村居住环境和基础设施条件是普遍首选。乡村规划建设重视将物质空间规划与社会改造相结合，提倡基于协商的乡村规划编制技术，发挥农民主体作用。同时，乡村规划建设管理政策具有一致性和法制化的特点。

日本乡村建设管理法律体系简介

从1965年的第一部针对农村的独立法律——《山村振兴法》制定以来，日本政府始终致力于农村地区的立法工作，并且逐渐从解决问题为核心的“滞后性”立法思路转变为从国家发展层面定位的“前瞻性”立法思维。这种前瞻性思维的确立和日本历次“全综”的制定密切相关，“从一全综的把握农村特别是中山间地区农村的空心化问题，到二全综的限制城市扩张、保护农振土地规划思维的体现，三全综的重视地域特性及人居环境，四全综的城市、农村广域交流，五全综的农村居住区域的培育，再到国土形成规划时代的重视景观及城乡一体化规划管理”。日本历次“全综”都明确规划期内农村的发展方向及在全国发展中的定位，并在此基础上制定具体的农村发展任务、补全法律规范的漏洞。目前日本已形成一套丰富、完善的乡村法律体系，农业、农地、农村、农民各类法律互相补充且少有冲突。

德国村庄更新规划简介

在德国，“村庄更新”被确定为一个极重要的规划工作，重点是改善村庄的基础设施和公共服务设施。在德国农村社会转型的过程中，村庄更新逐渐被纳入国家整体规划体系之中。从制定的流程可以看出，德国村庄更新规划的特点是以项目为主、侧重于实施和突出多元主体的参与。

村庄更新详细规划制定流程　　表1-2-1

步骤	流程
主体	社区政府/专业机构/专业协会/居民团体/居民
基础研究	自然环境、基础设施、村落发展、休闲与休憩、文化、教育、社会、农业、工业、第三产业、旅游
侧重点	村庄优势-劣势分析、村庄发展蓝图、村庄发展规划的讨论
规划重点	环境保护规划、文化规划、村庄发展概念性规划、交通规划、通信规划
规划实施	实施-村庄更新规划（实施计划/组织/资金/项目管理/项目咨询）
具体项目	文化项目、旅游发展项目、公共服务项目、基础设施项目、自然保护项目、环境保护项目、村庄建筑改造项目、文化保护项目

（三）我国村镇发展的趋势判断

党的十八大报告提出了两个“百年奋斗目标”，即在中国共产党建党一百年时全面建成小康社会，在新中国成立一百年时建成富强民主文明和谐的社会主义现代化国家。乡村现代化是国家现代化的重要组成部分，必须通过城乡互动推动，在加快推进新型城镇化的过程中实现。

在这一过程中，城乡二元结构所具有的“制度性红利”将逐渐消失，乡村地区在粮食安全、生态屏障、文化传承、社会稳定等方面的重要作用日益凸显，我国将建立平等、协调、一体化的新型城乡关系。

1 乡村经济多元化和农业现代化是乡村健康发展的基础

乡村经济多元化是农民增收的必然选择和地域生产条件差异的必然结果。乡村经济的多元化体现为地域的多元化、业态的多元化和农民收入结构的多元化。以乡村经济的地域多元化为例，东部广大平原地区农业将向专业化、规模化方向发展，提高劳动生产率。因为离大城市较近，这些地区的设施农业和都市农业发展也有较大潜力。东北地区人口密度较低，将发展大规模农业种植。低山丘陵地区，自然景观较为丰富，发展特色农业和休闲农业基础较好。山区自然条件复杂多样，劳动生产率低下，未来应适当促进土地流转，发展有机农业和高附加值农业。现代农业的发展将优化乡村产业结构，提高二、三产业在乡村经济中的比重，由此带来的是农民收入结构中工资性收入和家庭经营收入并重。

农业的现代化会带来种植规模、经营主体、经营方式等一系列的变化。首先，通过土地流转、健全组织、创新机制，实现土地资源的有效整合，现代农业规模化、园区化经营趋势明显；其次，通过土地综合整治、基础设施建设，农业经营主体逐步由小农户向农业企业、家庭农场、农业专业合作组织等新型经营主体转换；再次，依靠各类龙头组织的带动，农业生产、加工、销售紧密结合，实现一体化经营。2016年中央一号文件《关于落实发展新理念加快农业现代化实现全面小康目标的若干意见》中提出要“大力推进农业现代化，……推动粮经饲统筹、农林牧渔结合、种养加一体、一、二、三产业融合发展，让农业成为充满希望的朝阳产业”。

2 乡村多元治理是乡村社会走向现代化的必由之路

我国将实现从乡村管理向包括治理主体多元、治理目标多元和投入多元的“乡村治理”转变。

乡村主体将发生转变。目前我国乡村居住的主体人口是“386199”①，在未来乡村发展中将逐步被城市发展稀释，乡村主体发生转变的态势初显，原有的种田能手、衣锦还乡的农村年轻人、告老还乡的中产阶层三类人群将成为乡村发展的主体。他们的共同特点是有理想、有追求、有能力，并且是国家培育新型职业农民的主要对象。因此，过去的单纯由政府决策和建设主导的规划管理模式需要转向公众参与式的多元决策以及以新主体为主导建设和受益的治理模式。

乡村功能将从单一的农副产品供应向生态保护和游憩功能、文化传承和发展功能、农村居民的健康居住与发展功能以及绿色农产品的生产与供应功能全面转型，乡村治理目标也相应多元化。同时，国家强大的财政转移支付和乡村公共服务的多元化供给，也奠定了多元投入的乡村治理基础。

3 乡村空间格局重构是乡村建设走向现代化的必然结果

（1）乡村空间组织宜适度集聚、方式多元

农业的现代化、乡村的信息化和机动化等外在因素将极大地改变农民的生产生活方式，配合农民日益增长的物质和精神需求，将促使包括乡村生活、生产和生态在内的各类空间走向适度集聚，但这一自发的过程要经过一代人——30年左右的时间来完成，而且在不同地区会呈现不同的方式。

以江苏、浙江、广东、山东等为代表的东部沿海发达地区的乡镇和村庄分布密集。伴随着城镇化的持续推进，这一地区将进一步分异为准城市化地区和非城市化地区，以承担不同的功能，呈现不同的集聚形态和采取不同的管理模式。如江苏省江阴市北部包括周庄、华士在内的若干工业强镇，已进入城市总体规划确定的北部集聚发展区，参照城市规划管理的方式编制了分区规划和全域控规。而市域南部的生态开敞片区，仍维持乡村地区传统的管理方式，分级编制镇总体规划和村庄规划。

① “386199”是指随着中国城市化快速发展，农村男性青壮年劳动力进城打工的数量剧增，留守在农村的广大妇女、儿童和老人这一群体。

以黑龙江、辽宁、吉林、内蒙古、新疆等为代表的东北和西北部平原地区的乡镇和村庄分布稀疏，未来农业的发展方向是规模化和专业化，并出现农业劳动力的地区性替代现象，本地农民将向重点城镇进一步集聚。

西北部平原农业地区的农业产业化和新型城镇化——以新疆库尔勒为例

近年来新疆库尔勒市在推动农业产业化方面具体的做法包括：在棉花种植上采用高产田的方式，建成现代化棉花生产示范基地（图1-2-1）；大力发展蓖麻等特色农作物；稳步推进设施农业的生产发展等。库尔勒的农民人均年收入达到15000余元，远高于全国平均水平。在设施农业的生产中，采用新式大棚红枣种植技术给农民带来的收益更高，1.5亩的棚预计产枣1500公斤左右，纯收入在8万左右（图1-2-2）。增收的农民很多在库尔勒市区买房，农忙时在村里住，农闲时在市区住，孩子也都送到库尔勒市区读小学、中学。2013年库尔勒的城市人口达到37万，城镇化率68%，为南疆城镇化水平最高的城市。

图1-2-1　库尔勒运用GPS卫星定位导航播种棉花图

图1-2-2　库尔勒发展大棚红枣

以河南、安徽等为代表的中部平原地区，来自东部沿海地区的产业转移对于该地区的城镇化空间格局影响较大。该类地区在相当长的一段时间内仍将维持较大规模的省外务工量，但劳动力在省内和市县内部的转移规模和比例将不断增加。各市县纷纷建设产业集聚区以承接产业转移，进而吸引农业剩余劳动力就地就近的集聚。以河南省的人口大市、农业大市和经济弱市周口为例，2008年以来，沿海向中部地区的产业转移对其经济发展和空间格局都带来较大的影响。县城凭借产业集聚区这一载体，经济发展势头强劲。截至“十二五”期末，周口市10个产业集聚区的建成区面积达到112平方公里，共入驻工业企业956家[1]，其中规模以上工业企业超过60%。研究预测，未来周口的县城有望吸纳全县域70%左右的非农人口就业，进而带动该地区的城乡居民点由现在低水平均衡的状态走向适度规模的集中。

在以湖南、湖北、江西为代表的自然资源相对丰富、人口密度较高的中部丘陵地区，随着农民物质文化生活需求和农村机动化水平的进一步提高（图1-2-3），一些交通区位较好、公共服务设施聚集的村庄脱颖而出，逐渐成长为乡村地区新的中心，和小城镇、县城共同发挥起面向广大农村地区的服务职能。

中部丘陵地区自发的乡村空间格局调整——以湖北宜都为例

宜都位于湖北省西南部丘陵地区，适合多种农作物的生长。在宜都，农民的生产生活方式较之过去发生了很大的变化，如大量种植经济作物、采用大棚等新兴种植模式、使用农业机械、进行土地流转等，使得农民和土地不再牢牢捆绑。农村机动化水平的提高（图1-2-3），为农民生产与生活空间的进一步分离创造了条件。随着农民生产生活服务需求的进一步提高以及乡村公路网的进一步完善，一些受传统集镇辐射较弱但交通方便的村庄，也成长为了新的服务点。这些自发形成的服务点和被撤并的乡镇驻地以及保留的乡镇镇区一起，共同构成更加完善的农村服务点体系。

（a）

（b）

图1-2-3　宜都农村机动化情况

① 周口市政府. 周口市重点项目建设暨产业集聚区、“两区”、城乡一体化示范区发展综述[EB/OL]. 河南省人民政府门户网站，www.henan.gov.cn，2016-04-18.

以云南、贵州为代表的西南部地区，农村居民点受制于地形和资源条件，布局分散。该地区的人口将持续流出，以适应该地区的资源环境承载能力，很多村镇将面临逐渐消亡的威胁。消费时代的到来和休闲文化的兴起会在未来给自然和人文资源特色突出的部分村镇带来发展机会。

西南部贫困山区特色村镇依托原生态旅游促发展——以贵州西江苗寨为例

西江苗寨位于贵州凯里东南，是雷山县的一个下辖镇，有1000多户居民居住，因此也被称为“千户苗寨”、“苗族文化中心”、苗族传统文化博物馆（图1-2-4、图1-2-5）。2014年，西江苗寨接待游客接近272.56万人，旅游综合收入达21.36亿元。从以农业种植为主的传统村镇，到现在的著名历史文化旅游名镇，西江苗寨的发展得益于两个基本前提：第一，西江苗寨位于我国西南部山区丘陵地区，不具备大规模发展工业的基础条件，从而保存了原生态的苗族文化与乡镇传统空间肌理。第二，随着我国经济的持续发展和人民生活水平的提高，国内旅游业发展迅速。2005年，中国民族博物馆西江千户苗寨馆挂牌成立，使得西江的知名度提高，旅游人数持续增长，旅游业成为西江发展的支柱性产业。

图1-2-4　西江苗寨俯瞰图

图1-2-5　西江苗寨长桌宴

（2）村镇内部的分异进一步扩大

位于城镇密集区和大城市周边的小城镇，随着城市的扩张和功能的疏解，会发展成为城市的重要功能组团，甚至与城市连绵、一体化发展。具有特色资源、区位优势的小城镇，通过规划引导和市场运作，将成为文化旅游、商贸物流、资源加工、交通枢纽等专业特色镇。远离中心城市的小城镇和林场、农场等，在国家大力投入基础设施和公共服务建设后，将发展成为服务农村、带动周边的综合性小城镇。

乡村空间内部新增长点的出现和传统增长中心的收缩并举。信息技术和互联网经济使得一些原本相对偏远、并非本地经济增长中心的淘宝村镇快速成长。而在制造业发达的乡村地区，企业在市场力量的作用下，开始自觉寻求适度集聚，撤离原有依托的村镇。以江苏昆山市为例，20世纪80年代乡镇企业成长之初的产业空间格局是“村村点火、镇镇冒烟”。1990年，昆山成立经济技术开发区，2000年左右，所有镇均成立了自己的工业小区。到目前为止，昆山企业主要以工业区、开发区为承载平台。高等级的开发区以及工业强镇的工业区聚集的企业更多、经济效益更高，与低等级的工业区、工业弱镇之间的差距越来越大。昆山市经济技术开发区占全市工业总产值的比例从2001年的43.2%上升到2011年的60.3%。1995年工业产值最低的镇和最高的镇

以睢宁淘宝村为例看信息技术和互联网经济对村镇空间格局的影响

电子商务帮助苏北睢宁县沙集镇东风村在7~8年的时间里培育出规模化的板材家具产业集群（图1-2-6、图1-2-7）。截至2013年底，沙集全镇拥有农民网商4000多户，开办网店近10000家，从业人数13000余人，网络销售额达到20亿元。沙集镇家具网店在快速扩张的同时，也催生并促进了木材供应、物流、加工制造、五金配件等上下游配套产业产生和快速发展。家庭经营是沙集家具网销产业的首要特征，在经营场地上也大多数是家庭作坊式的生产和经营，只有极少部分规模较大的网商租用相对宽敞的厂房。但这种前店后厂式的家庭作坊，因人员和场地有限，企业规模普遍偏小，生产区功能分区不明，机器、原料随意堆放，为生产安全埋下了隐患。并且，因为空间限制和知识型人才缺乏等因素，企业规模也难以扩大，因而该地区的产业空间形态也在逐渐从分散的家庭作坊向相对集聚和专业化的电子商务产业园转变。

图1-2-6　沙集东风村家庭作坊

图1-2-7　沙集东风村家具营销配套物流

占全市工业总产值的比重差距是15.2%，2011年这一差距扩大到60%[①]。

4 乡村发展绿色化是乡村永续发展的重要保障

“绿色化”业已成为新常态下经济发展的新任务、推进生态文明建设的新要求。以乡村发展绿色化为主题，推动“农业生产清洁化、农村废弃物资源化、村庄发展生态化”。

“推动农业可持续发展，必须确立发展绿色农业就是保护生态的观念”[②]。农业生产中化肥、农药施用量将得到严格控制，逐步实现清洁化、绿色化、无公害生产。粗放型养殖将向生态型、健康型、集约型养殖方式过渡。畜禽养殖禁养区将被科学划定，现有规模化畜禽养殖场（小区）将根据污染防治需要，配套建设粪便污水贮存、处理、利用设施。通过秸秆全量还田、秸秆青贮氨化养畜、食用菌生产等综合利用技术的实施以及秸秆气化集中供气工程，燃气化、管道化炊事等实施实现秸秆综合利用。

农村废弃物处理将更注重源头控制、过程管理、末端废弃物资源化利用方式。由村收集、镇转运、县处理的统一处理农村生活垃圾处置方式向“农户分拣”“源头分类”“废品回收站模式”等农村生活垃圾处理方式多样化模式转变，农村生活垃圾集中倾倒、统一收集、统一处理，垃圾收集率、清运率和处理率大幅提高，农用薄膜等农业废弃物全部实现综合利用。将以县级行政区域为单元，实行农村污水处理统一规划、统一建设、统一管理，有条件的地区积极推进城镇污水处理设施和服务向农村延伸。实施农村清洁工程，开展河道清淤疏浚。农村自来水普及率、集中供水率进一步提高，居民饮用水安全得到全面保障，农村水质达标率和供水保障程度大幅提高；村庄水质基本达到功能区要求。

村庄发展“生态化”，山、水、园、林、路和民居关系更加协调，生态本底得到最大程度的保留，生态产业和节能环保建筑得到较大发展，乡村景观更多运用乡土树种和生态方法营造，生态文明的理念在乡村根植。

---

① 朱介鸣. 乡镇在城乡统筹发展规划中的地位和功能：基于案例的分析[J]. 城市规划学刊，2015（1）.

② 中共中央、国务院.《关于落实发展新理念加快农业现代化实现全面小康目标的若干意见》，2016-01-27.

5 美丽乡村建设是留住乡愁、弘扬中华文化的重要手段

广大的乡村孕育了中华民族的优秀传统文化，并在时代的大潮中保存并延续着中国的乡土文化。打造美丽健康的乡村，才能让中华优秀传统文化成为有源之水、有本之木，才能使中华文明不断迈向新的辉煌。

依据“四缘”，梳理并构建适宜中国的新乡村文化。中国的乡土文化有地缘、血缘、业缘和情缘四个方面的构建因缘：地缘是指由地理位置上的联系而形成的关系，是乡村文化构建的基础；血缘是乡村文化构建的纽带，是中国家庭伦理文化的诞生基础；业缘是指在日常共同的劳作生产中结成的紧密关系，是乡村文化构建的导向；而情缘是乡村文化的核心价值所在，是地缘、血缘、业缘共同作用下的情感升华。尊重地缘，发展具有地域特色的乡土文化和乡村风貌。重视血缘，传承中国特色的家庭伦理文化。构

以昆曲文化引导下的绰墩山村乡村改造实践为例

绰墩山村位于昆山市自然生态保护区内，毗邻阳澄湖，该村有一处重要史前文化遗址，并且还是昆曲的发源地。绰墩山村乡村改造充分挖掘阳澄湖地区绰墩山村的乡村文化基因，包括距今6500年的史前文化遗址绰墩遗址、昆曲的玉山雅集诗词和玉山二十四佳处、江南水乡格局和临水而居的生活方式等。规划设计时最大限度的保留原有农田、村庄肌理，设计轻质、简便的现场遗址展示大棚来展示绰墩遗址；提取玉山雅集诗句的意境，再现二十四佳处空间格局与意境；利用4座废弃的民宅，采用当地价格便宜，技术适用的材料和构造方法加以改造，建立昆曲学校（图1-2-8），为村里的小孩开展昆曲培训，从而起到复兴昆曲文化的目的。

（a）

（b）

图1-2-8 昆曲学校改造前和改造后的影像

建业缘，将文化发展和产业发展有机结合，提升本土文化自信、增强乡村凝聚力。建立广泛的情缘共识，发展积极健康的乡村社区文化，逐步实现对乡村风貌价值观和审美标准的自我认同，使乡村风貌的传承和发展进入可持续的良性轨道。

发挥文化的引领作用，将积极、健康的文化价值观念植入到村镇规划建设管理的方法和乡村建造技术的选择中，合理有序地进行乡村风貌建设。

三 推进村镇规划建设与管理改革的思路和建议

我国村镇规划建设与管理的改革已是迫在眉睫，改革的目的在于：在我国推进新型城镇化和城乡发展一体化的大背景下，通过村镇规划建设与管理的改革，实现美丽乡建科学化，建立乡村地区的空间开发秩序，改善乡村地区人居环境，提高乡村居民的生活质量，进而促进乡村的现代化。

本研究提出的改革总体思路体现在以下五个方面：第一，发展动力上突出内力和外力并存，既要着力培育新农民和农业经营主体，推动农业现代化；也要积极引进人才、资金和技术，大力发展非农产业。第二，发展方式上强调底线和发展并存，既要坚守粮食安全和生态安全底线，又要促进乡村经济繁荣和保障农民增收。第三，社会治理上实现法治与礼治并存，国家法律法规和新时期的乡规民约相互配合推进治理精细化和多元化。第四，公共服务供给上追求公平和效益并重，既要以保障农民基本权益、农村公共利益和国家利益为基本法则，又要充分发挥市场在资源配置中的作用。第五，乡村风貌营造上追求特色和统一并存，尊重并发展由不同地缘、血缘、业缘和情缘关系组合形成的丰富多彩的乡村特色风貌，树立正确的文化价值观。

就本研究而言，提高乡村现代化的建设水平重在重新审视乡村的价值与意义，以制度创新促进乡村现代化，建立城乡一体的基本制度与设施供给，系统认识乡村空间的丰富与多元，以超前的战略眼光，建立绿色、优质、特色、永续发展的村镇规划建设与管理体制，切实针对乡村地区的发展特征与诉求，建立符合乡村建设发展的规划编制理论、方法与技术手段，促进乡村地区的繁荣、美丽和宜居。具体建议为：

1 加快制定《乡村建设法》

加快制定《乡村建设法》[①]，对乡村实施土地、规划、建设的一体化管理。明晰农民建房管理、乡村公共服务设施和基础设施管理维护等责任职责，将乡村学校、幼儿园、卫生院、敬老院等公共设施纳入基本建设程序并实施监督管理；由农民自建的房屋，农民作为建设责任主体，各级政府及相关业务主管部门以提供质量安全指导和技术服务为重点。恢复农村建筑工匠资质许可制度，加强农村建筑从业人员的培训和管理。加大历史文化名镇、名村和传统村落保护力度，完善保护制度。加强新技术的运用和管理，如传统建筑保护和修缮技术、绿色建筑技术、环境整治技术等。

2 创新乡村规划，推广乡村规划师制度

创新乡村规划编制体系，以县域乡村建设规划作为指导乡村地区建设发展和统筹资金投放的基础平台，重新梳理县、镇、村三级规划编制的内容和深度要求，并逐步建立县、镇、村三级规划联合编制或动态反馈的工作机制。

创新乡村规划编制方法，建立乡村规划师制度，将乡村规划服务从短期逐渐转向中长期跟踪服务，注重乡村社区营造，建立村庄建设利益相关人商议决策（图1-3-1）、规划专业技术人员指导、政府组织支持和批准的乡村规划编制机制。调整成果表达方式，将乡村规划的主要内容纳入“村规民约”中付诸执行。

创新乡村规划编制技术，尊重乡村内生规律，将对镇村山水自然环境、空间文脉肌理、农业生产特征的分析认识作为乡村规划编制中的刚性技术要求予以贯彻，梳理村镇复杂的土地权属关系，协调多元主体诉求，通过渐进式规划来约束和引导各类村镇建设行为。

创新乡村规划编制内容，县域和乡镇域规划突出“生活圈”的构建，实现圈域中生活的人们共享生活服务、活用地区资源，建立具有归属感的乡村

① 全国人大代表、江苏住房和城乡建设厅厅长周岚提交了“加快制定《乡村建设法》”提案，旨在引导乡村空间布局优化，促进人居环境改善，规范农房建设，保护村庄传统风貌与乡土文化。

共同体。大力推进“需求导向、解决基本、因地制宜、农村特色、便于普及、简明易懂、农民支持、易于实施”的实用性村庄规划ABC[①]编制和实施。

成都乡村规划师制度

乡村规划师是区（市）县政府按照统一标准招聘、征选、选调和选派并任命的乡镇专职规划负责人。涉及乡村规划问题，所负责的乡村规划师必须有明确意见。乡镇党委、政府要充分听取和尊重乡村规划师的意见。其具体职责是：

（一）负责就乡镇发展定位、整体布局、规划思路及实施措施向乡镇党委、政府提出意见与建议；参与乡镇党委、政府涉及规划建设事务的研究决策。

（二）负责代表乡镇政府组织编制乡村规划，提出具体的规划编制要求，对规划编制成果进行审查把关并签字认可后，按程序报批。

（三）负责代表乡镇政府对政府投资性项目进行规划把关并签字认可后，按程序报批。

（四）负责代表乡镇政府对乡镇建设项目的规划和设计方案向规划管理部门提出意见。

（五）负责代表乡镇政府对乡镇建设项目按照规划实施的情况提出意见与建议。

（六）负责向乡镇政府提出改进和提高乡村规划工作的措施和建议。

——《成都市乡村规划师制度实施方案》

3 发展乡村设计和新乡土建筑

在小城镇规划建设中突出对特色风貌的规划与引导。加强对农民自主设计和自建农房的专业指导，鼓励设计师下乡，在乡村规划编制中突出乡村设计内容。在农房建造方法上探索新乡土建筑创作，传承和创新传统建

① 村庄规划ABC是指因村庄特点不同、需求不同而确定不同的规划内容。分散型或规模较小的村庄可以只编制农房建设管理要求，一些条件不具备的村庄只以文字规定农房建设管理要求的，经批准后也可以作为村庄规划。一般村庄在编制农房建设管理要求基础上，还应提出村庄整治项目。美丽宜居村庄、传统村落、特色景观旅游村庄等特色村庄应在上述基础上依据实际需求增加相应内容。资料来源：住房城乡建设部《关于改革创新、全面有效推进乡村规划工作的指导意见》，2015年11月24日印发。

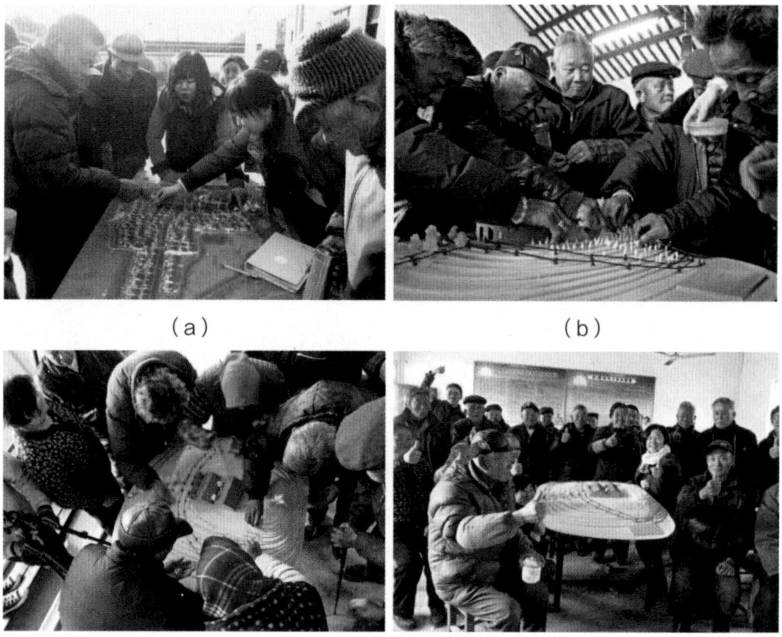

（a）　（b）　（c）　（d）

图1-3-1　苏州绰墩山村的参与式规划设计现场图景

造工艺，推广地方材料并提升其物理性能和结构性能，发展适合现代生活的新乡土建筑和乡村绿色建筑技术（图1-3-2、图1-3-3）。高等学校开设乡村建筑学或乡村规划管理专业及课程，科学应对村镇建设需要。国家予以重点支持，开展对村镇建筑的系统性研究，明确其基本特点和设计目标。

图1-3-2　四川新型竹钢材料房屋

图1-3-3 新乡土建筑“毛寺生态实验小学”

4 建设村镇管理的信息平台

完善全国村庄人居环境信息系统，和全国扶贫开发信息系统、公安部门人口数据、人社部门的外出务工人员数据以及农房、宅基地确权等部委工作成果进行集成，形成国家有关村镇的统一数据平台。

在县市逐步推进城乡全域地理信息系统、农村宅基地和农房基本信息系统的建立，为地方进行村镇规划编制和管理提供现代化的技术平台。

5 建立城乡一体的环境保护机制，发展适合乡村的环境整治技术

实现“城乡环保规划、城乡资源配置、城乡环保机构、城乡环保基础设施建设”的四大统筹。建立全覆盖、网络化的环境保护省、市、县三级监管体系。加强城乡污水处理、水资源利用与保护设施、防洪设施等的整体协调，推进城乡之间、区域之间环境保护基础设施共建共享；依据村落形态和位置，规划布局，实现集中与分散的有机结合收集模式；从“谁污染，谁付费”到“谁污染，谁付费”、“谁受益，谁付费”两者结合；形成城乡统筹的生态环境综合保护与建设新格局。

创新机制，多元投入。通过区域整合，将众多农村的污水处理项目“捆绑”成一个大项目，发挥规模效益，提升农村污水处理项目的财务生存能力，“打捆”PPP模式解决目前农村建设资金问题。以县为付费主体，由县和所属镇乡自行决定污水处理费分担比例，确保专业公司实现建设运营项目可靠的现金流。坚持城乡环境治理并重，加快制定、完善和细化可操

作的农村环保基础设施建设方面的财政投入政策，逐步把农村环境整治支出纳入地方财政预算，中央财政给予差异化奖补，政策性金融机构提供长期低息贷款，逐步提高政府财政向农村地区的转移支付比例，探索政府购买服务、专业公司一体化建设运营机制①。

加强乡村环境整治的分区和分类指导。尽快出台村镇环境整治项目技术标准和规范，制定农村生活垃圾收集、转运与处理处置技术指南和农村生活污水处理技术指南、农村生活污水排放标准，与已制定的村镇生活污染防治技术、政策相衔接。结合各地村镇环境保护工作实践，总结提炼出适合不同区域的村镇环境保护模式，建立成熟技术项目库和技术推广平台，如经济发达、人口密度较高、生态环境压力较大的地区可适当借鉴江苏省常熟市城乡统筹的污水治理模式。建议将农村地区常用的生态处理技术即人工湿地、土地渗滤系统和稳定塘等纳入到污水减排措施中，完善农村地区的污水减排计划。

6 引导乡村空间格局重构，分类指导村镇建设

优化乡村空间格局。推动县城和重点镇的城市化，打造就地就近城镇化的重要载体和县域生活圈的中心；建立以一般乡镇为纽带、中心村为重点、一般村为基础的村庄格局；分级配置标准化的公共服务设施，形成可持续的乡村人居环境。

培育一批特色镇和特色村。加大对村镇特色产业和特色风貌的培育，积极开展土地利用、财税支持、建设管理、绩效考核等综合改革试验，创新土地利用机制，发展混合用地；创新投融资方式，发挥社会资本作为投资和运营主体的作用，建成一批产业特色鲜明、人文气息浓厚、生态环境优美的特色村镇。

完善保护和管理机制，切实保护历史文化名镇、名村和传统村落。扩大保护村镇的数量，建立档案和信息管理系统。加大财政、国土等方面对历史文化名镇、名村和传统村落的支持力度。合理有序引导社会资本投资，

① 中共中央、国务院. 中共中央、国务院《关于落实发展新理念加快农业现代化实现全面小康目标的若干意见》，2016-01-27.

设立传统村落保护基金。大力发展休闲农业和乡村旅游，完善旅游服务设施的配置。

加强对贫困村的扶持力度。着重推进重点扶贫地区贫困村的基本生产生活条件改善工作，主要解决饮水安全、危房改造等问题。筛选生产资源相对充足的搬迁安置区，将扶贫搬迁与推进城镇化、“美丽乡村”建设和特色产业发展相结合，落实国家“十三五”时期1000万人口的异地扶贫搬迁工作。

整治空心村。根据城镇化速度和空心村演化“生命周期”规律，科学制定我国空心村综合整治的中长期战略及规划，建立以空心村整治为重点的国家农村土地综合整治与新农村建设试验区①，以县域为单元确定阶段性的土地整治模式。

① 刘彦随，龙花楼，陈玉福，王介勇. 空心村整治应提升为国家战略[J]. 国土资源导刊，2012（7）：31-33.

课题二

村镇规划管理与土地综合利用研究

项目委托单位：中国工程院

项目承担单位：中国城市规划设计研究院

项目负责人：王　凯　教授级城市规划师

课题主要参加人：

王　凯　教授级城市规划师

靳东晓　教授级城市规划师

曹　璐　教授级城市规划师

谭　静　教授级城市规划师

赵迎雪　教授级城市规划师

朱郁郁　高级城市规划师

陈怡星　高级城市规划师

魏　来　城市规划师

陈　宇　高级城市规划师

冯　旭　高级城市规划师　博士

蒋　鸣　城市规划师

卓　佳　高级城市规划师

华传哲　城市规划师

石爱华　高级城市规划师

孙　婷　城市规划师

谭　都　城市规划师

刘　律　城市规划师

苟倩莹　城市规划师

王　璐　城市规划师

许顺才　教授级城市规划师

一　研究概述

（一）村镇规划的研究概念解读

根据《中华人民共和国城乡规划法》，镇规划和村庄规划的含义如下：

城乡规划，包括城镇体系规划、城市规划、镇规划、乡规划和村庄规划和社区规划。城市规划、镇规划分为总体规划和详细规划。

城市总体规划、镇总体规划的内容包括：城市、镇的发展布局、功能分区规划、用地布局规划、综合交通体系规划、空间管制规划和其他各类专项规划。城市总体规划、镇总体规划的规划期限一般为20年。

乡规划、村庄规划的内容包括：规划区范围内住宅、道路、供水、排水、供电、垃圾收集、畜禽养殖场所等农村生产、生活服务设施、公益事业等各项建设的用地布局、建设要求，以及对耕地等自然资源和历史文化遗产保护、防灾减灾等方面的具体安排。乡规划还应当包括本行政区域内的村庄发展布局。

广义的村镇规划可以理解为对乡村地域的规划，包含宏观、中观、微观三个层次，既可以作为独立的规划编制类型，也可以作为现有规划体系的一部分。根据对《中华人民共和国城乡规划法》的相关解释，村镇规划可以分为如下三个层次：

宏观层面的村镇规划，主要指国家、省、区域或地区规划，包括区域规划、战略规划、城镇体系规划中涉及的与“三农”问题相关的规划内容。

中观层面的村镇规划，主要指市、县、镇域规划中涉及的与“三农”问题相关的规划内容，或者是市、县、镇独立编制的乡村地区规划。

微观层面的村镇规划，主要指村庄规划或镇驻地规划。

（二）村镇基本情况

1 村镇概况

我国乡村地区幅员广阔，村镇不仅数量众多，而且差异极大。2017年末①，全国共有建制镇1.81万个，建制镇建成区户籍人口1.6亿人；乡1.03万个，乡建成区户籍人口0.25亿人；村224.9万个，村户籍人口7.56亿人。镇乡村户籍总人口数为9.41亿人，占全国户籍总人口的67.7%。村镇数量之大、人口之多，说明其仍然是我国城乡最为重要的空间管理单元之一。

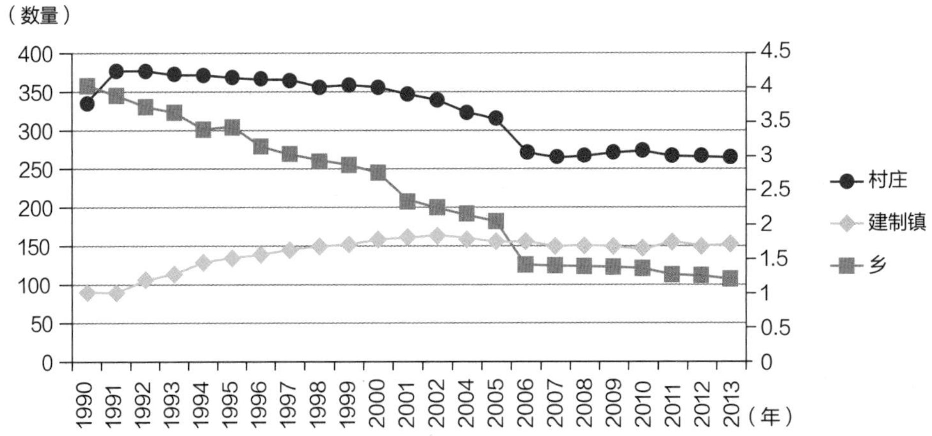

图2-1-1 1990～2013年以来我国村庄、建制镇、乡数量变化

数据来源：1990～2013各年《中国城乡建设统计年鉴》。

2 村镇规划编制和规划管理的基本情况

（1）规划编制情况

2013年，全国已完成总体规划编制的小城镇15810个，占比90.61%，比2006年提高了7.59个百分点；全国已完成总体规划编制的乡共计9055个，占乡总量的73.73%，比2006年提高了21.43个百分点；全国已完成总体规划编制的行政村320050个，占59.58%，比2006年提高了25.31个百分点。

（2）规划管理情况

2013年，全国小城镇中设有村镇建设管理机构的有15675个，占比

① 中华人民共和国住房和城乡建设部．中国城乡建设统计年鉴2017[M]．北京：中国计划出版社，2018.

89.83%，比2006年提高了2.96个百分点；全国乡中设有村镇建设管理机构的有8683个，占比70.70，比2006年提高了10.73个百分点。

（三）村镇研究的价值与意义

1　村镇研究是当前我国一系列城镇化课题研究中不可分割的重要组成

（1）中国特殊的国情决定了不同于西方的城镇化发展模式

根据中国工程院重大咨询项目《中国特色新型城镇化发展战略研究》中的相关判断，至2020年我国城镇化率将达到60%，相当于城镇化率平均每年提升0.9%；2033年城镇化率将达到65%，相当于城镇化率平均每年提升0.4%。

结合上述判断，预测未来中国农村的总体发展态势如下：

第一，未来我国农村将会长期保有相当数量的人口。作为多民族人口大国，中国具有悠久的农业文化传统，农耕习俗已渗入乡村。同时考虑到我国集体所有制土地制度和国家粮食安全保障需要，决定了我国城镇化发展将采取不同于人口小国和移民国家的高度城镇化模式。

第二，农村人口绝对数量将不断下降。2013年乡村地区16～60岁年

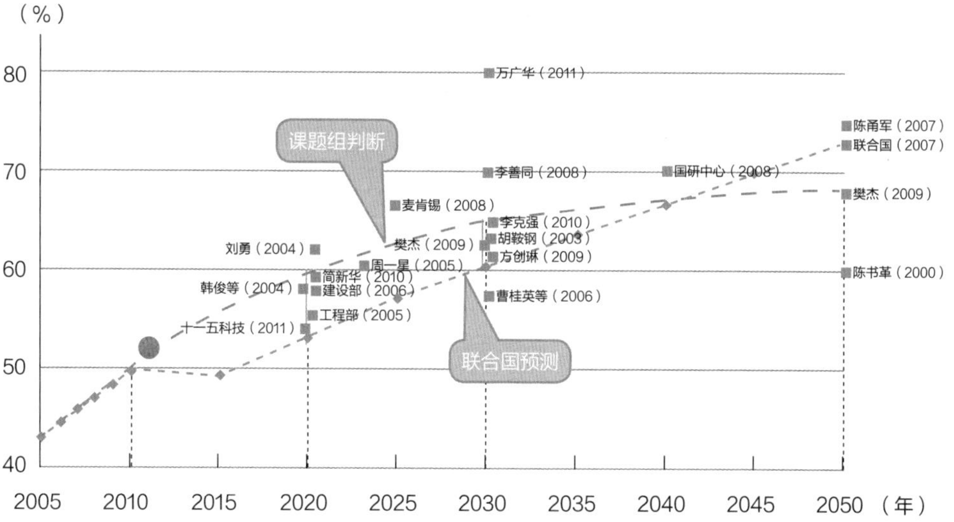

图2-1-2　我国城镇化水平预测图

资料来源：中国工程院重大咨询项目：中国特色新型城镇化发展战略研究。

龄段人口首次出现下降，标志着我国劳动年龄人口不再延续一直以来的净增长态势，进入下行通道。我国年均农业析出劳动力数逐年减少，已经由2006年的1501万人下降到2012年的821万人。

第三，农村将成为老龄人口的重要养老地。我国已进入人口老龄化阶段，农村养老问题将变得比城市更为严峻。六普数据显示：40岁以上的乡村常住人口数为2.96亿，占乡村总人口的44.6%，占全国总人口的21.9%。根据农村迁居意愿调查，农村老龄人口更愿意留在农村居住，加上城市可能出现部分人口回流，未来乡村老龄人口占比将持续增长。

第四，城乡居民收入差距的缩小正在降低农民向城镇转移的意愿。劳动力价格总体提升，城乡居民收入差距由2007年3.33下降到2012年的3.10，东部多数省份降至2.5～2.8。未来我国劳动力总数将进一步减少，国家城乡统筹发展政策逐渐取得实效，都将推动城乡居民收入差距不断缩小，并降低农民向城镇转移的意愿。

（2）当前我国正处于新型城乡关系的转型阶段

2013年颁布的《中共中央关于全面深化改革若干重大问题的决定》指出，城乡二元结构是制约城乡发展一体化的主要障碍。必须健全体制机制，形成以工促农、以城带乡、工农互惠、城乡一体的新型工农城乡关系，让广大农民平等参与现代化进程、共同分享现代化成果。具体来说，新型城乡关系包含以下几个方面：

构建新型城乡关系一方面应继续保持城市健康可持续发展，提高城市竞争力，增强城市发展潜力；另一方面应加快乡村地区的发展，加大城市对乡村的支持和带动力度，提高农民收入，缩小城乡发展差距；解决好城市和乡村在发展中出现的各种经济社会问题，实现城乡的优势互补和良性互动。

第一，构建新型城乡空间关系。统筹城市与乡村的空间布局，综合谋划城乡的整体开发，科学利用土地资源，完善区域城镇体系，促使大中小城市和小城镇实现协调发展；依据城乡优势互补的原则统一布局城乡产业结构，形成既有区别又相互联系的城乡产业分工和协作体系。完善城乡配套基础设施建设，提高资源综合利用效率。

第二，构建新型城乡经济关系。要充分发挥城市对乡村的辐射带动效应、工业对农业的反哺作用，把挖掘农业自身潜力同工业反哺农业结合起来，提高农业生产率和农产品附加值，扩大农村就业，引导农村剩余劳动力有序转移，提高农民收入，缩小城乡收入差距。

第三，构建新型城乡社会关系。健全城乡发展一体化体制机制，要深化户籍制度改革，同时推行财政和税收制度等方面的配套改革，为城乡发展创造公平竞争的社会环境；建立统一有序的劳动力就业市场，改变城乡教育分割和教育资源分布不均的倾向，加大对农村教育的财政投入，完善农村社会保障制度，在养老、医疗和最低生活保障等方面逐步实现城乡一体化。

第四，构建新型城乡生态关系。坚持城乡一体化原则，促使城市和乡村形成生态环境的良性循环，减少城市过度扩张带来的生态环境问题；依据各地具体的自然环境特点，优化乡村的生态格局，因地制宜规划和建设新农村；建立健全城乡生态环境保护一体化的发展机制，积极引导城市的环保技术和资源向乡村转移，鼓励并培育多元化的环境保护主体共同参与生态建设。

2 加强村镇规划管理等相关问题研究具有重大价值

乡村具有保障农业安全生产、维持社会稳定健康发展、传承文化等多元价值。只有正确理解乡村的价值，才能合理确定村镇建设的目标与工作重点。当前村镇建设发展中存在的种种乱象源于没有正确认识到村镇的长远价值和现阶段村镇应该担负的功能。回顾我国村镇建设发展的历程，乡村地区不仅仅为城市地区提供了丰富的劳动力资源和工农产品剪刀差利润，而且培育了大量的村镇企业，这些企业很多已经成为我国民营经济的中流砥柱。从现阶段看，村镇不仅是我国人口承载的重要空间载体，更是维持城乡社会稳定的蓄水池。从长远来看，村镇是中华文化延续的载体和国土保全的屏障，也是城市居民亲近自然和健康休闲的场所。

当前我国正处于新型城镇化转型发展的关键时期，为此必须进一步发挥乡村地区的稳定器和蓄水池作用，更好的保护乡村地区的自然生态环境和历史人文底蕴，保障农业现代化的健康稳定持续推进。为此，进一步加强对于村镇规划管理与土地综合利用等相关问题的研究，能够对国家建立更加良性、可持续的新型城乡关系、保障我国新型城镇化道路健康有序推进等重大问题提供有益助力。

二　村镇规划、管理与土地利用的主要问题

（一）村镇规划指导思想、方式方法与内容不适应新型城乡关系构建与农村发展要求

1　部分村镇规划不尊重客观规律，不能满足乡村实际建设发展需求

（1）不尊重村镇建设发展的客观规律

当前，一部分村镇规划编制与管理工作，受到过多行政意志干扰，对村民意愿和乡村地区建设发展客观规律不够尊重。甚至一些城市政府以改善农民生活条件为借口，为了通过城乡建设用地“增减挂钩”的方式获得更多城市建设用地指标，违背村镇发展的客观规律，强制要求村镇过度集聚布局。

由于这些规划缺乏对乡村地区内生发展机制的深刻认识，不尊重乡村地区空间集聚的客观规律，导致很多新建的、规模极大的乡村居民点无法满足农民在农业生产和日常生活方面的出行需要，甚至引发一系列的社会矛盾。

（2）照搬城市规划的思维方式

当前的一部分村镇规划，在编制思路方面仍然延续城市规划思维方式，动辄提出“大拆大建”的规划方案，忽视农村复杂的用地权属关系和邻里社会关系，切断了延续“乡愁”的空间脉络。

2　村镇规划技术手段陈旧、基础数据匮乏，影响规划编制

（1）技术手段陈旧

乡村地区具有比城市地区更为复杂的权属关系和社会组织关系，规划决策者和执行者不仅包括政府，还包括村民、村集体组织、企业资本等。现有相对单一的物质空间规划手段不足以解决乡村地区动态复杂的建设引导需求，导致村镇各类规划的实效性大幅下降。

（2）基础数据匮乏

当前，乡村地区现有基础数据严重匮乏，极大地影响了村镇规划编制的科学性和有效性。一方面，各级行政主管部门在乡村地区所建立的数据档案，仅仅立足于部门需求，不够全面系统；另一方面，由于部门统计口径不同，乡村地区各类统计数据难以对接整合使用。我国乡村地区地域广阔，越是中宏观规划，对乡村地区的调研就越是困难，因此其对乡村地区的基础数据依赖度更高。由于无法获得公开、完整、系统、科学的数据，大量中观、宏观层面的村镇规划难以对乡村地区的建设发展提出具有针对性的政策方案。

3 乡村地区缺乏中宏观层面规划统筹，导致大量投资浪费

近年来，国家和社会资本在“三农”领域投资逐步增加，大量投资都需要村镇规划给予有效指导。然而，当前我国村镇规划体系架构不完整，以村镇个体为单元的规划编制项目较多，中观、宏观层面的村镇规划编制工作严重滞后。一些“小而全”的村镇单项规划，反而导致大量的投资重复和浪费。还有一些中宏观规划在涉及农村问题时研究不够深入，也没有考虑乡村地区自下而上的发展要求，导致中观、宏观规划与下位村镇单项规划冲突严重，规划编制从统筹到落实顾此而失彼。

（二）规划管理体制与管理模式不符合乡村基层治理体系特征与建设管控现实

1 相关法律法规不完善，管理力量薄弱，违法建设频发

（1）相关法律法规不完善，主干法陈旧，部分标准规范缺失

当前，我国的城乡规划法律法规体系正处于转型探索阶段，各类法律法规更新较慢，且存在概念、标准不统一等问题。《中华人民共和国城乡规划法》是当前城乡规划管理部门的基本管理依据。目前，《中华人民共和国城乡规划法》尚未对村镇规划具体的法定形式及强制性内容做出明确规定，导致城乡规划管理部门在对乡村地区各类建设行为提出管控要求的过程中缺乏足够的法律依据。此外，各地方性法规的配套工作也远未跟上。自

2008年《中华人民共和国城乡规划法》实施后，各省的地方配套法规颁布的进程快慢不一，部分省份直至2015年才开始颁布本省的城乡规划实施办法，期间7年都处于城乡规划建设管理无地方法律可依的状态。虽然目前一些省市已经出台村镇规划管理地方性法规，但因其法律级别不高，且无法从《中华人民共和国城乡规划法》中获得支撑，因此这些地方性法规在一些关键性问题的表述方面多有模糊，导致规划管理部门在实际执法管理中存在违法认定难、查处难等问题。

我国现有城乡规划法律、法规体系　　表2-2-1

城乡规划地方立法名称	实施时间	城乡规划地方立法名称	实施时间
云南省贯彻实施《中华人民共和国城乡规划法》的指导意见	2008.9.4	河南省实施《中华人民共和国城乡规划法》办法	2010.12.1
新疆维吾尔自治区实施《中华人民共和国城乡规划法》办法	2009.2.1	上海市城乡规划条例	2011.1.1
陕西省城乡规划条例	2009.7.1	安徽省城乡规划条例	2011.3.1
北京市城乡规划条例	2009.10.1	福建省实施《中华人民共和国城乡规划法》办法	2011. 5.1
海南省城乡规划条例	2009.10.1	湖北省城乡规划条例	2011.10.1
重庆市城乡规划条例	2010.1.1	河北省城乡规划条例	2012.1.1
贵州省城乡规划条例	2010.1.1	四川省城乡规划条例	2012.1.1
湖南省实施《中华人民共和国城乡规划法》办法	2010.1.1	青海省实施《中华人民共和国城乡规划法》办法	2012.3.1
天津市城乡规划条例	2010.1.11	吉林省城乡规划条例	2012.3.1
山西省城乡规划条例	2010.1.1	西藏自治区城乡规划条例	2012.6.1
甘肃省城乡规划条例	2010.1.1	山东省城乡规划条例	2012.12.1
辽宁省实施《中华人民共和国城乡规划法》办法	2010.3.1	广东省城乡规划条例	2013.5.1
广西壮族自治区省实施《中华人民共和国城乡规划法》办法	2010.6.1	内蒙古自治区城乡规划条例	2013.7.1
江苏省城乡规划条例	2010.7.1	宁夏回族自治区实施《中华人民共和国城乡规划法》办法	2014.7.1
江西省城乡规划条例	2010.8.1	黑龙江省城乡规划条例	2015.3.1
浙江省城乡规划条例	2010.10.1		

国家层面的村镇法律和规范颁布实施后，相关的旧有法规不能及时更新。当前村镇规划管理的部分主干法规内容陈旧，现行村镇规划法规和规范之间存在冲突，甚至在村镇规划的编制内容、编制体系等基本问题界定方面都未能统一。特别是现行的《村庄和集镇规划建设管理条例》，其早于《中华人民共和国城乡规划法》出台近20年，早已不适应现行法律和现实发展的需求。部分法规内容不完整，缺少对村域规划、特定类型镇村规划的相关规定，在村镇规划的实施管理方面内容薄弱，对规划实施监管等问题也多有疏漏。

现行规划法对村镇规划编制法定层次的定义　　表2-2-2

法律规范	规划编制法定层次相关内容
《中华人民共和国城乡规划法》	第二条 本法所称城乡规划，包括城镇体系规划、城市规划、镇规划、乡规划和村庄规划
《村庄和集镇规划建设管理条例》	第十一条 编制村庄、集镇规划，一般分为村庄、集镇总体规划和村庄、集镇建设规划两个阶段进行
《村镇规划编制办法》	第三条 编制村镇规划一般分为村镇总体规划和村镇建设规划两个阶段

我国村镇规划学科发展尚处于初期，目前多项村镇规划编制的基础标准和通用标准缺失，部分标准老旧，不再适用于当前村镇规划编制需求。如：村镇规划的术语标准、图形标准等都暂时沿用城市标准，《城乡用地评定标准》《镇规划标准》等6项现行标准都早于2010年《中华人民共和国城乡规划法》出台。此外，《中华人民共和国城乡规划法》出台之后，各省市为了实际需要纷纷出台地方村镇规划标准，但是不同省市村镇规划标准的颁布内容与管理深度也存在较大差距。

村镇规划建设技术标准体系与现行标准（2014）　表2-2-3

类型		标准名称	实施日期
基础标准	术语标准	暂沿用城市标准	
	图形标准	暂沿用城市标准	
	分类标准	《城市用地分类与规划建设用地标准》GB 50137 《村庄用地分类指南》	2012.1.1 2014.7.14

续表

类型		标准名称	实施日期
通用标准	村镇规划通用标准	《城乡用地评定标准》CJJ 132 《城乡规划工程地质勘察规范》CJJ 57 《镇规划标准》GB 50188	2009.9.1 2013. 3.1 2007.5.11
	村镇建筑设计通用标准	无	
	村镇基础设施通用标准	无	
专用标准	村镇规划专用标准	《村庄整治技术规范》GB 50445 《村镇规划卫生规范》GB 18055 《乡村公共服务设施规划标准》CECS 354	2008.8.1 2013.5.1 2014.4.1
	村镇建筑设计专用标准	《农村防火规范》GB 50039 《城镇老年人设施规划规范》GB 50437 《村镇传统住宅设计规范》CECS 360	2011.6.1 2008.6.1 2014.4.1
	村镇基础设施专用标准	《村镇供水工程技术规范》SL 310 《小城镇生活垃圾处理工程建设标准》建标149 《小城镇污水处理工程建设标准》建标148 《村庄污水处理设施技术规程》CJJ/T 163 《村庄景观环境工程技术规程》CECS 285 《村镇供水工程设计规范》SL 687	2005.2.1 2011.2.1 2011.2.1 2012.3.1 2012.5.1 2014.4.13

（2）乡村地域广阔，监管难度较大，违法建设频发

我国农村地域广阔，村庄量大而分散，规划建设管理的基数大，管理任务艰巨。一般乡镇中往往只有1～2名规划管理人员，甚至没有专职规划管理人员。据统计，2013年全国小城镇中有村镇建设管理机构15675个，占乡镇总数的47.6%。从当前情况看，一般乡镇户籍人口都在2万人以上，在东部地区部分大型乡镇、户籍人口在10万以上，各类建设需求旺盛，管理压力更大。当前我国乡村地区巨大的规划管理基数，却没有足够的规划管理人员、现代化的管理技术和管理平台，导致监管困难，违法建设频发。

（3）村镇规划管理人才匮乏，管理力量薄弱

乡镇政府下属规划管理部门一般为村镇规划管理科，需要对接县规划局、住建局、交通局等多个管理机构的日常工作。即使在配备有专职城乡规划建设管理工作岗位的乡镇，由于相对低的报酬和艰苦的工作生活条件，

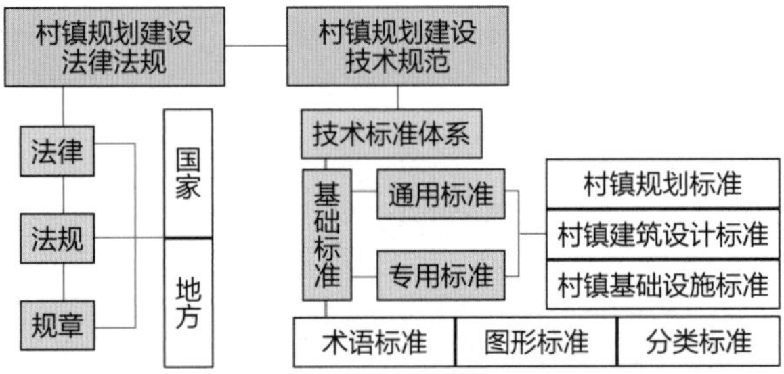

图2-2-1　我国现状法规体系关系图

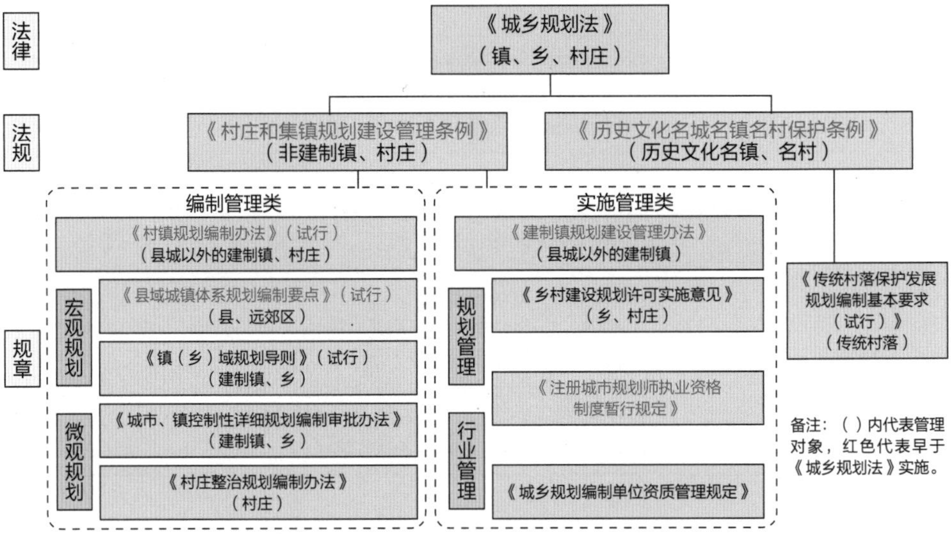

图2-2-2　我国现行村镇规划相关法律法规体系

往往难以吸引专业规划技术人才就职。相比乡村地区巨大的规划管理需求，村镇规划管理力量薄弱的问题非常突出。

2　当前自上而下的村镇规划管理模式，难以契合乡村基层民主自治体系

我国传统乡村社会是以家族制为基础的士绅自治，乡村社会结构是以血缘关系维系的熟人社会，乡村内部事务习惯以协商的方式加以解决。在我国古代社会，以皇权为中心的国家权力对于乡村社会采取间接的统治方式，即所谓“皇权不下县”。民国时期，国民政府设立“区”以加强对乡村地区的管理。中华人民共和国成立初期开始推行农业集体化改造和“人民公社”制度，直至后来设立乡镇为国家最小的行政管理单元，国家对乡村地区的控制力量不断延伸，但并未改变乡村基层的基本自治模式：村民委员会是乡村基

层管理的基本单元。

我国《宪法》规定，村民委员会是基层群众自治性组织。然而，当前乡村规划管理中往往存在过度行政化倾向。乡镇是国家在乡村地方设立的基层治理单位。根据《村委会组织法》规定，乡镇政府与村委会是指导与被指导的关系，不是科层制意义上的上下级关系。但在现实生活中，县、乡镇政府习惯于把村委会看作自己的下级机构，习惯于采取行政命令的方式对村委会管理进行干涉，由此产生冲突和矛盾。在当前的村镇规划管理过程中，延续城市思维的“自上而下”的刚性规划管理模式难以契合乡村基层民主自治体系，不能充分发挥基层组织和村民的积极性，不能被乡村基层接受，导致规划和管理无法落实。

3　乡村地区多规冲突严重，造成规划事权的“重叠”与“真空”地带并存

乡村地区受多个行政部门的垂直管理，同一个村镇必须同时接受土地利用规划、村镇规划及其他多个部门专项规划的指导，而由于规划编制时限和编制要求的差异，各部门规划之间往往存在冲突。一方面，乡村地区多规冲突导致部分村镇基本公共服务设施和基础设施出现所谓“符合规划的违法建设”等问题；另一方面则因部门专项规划内容的有限性，导致村镇规划管理出现“真空”地带。以乡村地区污染管控为例，其需要从产业整合到基础设施配置的综合协调，而城乡规划管理部门、环境保护部门、农村经济管理部门等多个部门有其各自的关注重点，难以凝聚合力对乡村地区的建设行为形成有效管控。

（三）土地的供给模式与利用格局不满足土地合理利用的总体目标和乡村建设发展的实际需求

1　土地利用模式粗放，农村生产生活空间利用率下降

随着乡村地区的发展，村镇土地利用模式粗放的问题日益突出，村镇人均建设用地面积呈扩张趋势。根据统计，1990～2013年，我国建制镇户

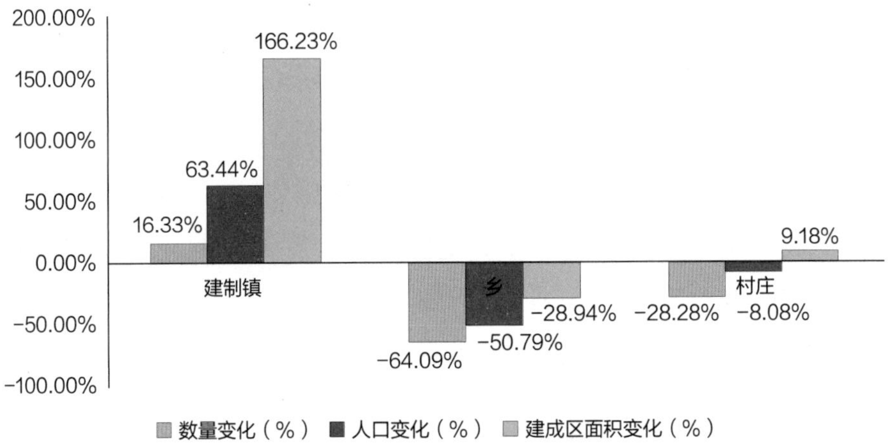

图2-2-3 1990～2013年我国建制镇、乡、村庄的数量、人口与建成区面积变化

数据来源：《中国城乡建设统计年鉴》。

籍人口增加了54.8%，而建设用地却增加了144.3%，远高于户籍人口增长。村庄户籍人口减少了27.8%，但建设用地反而增加了7.6%。2013年底，全国乡和建制镇的人均建设用地面积已经接近250平方米/人，村庄的人均建设用地面积也接近了200平方米/人。

传统农村生产、生活空间高度复合，导致村庄和类似村庄的集镇人均建设用地面积相比城市而言比较大。在一些山地丘陵地区，农村居民点因地形错落、分布分散导致人均建设用地指标偏大，但是并未过多侵占耕地和其他农用地。尽管如此，当前一些乡村地区确实存在土地利用模式不合理的问题，主要表现为以下三个方面：

（1）乡村非农产业快速发展，对各类生产经营性建设用地引导不利，导致土地利用模式粗放

20世纪80年代至今，我国东、中部经济相对发达的乡村地区一直保留有工业企业。以最为典型的珠三角为例，其自20世纪80年代以来，经历了以乡镇企业为主导的自下而上的乡村工业化和城镇化并进的过程，并且表现出明显的分散化、粗放式的特征。乡镇工业多以小规模、劳动力密集型企业为主，“村村点火、户户冒烟”，导致土地的破碎化、低效利用。农村集体经济的产权制度改革滞后，运行机制与市场脱节，经营管理粗放，产出效率偏低。以广州为例，2011年，全市工业用地面积为225.7平方公里，

镇区级以上有正式手续开办的工业园区面积只有70平方公里，有155.7平方公里（约全市2/3）工业分散在各村庄居民点附近。村社级工业园用地破碎、规模较小且产出不高，最小的工业园用地规模仅为1公顷，集体建设用地的平均产出效率仅为国有用地的1/10。

（2）部分乡村地区人口外流，大量农村住宅闲置，农宅空间利用率下降

目前乡村地区仍处于人口高速外流状态，大量农村劳动力外出打工，许多农宅中只有留守儿童和老人居住，甚至有些农宅长期闲置。根据住房城乡建设部统计，2011年农村人均住房面积为36.2平方米，但如果扣除外出打工人群，估算实际人均住房面积可能达到60～90平方米，是城市人均住房面积的3倍，农宅空间利用率有待提高。但是，受目前土地制度和农房管理制度的约束，农村并未能建立起合理、有效的农房流转、宅基地流转及退出机制，导致乡村建设用地的集约利用问题难以实现。

（3）经济发达地区农村租赁经济活跃，依赖土地扩张获利，缺乏内生动力

以珠三角为代表的东部沿海经济发达地区，农村租赁经济活跃，其主要包括集体物业被外来企业租用、农宅租住给外来人口和农用地租给外来者耕种三种方式。前两种方式获利大、成本低，刺激了农村建设用地的大幅扩张。由于农村集体土地难以进入国有土地招拍挂出让程序，租赁经济因此成为附着在集体土地上的强大经济形式，小城镇内生动力不足，空间难以优化。以广州为例，广州市郊分布于村庄的工业企业中，78.5%为“完全租赁”企业，仅有5.7%是自主经营企业，部分城边村的出租经济达到100%。

近年来大量农村土地资源侵占严重，加上国家对基本农田管理严格，以珠三角为代表的部分经济发达地区农村几乎无地可用，对租赁经济的过度依赖导致镇发展后劲不足、增长放缓。农民收入渠道狭窄，一些村民日常收入的80%来自于村集体租赁经济分红和房屋出租。

2　小城镇的合理建设需求缺乏土地指标支持

（1）由于下拨土地指标有限，许多小城镇无法获得必要的公共服务设施和基础设施建设用地供给。

小城镇处于我国现行的行政管理层级的末端。作为重要的空间发展资源，其建设用地按照行政层级逐级下拨的方式予以配置。目前国家对建设用地供给总量控制较严格，加上行政层级配置的约束，小城镇很难获得足够的下拨土地指标。根据课题组调研的情况，一些小城镇的中小学、垃圾回收站等设施建设被迫采取违规占地的方式，合理而不合法，使基层政府的规划管理处于尴尬境地。

（2）部分小城镇极具发展活力，但建设用地供给不足，且缺乏规划的合理引导。

我国绝大部分乡村地区人地关系紧张，农村仍然有大量的剩余劳动力有待充分利用。由于各种各样的原因，许多农村剩余劳动力需要就近就业，小城镇是解决这一问题的最好平台。一些小城镇产业极具活力，本应在促进本地城镇化发展方面起到更大的作用。然而由于当前城镇建设用地指标采取逐级配给的方式，大部分小城镇难以获得足够的用地指标配给，甚至因为小城镇行政级别不高、资金有限，难以获得有效的规划指引，极大地制约了小城镇的健康发展。以课题调研的山东省魏桥镇为例，该镇主要企业——魏桥创业集团是世界500强企业，该镇为省级重点镇。而魏桥镇现状建成区周边都被划为基本农田，城镇空间无法拓展，除了常规项目不能获得审批，作为省重点镇获得的80亩建设用地指标（无法满足魏桥镇实际建设需求）也无法落地。课题调研的另一个小城镇——博兴县兴福镇是全国最大的黑白铁交易市场和商用厨具生产基地。由于市场类用地和工业用地需求极大，2013年，镇区企业上报申请新增的建设用地合计达到300多公顷，而根据土地利用规划，兴福镇合计仅可以获得50多公顷的建设用地。

三 国内相关规划管理探索的得失分析

（一）规划编制体系创新

广义村镇规划可以分为宏观、中观、微观三个层级，但目前国内尚未形成统一的村镇规划编制体系。不同地区基于自身在村镇发展引导与规划管控方面的需要，提出若干创新性做法，尤其是珠三角地区、长三角地区的创新实践，具有一定借鉴价值。

1 事权划定方式决定规划编制方式和管理方式

珠三角地区各市村镇规划的编制主体、编制体系方面与2000年建设部发布的《村镇规划编制办法（试行）》基本一致，但是具体的村镇规划的编制与管理方式各不相同。

珠三角是放权政府，鼓励基层和市场的力量。相比其他地区，珠三角地区的村镇在土地、规划和建设等方面都拥有较大的支配权。基于各个城市不同的发展模式，以及其所处的发展阶段差异，珠三角的各级城市政府在土地审批、规划审批、建设审批等方面的具体事权划分方式各不相同，因此采取不同的规划编制体系及规划类型，对全域空间进行空间管制。

从各级政府的立场来看，编制规划是为了能更好地反映自身的发展诉求。因此拥有规划编制权就意味着拥有较多的发展自主权。规划权利的上收就意味着上级城市试图缩小下级城市的发展权限，加强自身对整体资源的统筹调配能力。比如，在2000年之前，番禺作为广州的县级市，还享有独立审批土地的权利，其下各镇也具有较强的土地自主权，乡镇企业快速蔓延发展。但随着番禺撤市划区，土地审批权上收到市本级，番禺区具有“规划、建设审批权”，规划体系随之改变，镇完全丧失土地自主权和规划审批权，因此停止编制镇总体规划，并对应撤销了镇“建设审批”的事权。

总体而言，珠三角的规划编制体系可以分为三类：

（1）注重自主发展的地区：镇规划+布点规划+村庄规划

在珠三角地区，东莞、佛山等地的村镇规划体系基本一致，将镇规划划分为总体规划和详细规划两个层次；村庄规划按照“总量控制、事权下放”的原则，分为村庄布点规划和村庄规划两个层次。

佛山市为促进多区统筹，扶植区（或工业产业园）的自主发展，采用“市总体规划—分区规划—区总体规划—镇总体规划—村庄规划”的多级规划体系。其中，村庄规划多和“三旧”改造规划结合进行。

东莞为市管镇的特殊行政体制，东莞各镇仍然保有土地审批事权，因此镇总体规划对于地方建设发展的指导作用很强。以镇为单位下放规划编制权限的做法支持了东莞自下而上的快速发展，也造成了城市发展整体统筹的困难。因此在2014年东莞总体规划中已经提出，将进一步加强市本级分区统筹力度，采取“城市总体规划—分区规划—镇发展规划—村庄规划”的四级规划管理模式。

（2）注重整体统筹：控制性详细规划/法定图则+社区规划/城中村规划

广州市为了进一步加强市（区）事权，将镇的用地审批权上收，采取“城市总体规划—区（县）总体规划—控制性详细规划/村庄规划”的三级空间管制体系，停止编制镇总体规划。其中，城乡空间分别采用城市建设地区控制性详细规划全覆盖、乡村地区村庄规划全覆盖的方式，对全域空间进行空间管制。

深圳市将土地审批权放在市本级，只有前海、光明等新区有部分土地审批权，因此，深圳停止编制分区规划，采用“城市总体规划—区总体规划—法定图则（控制性详细规划）”三级的空间管制体系。其中，法定图则的实施基础是全市域的空间标准分区，实施以标准分区为基础的法定图则（控制性详细规划）全覆盖。2004年深圳启动全面城市化，取消了镇和所有村庄的行政建制。自此，深圳已经没有传统意义上的农村而仅有城中村，城中村则根据需要编制社区规划或城中村规划。通过社区规划（新型农村社区，相当于其他城市的村庄地区）和城市更新规划，形成与法定图则共同管理的空间管制体系。

一般而言，地级市全覆盖的单元规划与镇总体规划的空间布局深度接近，而规划的编制委托权在地级市政府，更便于加强对地区的总体建设管控。而从珠三角的实践情况看，为了能更好地统筹地区的整体发展，珠三角各市越来越倾向于实现控制性详细规划或者分区规划的全覆盖，并取消镇总体规划。但是，从课题组调研的情况看，为了解决自上而下的管控需求，广州实施了控制性详细规划全覆盖；同时为了协调乡村地区自下而上的发展诉求，广州市又对所有村庄编制了村庄规划。但是，目前编制完成的村庄规划与控制性详细规划之间冲突严重，导致上下位规划均难以实施。简单将村庄规划和控制性详细规划对接，意味着“自下而上发展诉求”和“自上而下管控要求”之间缺乏缓冲，其问题的核心在于自下而上的微观发展诉求缺乏中观层面的整合，因此，难以与其他中观层面规划形成对话。村庄规划担负着直接反映村民发展诉求的职责，但是多个村庄规划的简单加和并不能起到统筹乡村地区建设发展需求的职责。因此，村庄规划全覆盖并不能完全解决乡村地区的建设指引需求。而镇总体规划在一定程度上就承担着这样的中观层面整合功能。镇既是我国行政管理层级的末梢，也是乡村经济生产体系的重要节点，具有承上启下的重要作用。因此，如果地方仍然保留镇级单元，说明城市的行政管控能力尚不足以直达乡村，因此镇级规划不能被取消。

2　城市化地区和非城市化地区采取不同的规划编制体系

长三角地区的村镇规划实践以江苏和浙江为代表。其中江苏省更为强调中宏观层面的村镇规划统筹工作，创新性地划定了城市化地区和非城市化地区，不同片区采取不同的村镇规划的编制体系。根据《江苏省村庄规划导则》和《江苏省村庄平面布局规划编制技术要点（试行）》的要求，相关单位需在乡镇总体规划、镇村布局规划的指导下编制村庄规划。苏南地区对城市化地区和非城市化地区采取不同的村镇规划编制体系，在城市化地区要求以分区规划和控制性详细规划对乡村地区建设行为予以指导；在非城市化地区，则根据城镇总体规划和镇村布局规划对乡村地区建设行为予以指导。分片区采取差异化的规划编制体系，更有利于有针对性地解决地方建设管控与引导需求，也更有利于多规协调推进。

3 专项规划解决农村建设发展的特殊问题

随着珠三角快速城镇化的推进，村镇建设层面各类矛盾和问题极为突出。为了对乡村地区不断涌现的各类特定性问题给予针对性的解决方案，在标准规划编制体系之外，广东省还重点推动了多种村镇专项规划的编制工作，包括：城中村改造规划（即在过去的城市发展和扩张过程中，农业用地已基本征用完毕，仅剩村民宅基地，且周围已经成为城市建设发展区的村庄改造规划）、村庄整治规划（规划重点在于村庄风貌与环境卫生整治、公共服务设施完善及基础设施提升等）、美丽乡村（宜居乡村）规划、“三旧”改造规划、历史文化名镇名村保护规划、村庄新增分户规划、山区帮扶规划等。灵活的村镇专项规划有助于解决特定类型地区的特定问题。

（二）规划编制技术与编制内容

1 宏观层面：统筹城乡发展，强调底线控制

（1）江苏：省域城镇体系规划加强统筹引导，镇村布局规划落实细化

至今，江苏省已经编制完成两轮省域城镇体系规划编制工作，通过宏观规划对城乡发展空间实行总体统筹。特别是最新的《江苏省城镇体系规划（2015～2030年）》，通过划定城市化地区，力图在省域城乡空间形成大疏大密的城乡空间结构，确定省内城乡基本公共服务均等化、城乡特色差异化和村庄发展多样化的总体模式。在此基础上，江苏省又编制了两轮镇村布局规划，将省域城镇体系规划中与村镇相关的规划内容进一步落实和细化，包括区域城乡建设空间的底线控制以及区域城乡重大基础设施建设与协调，如：城乡供水管网无缝对接、城乡垃圾统一收集处理、乡镇污水处理设施全面覆盖等。

总体来看，江苏在省域层面加强对村镇建设的宏观规划引导，这一做法非常值得借鉴，在实际中也切实的对乡村建设发展、城乡资源配置的统筹协调提供了强有力的指导。但是由于之前几年中，江苏省过于强调通过

自上而下的规划，引导村镇地区集聚发展，但是对乡村自下而上的发展活力和乡村自治问题重视不够，从而导致规划对乡村地区的管控力强而灵活度不足，甚至造成部分地区村镇空间集聚的速度快于本地城镇化速度。2014年5月，江苏省《新型城镇化与城乡发展一体化规划》中明确提出，未来江苏省城镇化将从注重速度和数量转向注重质量和效益。江苏省“美丽乡村”建设明确提出以公共服务和环境整治投资引导适度集聚，正体现了江苏省对乡村地区发展思路和规划思路的转变。

（2）珠三角地区：全域空间管制体系划定城乡发展单元

珠三角地区自20世纪90年代开始通过多轮规划尝试建立全域空间管制体系，通过编制城乡发展单元规划，跨行政区统筹，引导全域城乡均衡发展。尤其是刚刚编制完成的《珠江三角洲全域规划（2014～2020年）》，将乡村地区分为三个大类：第一类位于大中城市规划建成区与规划区之间的乡村地区，属于“城镇化主要影响区”；第二类位于小城市、镇规划建成区与规划区之间，属于“城乡混合发展地区”；第三类是上述两类之外、远离城市、城镇建成区的地区，属于“传统乡村地区”，以分类引导加强了对城乡空间建设的整体协调力度，明确了不同分区的城乡建设底线控制要求。为了更好地支撑宏观规划目标在乡村地区得以落实，珠三角地区不断调整新农村建设、“三旧”改造等政策措施，并实现了村庄规划的全覆盖。

从得失来看，珠三角地区政府偏向于“无为型”管理，规划管理事权下放较多，导致宏观规划统筹力不足。一些镇依靠编制控制性详细规划而暂缓编制总体规划的方式，逃避上级政府对地方的建设发展管控。导致珠三角区域战略规划统筹力度不足，省、市规划也多与县（区）、镇不相符合。

2　中观层面：分类指导乡村地区建设发展

中观层面村镇规划主要采取分类引导的方式，具体分类方法因目标和用途的不同而有所不同，如苏南地区以推动乡村地区发展和城镇化推进为目标，对村庄进行分类；珠三角目前已经完成三轮村庄规划分类，分类依据从问题导向逐渐转向目标导向；北京地区经过第一轮村庄分类后，目前正处于反思优化阶段。

珠三角地区历版区域规划对于乡村地区的建设引导

1995年，《珠江三角洲经济区城市群规划》提出了建设“开敞区”的概念。

2004年，《珠江三角洲城镇群协调发展规划（2004～2020年）》编制完成，规划针对小城镇建设发展问题提出建设“新市镇”的设想。

2006年《广东省城镇体系规划文本（2006～2020年）》中开始关注乡村地区的建设发展问题。规划提出了划定乡村发展区，控制乡村建设用地总量，划定禁止建设区、适宜建设区（非农建设区）和限制建设区三类用地，并对农村户籍人口人均建设用地面积、平原和丘陵地区宅基地总面积等指标做出规定。

至2009年，珠三角开始明确城乡一体化建设发展的工作思路。在《珠江三角洲城乡规划一体化规划（2009～2020年）》中，规划对于城乡一体化建设模式、城乡公共交通网络建设、区域绿地与绿道等方面提出相应策略。

2014年，《珠江三角洲全域规划（2014～2020年）》和《珠江三角洲地区生态安全体系一体化规划（2014～2020年）启动编制。《珠江三角洲全域规划（2014～2020年）》制定了珠三角新型城镇化村镇地区的建设控制标准、村镇混杂区空间治理策略和乡村地区引导策略，提出将珠三角乡村空间分为三大类，并提出空间优化分类引导策略。

第一类位于大中城市规划建成区与规划区之间的乡村地区，属于“城镇化主要影响区”。此类乡村空间应以生态保护与修复为优化重点，重新织补区域生态联系，并在生态保育的前提下促进都市乡村产业的快速发展。

第二类位于小城市、镇规划建成区与规划区之间，属于“城乡混合发展地区”。此类乡村应着重于空间格局优化，包括积极调整产业结构，促进土地集约利用、提升乡村设施品质、保护乡土文化传统及规范乡村风貌建设等。

第三类是上述两类之外、远离城市、城镇建成区的地区，属于“传统乡村地区”。此类乡村地区作为珠三角未来乡村发展的“新兴战略地区”，应摆脱传统发展路径、注入国际先进发展理念，实现“跨越发展”目标，包括推进传统农业的转型升级、强化环境保育与特色发展以及推进乡村社区复兴战略等。

（1）苏南：以发展和城镇化推进为主要分类依据，兼顾生态人文保护

2014年，江苏省《关于加快优化镇村布局规划的指导意见》中明确提出按照“重点村”“特色村”和“一般村”对全省村庄进行分类，其中重点

村和特色村是规划发展型村庄。其他因纳入城镇规划建设用地范围以及生态环境保护、居住安全、区域基础设施建设等因素，需要实施规划控制和未列入近期发展计划的村庄，划定为一般村。由此，苏南地区在村庄布点规划中将村庄分为古村保护型、自然生态型、人文特色型、现代社区型和整治改善型，并强调对这些村庄分类施策。昆山市则根据本地建设发展需求，在省规定的特色村、重点村和一般村的分类之外，增加了一类近期动迁型村庄。

（2）珠三角地区：以问题导向和目标导向不断调整村庄分类

珠三角地区目前已经编制完成了三轮村庄规划，在第二轮、第三轮村庄规划编制的过程中，都采取了分类指导的方式，增加规划的针对性。2007～2009年，广东省启动第二轮村庄规划编制工作，彼时珠三角的城市经历了10年的快速扩张，城乡矛盾激化，国家恰逢其时地提出了城乡统筹发展思路。因循这一思路，珠三角地区第二轮村庄规划分类关注于城市扩张和乡村发展之间的关系，将村庄类型划分为发展型、保留型、搬迁型。2013年，广东省启动第三轮村庄规划编制工作，同时对第二轮村庄分类的方法进行了总结和反思，认为主要有两个方面的问题：一是对村庄采取不同的发展政策，有欠公平并且增加了基层政府的管理难度；二是大量搬迁型村庄的搬迁工作难以推动，不仅资金成本极高而且容易引发各类社会矛盾。为了能更好地从城乡统筹发展的角度，加强对乡村地区的规划引导和规划管理，广东省明确将珠三角地区的所有村庄分为城中村、城边村、远郊村和搬迁村四类，其中城中村和城边村受城市更新规划和城市控制性详细规划管理。

（3）北京：基于现实可行性的村庄分类问题反思

自2005年底，北京市规划委员会、北京市农村工作委员会共同组织相关部门以及各区、县政府进行了全面系统的新农村规划工作，其中第一项工作就是组织编制全市及各远郊区、县的村庄体系规划。2006年11月北京市规划委员会出台了《北京市远郊区县村庄体系规划编制要求（暂行）》。到2007年底，北京10个远郊区、县的村庄体系规划编制工作基本完成。

北京市村庄体系规划的目标为："以资源环境保护利用为前提，通过合理优化村庄发展布局，有效配置公共设施，不断完善农村的发展条件，改善目前农村建设用地无序增长、基础设施落后、公共服务设施不全的状况，盘活存量土地，集约利用土地资源，加快农村社会经济的协调发展，构筑城乡一体、统筹协调的发展格局，推动北京新农村建设的步伐”。规划主要内容包括：村庄分类、村庄布局调整、农村公共设施配套标准的制定、村庄建设时序安排等。其中“村庄布局调整”的工作重点是将北京市的村庄划分为三大类、九小类。三大类为城镇化整理村庄、迁建型村庄、保留发展型村庄。其中城镇化整理村庄分为中心城规划建设用地内村庄、新城规划建设用地内村庄、镇中心规划建设用地内村庄；迁建型村庄分为近期迁建型村庄、逐步搬迁型村庄、引导迁建型村庄；保留发展型村庄分为保留但禁止扩建、保留一般村、保留重点发展村三小类（表2-3-1）。

北京市村庄分类一览表　　表2-3-1

类型	分类标准	村庄个数	面积（平方公里）
城镇化整理村庄	中心城规划建设用地内村庄	188	71.69
	新城规划建设用地内村庄	445	118.28
	镇中心规划建设用地内村庄	225	73.59
	小计	858	263.56
迁建型村庄	近期迁建型村庄	289	45.8
	逐步搬迁型村庄	178	53.33
	引导搬迁型村庄	649	149.49
	小计	1116	248.62
保留发展型村庄	保留但禁止扩建	623	141.36
	保留一般村	665	119.49
	保留重点发展村	603	145.68
	小计	1891	406.53

数据来源：北京市规划委员会《北京市村庄体系规划》说明，2006.46-47。

北京市村庄体系规划在实施过程中遇到了村庄迁建、农民就业、生活等方面的诸多复杂问题。特别是村庄分类中涉及的城镇化整理型村庄，由于其近期很难被调整用于城市建设对这类村庄的公共服务设施配置、建设许可等问题的处置就成为两难的选择。为此，各区县在编制村庄体系规划时，对既有的体系规划方法进行了调整和优化，转而侧重于强调三个方面的工作：第一、加强对宜农产业等问题的研究，区县村庄体系规划普遍配套编制了区、县域的村庄产业经济发展规划专题。第二、强调村庄公共设施与基础规划的配套问题研究，明确提出“远期城镇化整理型、逐步迁建型和引导迁建型的村庄规划应侧重整治为主，在村庄城镇化和迁建前保证村庄交通、市政、公共服务设施等基本的生活条件和服务水平”。第三、不再强调村庄空间的整合，大幅减少了搬迁类村庄的数量，尤其是近期搬迁村庄的数量。

3　微观层面：面向实施，强调特色化的渐进式规划

（1）北京：从空间整治规划转向编制发展型、综合性村庄规划

2005年底，北京市陆续组织了“百名规划师下乡”、市、区县两级试点村村庄规划编制等工作。为了配合村庄规划工作的开展，2006年北京市规划委员会先后公布了《2006年北京市80个试点村村庄规划编制方法和成果要求（讨论稿）》（2006年3月）、《80个试点村村庄规划2006年度有关建设项目规划的内容要求》（2006年3月）、《2006～2007北京市村庄规划编制工作方法和成果要求（暂行）》（2006年11月）。根据上述条例要求，北京市村庄规划的主要内容包括：村庄现状调研、村庄建设规划、村庄产业规划、村庄近期建设项目规划、农村住宅设计五项主要内容（图2-3-1）。

从得失来看，村庄规划对于北京市的农村基础设施改善发挥了重要的、积极的作用，是后续北京五小工程建设等一系列实际建设行动的规划龙头，但也在实施中出现了一些问题，主要包含以下四个方面：

首先，部分村庄规划编制内容与现实存在较大差距，难以落地实施。根据北京市规划委员会出台的《北京市村庄规划编制工作方法和成果要求（暂行）》，北京市农村人均建设用地在远期需控制在150平方米以内。而现状大量村庄人均建设用地面积超过600平方米。如果要求在规划中实现这一控制指标，就必须采用大拆大建的模式。因此事实上，北京市周边大部

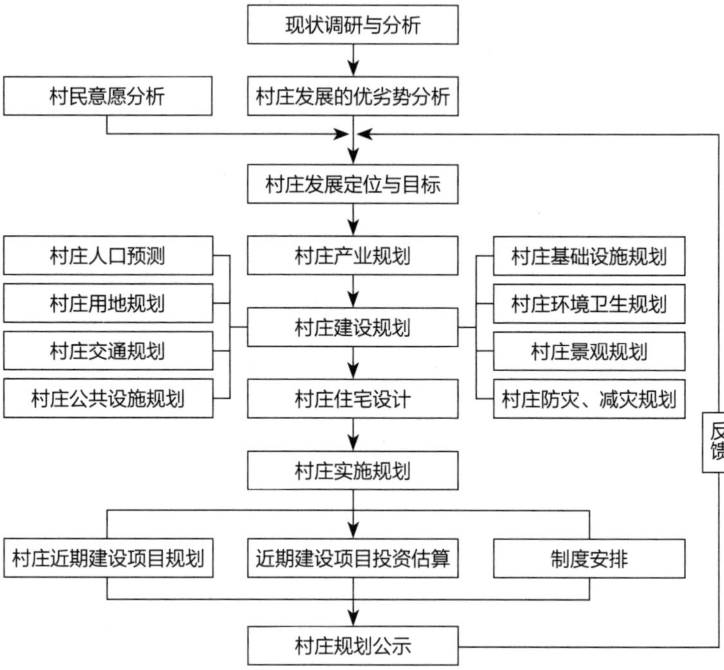

图2-3-1 北京市村庄规划编制技术路线图

分村庄至今都无法达到人均建设用地150平方米的要求。

其次，对乡村风貌规划、防灾规划等专项规划重视不足。

再次，村庄公共服务设施配置统筹存在诸多难题，特别是由于原有中观层面规划对乡村地区的公共服务供给问题探讨不足，导致微观规划各自为政。为此，2008年之后，北京市一些区县开始在村庄规划中探讨联村供水以及联村污水处理等问题，延庆县规划分局还提出了“村庄群落规划的概念”。北京市规划委员会也在2009年出台的《北京市重点村村庄规划编制工作方法和成果要求》中，明确提出：“商业设施应根据村庄需求进行配置”，“集贸市场应视村域面积大小、人口分布情况，可几个村庄或一个乡镇设置一处”，并要求分析能否利用城镇的供水和污水管网，以及能否进行“联村供水”和“联村污水处理”。

最后，村庄规划编制内容强制性过多、弹性不足。2006年北京市规划委员会出台的《北京市村庄规划编制工作方法和成果要求（暂行）》是对村庄规划的一般性要求。在规划实践中，所有的规划编制单位都按照此文件的要求对村庄进行了全面的规划。这不仅严重影响了规划的编制进度，而且一些面临搬迁和城市化的村庄也没有必要进行从产业到建设的全面规划。因此，在2009年出台的《北京市重点村村庄规划编制工作方法和成果要求》以及《北京市一般村村庄规划编制工作方法和成果要求》中，对规划的内容进行区别性的规定。并规定“由区、县村庄体系规划确定长期保留的村庄为北京市重点村”，“由区、县村庄体系规划确定迁建型和城镇化整理型村庄以及近郊区村庄为北京市一般村。重点村要进行从产业到建设方面的全面规划，一般村只进行村庄环境整治以及村庄基础设施、公共设施的配套。

当前，北京逐渐进入“后土地财政期”后，规划管理部门开始反思之前以拆为主的城镇化模式以及在绿隔地区内要求拆除所有村庄的做法。同时，根据“十八大”相关精神，北京市也开始在农村集体经营性建设用地流转、农民住房财产权的抵押、担保和转让等方面做出一系列试点探索。北京市“二道绿隔”内开始探索保留部分村庄的可能性，并尝试通过保留村集体运营的绿色产业维持绿隔地区的活力。有鉴于此，北京市开始探索编制一种全新的村庄规划类型——《拟保留村庄规划发展研究》，即在规划中确定保留哪些村庄、怎么规划、怎么实施，指明保留村庄的发展路径，并在政策创新方面给予建议。同时，规划试图摆脱村庄发展“完全依靠政府投入、短期出效果”的思路，着力思考如何通过有效调动“政府、社会和个人三方力量”，“实现城和乡共同的可持续发展”。由此可见，北京市的村庄规划工作开始从依赖政府大规模资金投入下的物质空间建设规划，转向为基于新的国家政策调整下的发展型、综合性规划。

（2）江苏：渐进式村庄规划

近几年来，江苏省对既有的较大规模拆建村庄、快速推进村庄建设等工作方式做出了反思，转而关注渐进式的美丽乡村建设工作，从农民反映强烈的垃圾整治、提供清洁的自来水、清理河塘、改善道路等做起，不搞大拆大建，尽量保留农民住房。根据上位规划确定的村庄分类，江苏省明确提出：一般自然村在新一轮村庄规划中仅需要满足环境整洁村标准即可；规划布点村庄（重点村、特色村）则要求通过环境整治和提高村庄公共服务水平，吸引农民集中居住。

（3）珠三角地区：注重规划的可实施性

珠三角地区的村庄规划编制工作非常注重提升可实施性。最新一轮广州市村庄规划编制工作就采取了多级项目库协助村镇规划管理工作的做法，以提升规划的可实施性：规划编制单位在编制项目库前与各级行政管理部门和村集体进行详细的沟通，并根据各级部门事权将规划编制内容进行分解，编制了项目库总表、部门项目库表、新农村建设工程项目库三套表。项目库总表提供给市（区）政府和镇（街）政府，以便其了解本级政府当年应开展的村镇建设工作；部门项目库表则根据不同部门的事权拆分成不同子表，使部门的行政监管和资金投放、建设任务落实变得一目了然；新农村建设工程项目库包含近期建设项目库、近期建设项目实施说明和近期建设项目分布图，以便于村集体更好地了解村庄各类建设项目的投资部门、资金构成、时间安排、项目位置等具体信息。见表2-3-2。

广州市村庄规划近期建设项目库一览表　　表2-3-2

<table>
<tr><th></th><th>部门事权</th><th colspan="2">规划项目库</th><th>项目库作用</th></tr>
<tr><td>市（区）政府</td><td>组织进行部门协调、资金统筹、绩效考核以及督促监督</td><td colspan="2">项目库总表</td><td>掌握当年镇村建设情况</td></tr>
<tr><td>区规划分局</td><td>规划审批与监管</td><td colspan="2" rowspan="2">部门的项目库总表</td><td>划定需要申请乡村规划建设许可证的空间范围</td></tr>
<tr><td>其他市（区）职能部门</td><td>部门协调、专项资金投放、建设任务落实</td><td>当年镇村的建设任务以及其他部门的工作内容</td></tr>
<tr><td>镇（街）</td><td>试点发放乡村规划建设许可证</td><td colspan="2">项目库总表</td><td>本镇的建设项目计划</td></tr>
<tr><td rowspan="3">村庄</td><td rowspan="3">具体项目实施运作</td><td rowspan="3">新农村建设工程项目库</td><td>近期建设项目表</td><td>明确项目包与个体项目、项目类型、建设内容、管理部门、资金构成以及项目建设时间安排</td></tr>
<tr><td>近期建设项目实施说明</td><td>对项目包和个体项目包实施的具体解释和建议。</td></tr>
<tr><td>近期建设项目分布图</td><td>项目具体落位于各村的空间范围内，进行项目信息化综合管理</td></tr>
</table>

广州市村庄规划以编制多级项目库的方式协助村镇实现多部门协同工作，对于村庄规划的实施具有较好的推动作用，适用于由政府主导建设投资且近期建设投资量较大的村庄。对于需要中长期渐进式改造的村庄而言，村庄的建设需求难以一次性预测准确，需要规划师的动态跟踪和斡旋协调，很难在近期编制出细致完整的项目库表。

（4）河南：自下而上的乡村规划探索

河南郝堂村通过建立村镇共同体，推动农村“内置金融”试验，筹集资金用于乡村产业培育和村庄环境改善。郝堂村村庄改造以农民自愿改造为前提，通过设计师与村民的充分协商沟通推动村庄农房改造和环境整治。此外，还有何慧丽等社会学者以“开发民力，建设家园”为基本思路，在河南兰考等地，通过培育乡村社会自组织能力，推动自下而上的乡村环境建设与改造的案例。

（5）深圳：将“一平台一中心”的社会管治理念与空间规划编制手段挂钩

深圳市作为我国改革开放的起点城市，经历了20多年的快速发展。在快速发展的过程中，出现了大量城市与乡村交错布局的情况。深圳市在2004年以城市规划全覆盖的方式，将特区外260平方公里的农业用地指标转为国有土地。但是在国有用地之上，仍然存在大量“城中村”，外来人口大量聚居于城中村，城中村治理问题依然严峻。2010年7月，深圳将宝安、龙岗两区纳入特区范围，经济特区所面临的统筹城乡发展问题越发突出。自2014年，深圳市龙岗区开始探索编制“一平台一中心”的（城中村）社区发展规划。所谓“一平台一中心”，即大社区发展平台和大社区创新中心，政府尝试将原有的区政府-街道办-社区垂直管理体系转换为三角协商式的大社区发展平台，通过打破行政界线，重新组合划定城市功能分区，实现行政管理和公共服务资源的优化配置。“一平台一中心”的（城中村）社区发展规划通过整合重划社区边界，将几个城中村共同纳入一个大社区之中（10万人左右一个大社区，大社区设施服务半径1～1.6千米）。大社区服务平台（管理中心）向下对接村集体组织，向上对接市区政府，成为自上而下的行政管理和自下而上的协商管理的交接

村社共同体包括内置金融的互助合作、集体经济、民主自治和公共生活等方面功能。所谓“内置金融”是指在土地集体所有制之下，配套建立村社内部的合作互助金融，实现农民承包地等产权的金融资产化。村社共同体成员有权利用土地，在内置金融里抵押贷款且准许自由有偿退出，从而解决了农民融资难、农村产权无法金融化的问题。

郝堂村更新改造的主要特点

1. 保持村庄原有自然人文环境。郝堂村在保护当地自然环境、尊重当地历史人文脉络和尊重农民意愿的前提下推进的。农房改造充分尊重每户村民居住特点，主人可根据房屋的功能，与专家商量修改意见，签字同意后，才可动工。由此房屋的造价将大幅降低，且更加实用。

2. 保持村庄原有空间格局。村庄规划确定原有道路、农田、沟渠一律不变，新增建设充分尊重原有村庄格局，不破坏原有生态环境，分别建设，分散居住。

3. 探索环境改造和能源的循环利用。村庄环境改造从发动村民自觉尊重村内环境卫生准则，通过的宣传、教育、引导，实现垃圾自觉投放和自觉分类。社区内不设垃圾箱，所有垃圾由村民自行处理。村内根据地形特点设计了生态卫生间，适合缺水、有土、需有机肥料的农村使用。

4. 探索乡村的现代公民教育。郝堂村在信阳市平桥区政府和郑州大学公民教育中心的支持下，为中小学生编制了《公民常识读本》教材，让孩子从小认知“公民权利”，并对孩子们进行各种生活技能、文明礼仪、环保节能等方面的教育，培养良好的生活习性和现代公民意识。

点。深圳市要求城中村的村集体组织与村社企业实行脱钩，使城中村经济主体——股份合作公司摆脱了“政企不分、企社不分”的问题，但同时辖区的行政管理职能和社会服务职能需要新的空间载体平台。为此，“一平台一中心”的（城中村）社区发展规划需要在整合不同城中村的公共服务资源的基础上，划定新的公共服务空间载体，这些公共服务包括：就业服务、计生卫生服务、流动人口服务、安全服务、社会保障、救助服务和文教体服务等。乡村自治模式和城市行政管理模式之间的错位问题一直是城中村治理的难点所在，大社区平台的构建为自上而下的行政管理与自下而上的协商式管理构建了很好的对接平台。“一平台一中心”的（城中村）社区发展规划借助空间规划手段协助城市政府完成了社会治理关系的改革创新。

（三）规划管理与建设引导

1　系列法规体系与编制技术标准支持规划修编

广东省每一轮村镇规划与建设管理的创新，都有相应的新法规出台予以支持，并由此形成了较为完善的村镇规划法规体系。有赖于此，珠三角的村庄规划编制覆盖率和实施率都高于全国平均水平。（截至2009年底，珠三角地区累计完成村庄规划编制10415条，村庄规划覆盖率达到73.9%。）珠三角的村镇规划相关法规具有极强的针对性和实用性，总体可分为三类：

第一类：针对新农村建设、推出村庄规划的管理规定，如：《中共广东省委广东省人民政府关于加快社会主义新农村建设的决定》《广东省建设社会主义新农村发展纲要》《广东省村庄整治规划指引》等。

第二类：针对城乡用地连绵、建设用地整合，推出“三旧”改造的管理规定。2009年，广东省出台《关于推进“三旧”改造促进节约集约用地的若干意见》（78号文），在全省推开了“三旧”改造工程，旨在通过制度创新和政策完善，有效破解“三旧”改造的难题，并以推进“三旧”改造工作为载体，促进存量建设用地“二次开发”，统筹城乡发展，优化人居环境，改善城乡面貌。

第三类：针对历史文化名村、传统村落保护，推出名镇名村建设的管理规定。2011年广东省政府颁布了《关于打造名镇名村示范村带动农村宜居建设的意见》（粤府[2011]68号），要求“十二五”期间全省10%的镇和行政村完成名镇名村建设，30%的行政村完成示范村建设。同年，省建设厅出台了《广东省名镇名村示范村建设规划编制指引》。

专栏：2006～2014年广东省村镇规划相关规定及指引

《广东省村庄整治规划编制指引》(2006年)——新农村整治行动

2007年，广东省出台了《广东省村庄整治规划编制指引》，目的为建设新农村，指导村庄建设和整治，统筹农村各项建设，提出村庄规划应确定村庄整治区范围、进行现状调查和村庄咨询、调整村庄用地布局、整治村庄道路、提出改善村民住宅及宅院设施的建议性方案、配置公共服务设施、配套公用工程设施、塑造村庄风貌、制定规划实施措施。

该指引主要限于建设规划，对于土地地籍、产权和土地整理方面较少涉及，也缺乏针对村庄社会经济发展的实际操作指引。

《关于推进“三旧”改造促进节约集约用地的若干意见》——解决历史遗留问题的特殊政策

该意见作为广东省“三旧”改造工作的纲领性文件，对现行的国土资源政策有六大突破：一是简化了补办征收手续；二是允许按现状完善历史用地手续；三是允许采用协议出让供地；四是土地纯收益允许返拨支持用地者开展改造；五是农村集体建设用地改为国有建设用地，可简化手续；六是边角地、插花地、夹心地的处理有优惠。

2011年：《广东省名镇名村示范村建设规划编制指引》

该项指引指出：以镇村风貌与环境卫生整治、公共服务设施完善及基础设施提升等工作为重点编制村庄发展现状、规划目标、村庄风貌整治行动、环境卫生整治行动、公共服务设施完善行动、基础设施提升行动、管理创新行动、特色营造行动等规划内容。

2 灵活开放的规划管理方式

（1）灵活并带有协商性的村镇建设管理方式

珠三角地区的村镇建设管理主体包括：市（区）政府、市（区）各职能部门、镇（街）以及村各级政府。珠三角地区各市区县政府多为放权型政府，除重大项目（跨区域项目）由省建设厅落实选址方案外，一般城镇建设项目都由市区县城乡规划委员会审查，提高了公众参与程度和民主决策的灵活性。村庄规划一般由市统一颁布技术标准，区提出技术指导，镇组织规划编制，区县完成规划审批①。镇基层规划所负责村庄建设项目审批

① 规划权没有上收，基层规划所负责建设项目审批等工作。

工作，并对村民宅基地及农房建设进行管理。

珠三角规模较大的镇中心区主要以控制性详细规划作为发放行政许可的依据，依据“一书两证”制度对建设用地进行管理。根据城乡规划法的要求，镇详细规划由镇政府主持编制，仅需要在区县政府备案。珠

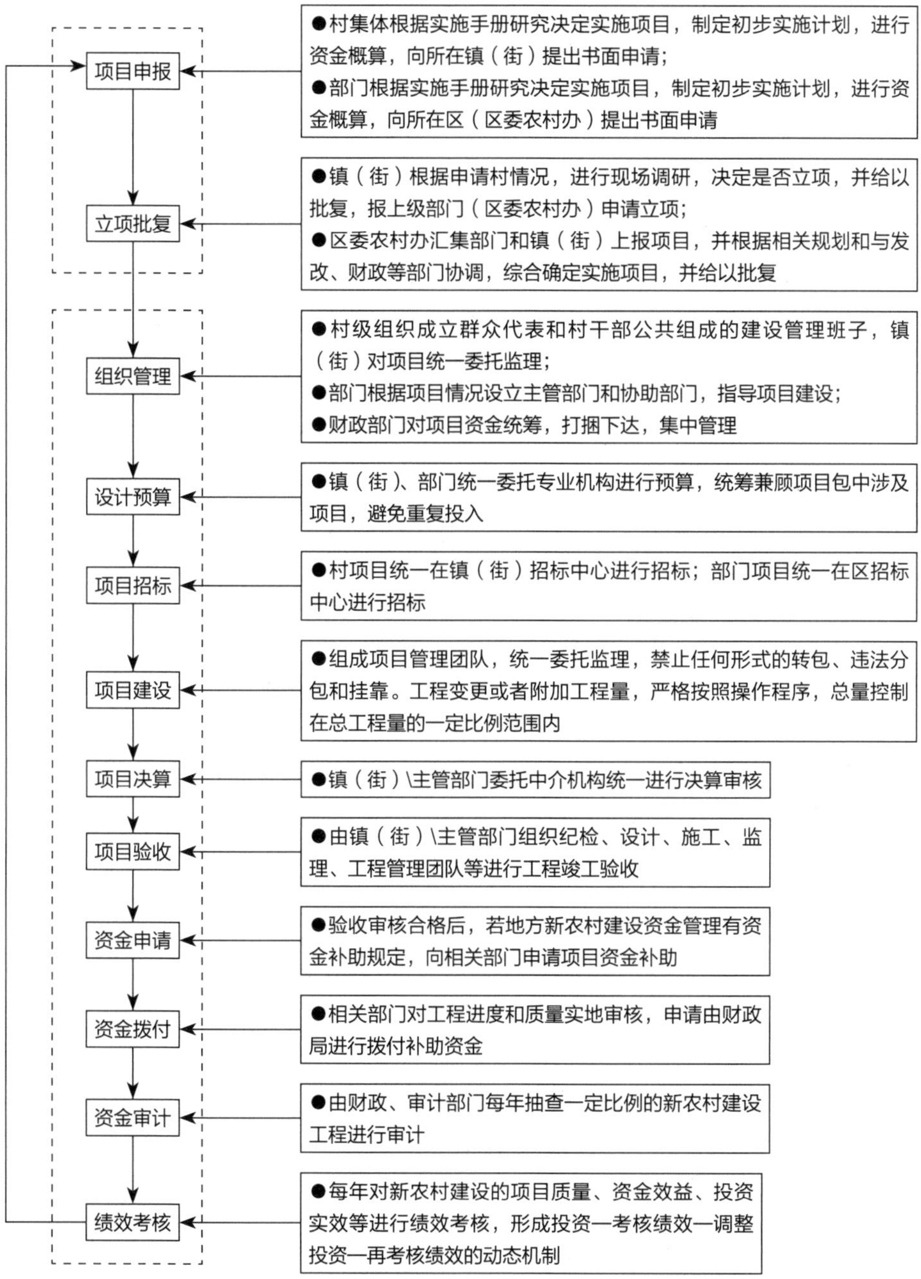

图2-3-2　珠三角村镇规划建设管理流程图

三角地区部分镇建成区规模已经等同于中小城市。镇拥有镇区详细规划的编制及项目审批权力，其对镇区空间建设的自由支配度几乎接近市级政府。

作为建设发展需求极为活跃的地区，珠三角地区各地级市一直试图通过规划编制体系的创新应对建设管理的新问题。但是从调研的情况看，广州市的控规全覆盖与新村规划严重冲突，镇总体规划与上位规划不协调的问题频频出现。总体而言，我国正面临扩权强镇的改革探索期，村镇规划管理事权应该如何界定和监管的问题应因事因地而异，不适合做出全国性的统一安排。

（2）灵活和开放的镇村规划编制委托方式

1）规划编制委托主体：从政府自上而下单向度的委托模式转变为基层村镇、社会资本等共同参与委托。

目前，村镇规划编制的资金一般由市财政负担。村镇建设资金由各级政府及镇村自筹共同承担。近几年来，在珠三角、长三角等经济发达地区，规划委托资金筹措方式不再单一来自政府，外来投资者和村庄集体也开始承担规划编制委托者的角色。

2）村庄规划委托的方式：从单次委托编制到演变为长期的定向咨询。

①珠三角：助村规划师制度

村庄规划需要完成大量的协调工作，且村庄类型多样，需要解决的问题也各不相同。广州市番禺区探索建立的“助村规划师制度”，在项目设计单位规划专业技术人员与相应镇（街）、村之间搭建“一对一”技术帮扶机制，规划师通过深入农村现场踏勘、召开村民调研座谈会等方式，了解村民在城乡建设方面的诉求，建立与行政管理部门的良好沟通机制，寻求多方主体共赢的问题解决方案。

助村规划师是村民和政府之间的沟通者，一方面需要熟悉城乡规划管理法律法规及其他部门的管理规章，面向村民完成行政管理工作的解释、劝导和指引工作；另一方面需要及时了解镇村的发展诉求，为各类建设项目规划咨询提供服务，缓解部分村镇建设缺乏规划引导、不重视前期设计的问题。

②成都：乡村规划师制度

2009年，成都确定了打造“世界现代田园城市”的长远目标。2010年9月，成都市宣布实施乡村规划师制度。招募了150名乡村规划师，从专业的角度为乡镇政府履行规划提供业务指导和技术支撑。乡村规划师招募面向社会，社会招聘人员实行年薪制，原则上任期不少于2年。为了激励乡村规划师扎实做好乡村规划管理工作，减少期满后顾之忧，成都市还印发了《关于事业单位定向招聘乡村规划师有关事项的通知》，明确乡村规划师工作期满后可以优先进入事业单位。成都乡村规划师制度的特色可以总结为以下几点：

全域覆盖。成都市共有223个乡镇，除纳入各级城市规划区的27个乡镇外，196个乡镇将全部配备乡村规划师，实现乡村规划师全域满覆盖。

事权分离。乡村规划师的主要任务是代表乡镇党委、政府履行规划编制职责，不替代相关职能部门的行政审批和监督职能。

广泛参与。乡村规划师通过面向全社会公开招募、征集等多种途径吸引海内外、行业内的专业技术人员参与。

长期持续的乡村规划师招募方式。成都乡村规划师招募有五种方式：公开招聘、征选机构志愿者和个人志愿者、选调任职、选派挂职。招募对象要求具备城市规划、建筑学等相关专业本科以上学历，具有注册规划师或注册建筑师执业资格，或从事城乡规划、设计和管理工作5年以上。

目前成都的乡村规划师制度已形成“集中辅导加上案例剖析”的主要培训模式，并在市财政设立乡村规划专项资金。

③总体评价

成都的乡村规划师制度和番禺的助村规划师制度，都是希望以相对中立的专业技术人员协助村民和地方政府之间形成有效的沟通、协商机制。规划师可以参与乡镇政府涉及规划事务的会议并提出决策建议，主动提交规划意见建议书，参加镇村规划项目设计方案初审（成都市还要求乡村规划师签字表决），协助村庄规划编制工作顺利推进，并在村庄规划的实施中负责与施工方及村民进行沟通。

广州白云区美丽乡村寮采村村庄规划项目库资金来源

表2-3-3

项目分类	序号	项目类型		项目名称	项目位置	占地面积（平方米）	建筑面积（平方米）	投资额（万元）	资金来源	建设时间	指导实施部门
符合土规、城规 2013~2014年可实施项目	1	“七化工程”	道路通达无阻化	092乡道改道拓宽	寮采村中部	—	—	200	市、区、镇统筹	2013~2014年	区交通局
				现有机耕路硬底化改造	村内机耕路	—	—	100	市、区、镇统筹	2013~2014年	区交通局
				全村巷道硬底化	村内巷道	10500	—	210	市、区、镇统筹	2013~2014年	区交通局
	2		农村路灯光亮化	村道安装路灯	村道两侧（共290盏）	—	—	290	市、区、镇统筹	2013~2014年	区建设局
	3		供水普及化	供水设施及铺设管网	水上乐园东侧	—	—	600	市、区、镇统筹	2014年	区水务局
	4		生活排污无害化	污水处理池	村委楼东侧	—	—	—	—	已完成	—
	5			污水管	村主要道路	—	—	—	—	已完成	—
	6		垃圾处理规范化	垃圾收集点	村内共3处	—	—	—	—	已完成	—
	7		卫生死角整洁化	河道清理	—	—	—	—	—	已完成	—
	8		通信影视光网化	电信机房建设及光缆改造	驿站、菜市场及村主要道路	—	50	560	市、区、镇统筹	2013~2014年	区科信局
	9	公共服务“五个一”工程		公共服务站	村委楼内	—	300	90	市、区、镇统筹	2013年	钟落潭镇政府
	10			扩建文化站	村委楼内	—	200	60	市、区、镇统筹	2013年	钟落潭镇政府
	11			户外休闲文体活动广场	村委楼东侧	300	—	10	市、区、镇统筹	2013年	区农林局
	12			宣传报刊橱窗	村委门口	10	—	—	—	已完成	—
	13			无害化公厕	新建7处	280	—	140	市、区、镇统筹	2013~2014年	区建设局

续表

项目分类	序号	项目类型	项目名称	项目位置	占地面积（平方米）	建筑面积（平方米）	投资额（万元）	资金来源	建设时间	指导实施部门
符合土规、城规 2013~2014年可实施项目	14	环境综合整治	路边停车场	寮采中路路边	—	—	15	市、区、镇统筹	2013年	区建设局
	15		修葺祠堂、书舍	寮采中路北侧	—	—	150	市、区、镇统筹	2013年	区建设局
	16		公交站	共5处	—	—	50	市、区、镇统筹	2013年	区交通局
	17		宅旁绿化	村内道路及屋前屋后	—	—	200	市、区、镇统筹	2013年	区农林局
	18		观光绿化	度假村	—	—	450	市、区、镇统筹	2013~2014年	区农林局
	19		休闲绿道	河边	2100	—	180	市、区、镇统筹	2013年	区交通局
	20		小游园	农家乐	300	—	10	市、区、镇统筹	2013年	区农林局
	21		建筑整饰	由二中到牛栏头段路的两旁房屋423栋	—	—	2538	市、区、镇统筹	2013~2014年	区建设局
				拆除棚屋	31500	31500	630	市、区、镇统筹	2013~2014年	区建设局
	22	完善公共设施	新村委楼	寮采中路北侧，篮球场和污水处理池之间	2800	1400	420	石井街道帮扶80万元，村自筹50万元，市、区、镇统筹290万元	2013~2014年	区建设局
	23		老年人活动中心	新村委楼内	—	50	15	市、区、镇统筹	2013~2014年	钟落潭镇政府
	24		卫生站	新村委楼	—	300	90	市、区、镇统筹	2012~2013年	区卫生局
	25		扩建幼儿园	寮采中路北侧，原村委楼西侧	扩大1300	1000	300	市、区、镇统筹	2013~2014年	区教育局
	26		改建菜市场	寮采中路北侧，篮球场东侧	2500	1200	300	市、区、镇统筹200万元，村自筹100万	2013~2014年	村委
	27		邮政所	结合菜市场改造建设	—	50	20	市、区、镇统筹	2013~2014年	村委
	小计				—	—	7628	—	—	—

续表

项目分类	序号	项目类型	项目名称		项目位置	占地面积（平方米）	建筑面积（平方米）	投资额（万元）	资金来源	建设时间	指导实施部门
2014年后实施项目	28	建设住宅类	住宅拆旧建新		村内拆除619处房屋，建设集中式农民公寓1处	25000	50000	15000	村自筹	2015年	钟落潭镇政府
	29	发展经济类	扩建农家乐		寮采村北部世外桃源乡村旅游项目内	—	近期扩大16000，远期扩大50000	5600	村自筹	2013年及远景	村委
	30		新建特色农产品集散交易市场		寮采村中部092乡道两侧	29408	47053	12000	村自筹、引进社会资金	远景	区农林局
	31		建设农业示范基地	青苗补偿，按每亩3000元补偿	村东北部、东部和西部	2937060	—	1321	市、区统筹	远景	区农林局
				农田整理，按每亩4000元补偿	村东北部、东部和西部	2937060	—	1762	市、区统筹	远景	区农林局
	小计					—	—	35683	—	—	—
合计						—	—	43311	—	—	—

乡村（助村）规划师制度实现了乡村规划的动态编制和管理，对于保障乡村规划的有效实施起到了非常积极的作用，值得在更大范围内予以推广。

总体来看，利益分配问题仍然是现阶段乡村规划和管理的核心问题。当前，在政府强势、村民弱势的情况下，乡村规划师只能作为居中协调者，虽然能起到一定的积极作用，但是对于政府决策的影响力还比较有限。

3 建立村民、开发商和政府三方合作框架

深圳市早期更加强调对村镇内部各项违法行为的查处和认定，后期则更加强调通过规范化管理约束村镇各类建设行为。为了加强对城中村的建设管理，深圳市自1992年就开始出台各项文件，加强对城中村的法制化管理。政府建立了完善的工作班子，建设了更加规范的城市改造和更新的操作程序，并建立了村民、开发商和政府三方良好合作的框架和平台。

为了更好地协调村民、开发商和政府三方的利益关系，推动城中村改造，深圳市开展了一系列土地政策创新。如：为了避免因为招拍挂程序分次获取用地造成项目用地的不完整，深圳市在现行国家土地出让政策的基础上出台了《深圳经济特区土地使用权出让条例》，其中规定："城中村改造项目可采取协议出让的方式出让土地使用权，但必须按公告的市场价格出让。"为了更好地鼓励市场参与城中村改造，深圳市出台了城中村地价的折减办法[i]。

2009年，深圳市出台了《深圳市城市更新办法》，支持了城中村改造规划的有效推进。该审批办法明确了市区两级的审批阶段，但对于各阶段审查的分工未给予细分，造成审查的重复或是缺漏。为了能更好地体现城市规划管理的程序公正性，2012年，深圳市在原有的操作流程的基础上加紧出台了《城市更新办法实施细则》，严格规范了规划审批程序、改进审批时限以及市区两级审批分工，并对城中村改造各阶段的审查重点予以明确。此外，深圳市还编制了《城中村（旧村）改造总体规划纲要（2005～2010年）》《城中村（旧村）改造专项规划编制技术规定》，对规划编制的内容、

深度提出技术指引。

城乡规划的工作核心之一是对社会利益的公平分配。村镇规划因为在土地权属、管理事权等方面的独特性，其管控难度远远大于城市规划。村镇规划内在的利益分配合理性问题对于村镇规划能否实施具有决定性的作用。珠三角前两轮村庄规划实施效果不好，很大程度上与此有关。在城中村改造方面，深圳市通过一系列法规政策，构建并不断调整村民、开发商和政府三方合作框架，取得了较好的实施效果。除了深圳在城中村方面的探索，广东省在编制“三旧”改造规划的过程中，对于如何明确村镇的发展责任与发展权利也进行了反思，提出在旧村建设用地整合的过程中，需要将一定比例建设用地转为公共服务类用地，其比例由上位统筹规划确定。这样的做法，既在一定程度上保障了农民利益，也通过增加公共服务用地兼顾了城乡整体社会公平。

4　建设乡村地区基础地理信息平台，支持规划编制与管理

1）珠三角：整合多部门涉农信息，共建农村大数据资源共享平台

广东省在第三轮村庄规划编制过程中完成了对全市村庄建设情况的摸底调查，为分区分类指引村庄发展、制定公共政策提供了基础条件。后续各地陆续针对乡村地区建立了基础信息平台。根据《广东省农村信息化行动计划（2013～2015年）》的相关要求，广东省将建立完成农村大数据资源建设与共享平台，整合分散在经济、教育、科技、民政、卫生、人口计生、国土资源、人力资源与社会保障等部门间的涉农基础信息，建立省、市、县三级涉农信息基础资源数据库，并进一步提高全省地理空间信息平台、智慧城乡空间信息平台等智慧城镇信息平台对农村管理服务的支撑能力，从而为后续城乡空间的规划管控提供强有力的技术支撑。

2）江阴：搭建城乡全域地理信息系统平台并实时更新

通过多年的城市规划信息化建设，目前江阴市规划局积累了多系列的基础地理信息数据和规划数据。2009年，江阴市规划局在整合各类自然资源和地理空间信息基础上，建设江阴市自然资源和空间地理基础数据库，并创新建立市场化运作方式的滚动更新机制，同期搭建地理空间信息共享

平台，探索出一条适合中小城市特点的地理空间信息资源建设及共享的政策规范、共享运维机制，为“数字城市”建设打下了良好的基础。具体来说，这些数据包括：

①1：500、1：2000、1：5000、1：10000各比例尺地形数据覆盖全市域范围，总计980多平方公里，可用于乡镇建设规划和公安局的110指挥系统。

②2011年开展完成了全市域范围地下管线普查工作，共计8100多公里地下管线数据，包括自来水公司、环保、热能公司、电力、燃气等各类管线。

③覆盖全市域范围980多平方公里1米分辨率iknos遥感影像数据；覆盖全市域范围980多平方公里0.1米分辨率航空正射影像数据。

④覆盖全市域范围980多平方公里DEM高程模型数据。

⑤覆盖全市域范围980多平方公里三维模型数据，包括江阴城区、华西村、新桥镇总计约115平方公里三维精细模型数据。

⑥覆盖全市域范围980多平方公里16类用地性质数据。

⑦全市域历年总体规划、分区规划、控制性详细规划、修建性详细规划、城市设计等各类规划数据。

此外，江阴市还建立了基础地理信息数据动态维护更新的市场化运作机制，保障数据的现势性和规划管理的科学性。到2010年为止江阴市规划局已完成了“江阴市自然资源和空间地理数据库及共享平台”一期建设。以地形数据为例，全市域范围基础地形数据实现“重点区域竣工测量，其他区域周期测量”的工作目标，重点建设区域更新周期为三个月，并优先进行重点工程项目的竣工测量以保证数据的现势性，其他区域则每年通过数码航飞测图的方式进行维护更新。基础地理信息数据平台的建立便于社会公众和不同管理部门分享和使用数据，大大提升了城乡管理的便捷性和准确性。

3）昆山：数字化城管平台

数字化城管是昆山在城乡管理机制、技术和实践层面的有益创新。昆山是全国县级市中首批建成数字化城市管理平台的城市。所谓“数字化城管”即是依托数字化平台，以信息化手段和移动通信技术手段来处理、分析和管理整个城市的所有部件和事件信息，促进城市人流、物流、资金流、信息流、交通流的通畅与协调。具体而言，就是将整个城区划分成若干个责任网格，把井盖、路灯、邮筒、果皮箱、停车场、电话亭等城市元素都信息化，给每样公物配上一个“身份证”，而后安排专门的巡查信息员到现场不间断巡查，一旦发现城市管理中存在的问题，就在第一时间将问题反馈到数字化平台，数字化平台迅速调动相对应的力量到现场处理。

目前，昆山“数字化城管”覆盖城区和各区镇的主镇区，本次课题调研的锦溪镇已运行数字化城管系统。在共享公安视频监控的基础上，在市区各重点场所、广场、市场等人群繁杂、城管“事故”高发区域建立监控点，实时监控获取信息，并将相应信息反馈各职能部门及时处置。例如，针对环境污染问题，锦溪镇自2012年起，每个月都会发布环境督查整治公报，密切防控污染（图2-3-3）。

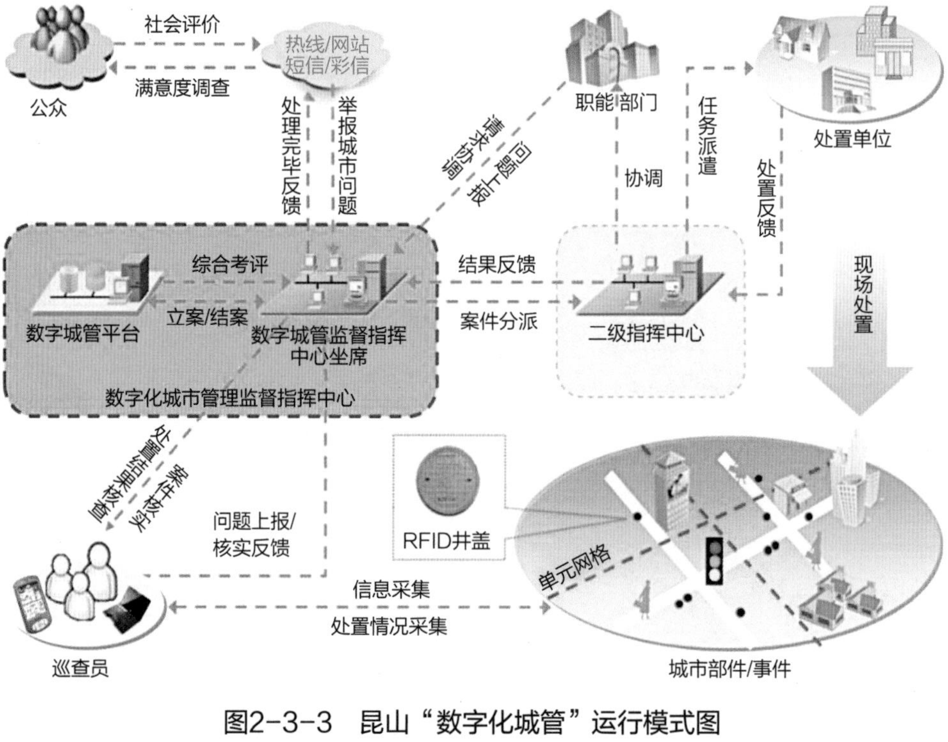

图2-3-3 昆山“数字化城管”运行模式图

（四）土地综合利用

1 以集体建设用地市场化流转引导有序集聚

（1）重庆：地票制

重庆地票制作为重庆特有的土地制度改革创新模式提出：在全市城乡规划建设范围内，在符合规划和用途管制前提下，以耕地保护和实现农民土地财产价值为目标，建立市场化复垦激励机制，引导农民自愿将闲置、废弃的农村建设用地复垦为耕地，在保障农村自身发展后，节余部分用地指标以地票方式在市场公开交易。这一制度设计的核心在于实现农村建设用地减少与城市建设用地增加挂钩，其增减过程均需经过由供求竞争的市场机制完成。通过公开市场定价激励土地的节约与集约利用，配置土地用途，并在城乡各相关主体之间分配上涨的土地收益，通过把农村闲置、废弃、低效占用的建设用地，经由在农村复垦、在城区落地，“移动”到地价较高的位置来使用，从而释放土地升值的潜力，同时鼓励农民将土地转化为可携带的资本，入城投资创业。地票制在实施过程中包括：复垦、交易、落地、分配四个环节，在具体操作中明确了申请、立项、规划、工程监督、验收的完整流程，体系较为健全和完整。同时重庆市也于2010年出台了相关文件，明确地票制在扣除各项成本[ii]后的纯收益，必须全部反哺三农，其中85%归农民个人，15%归村集体，较为严格地保护了农民权益。然而，在具体实施过程中，地票制的收益分配方案也还不够完善，存在有待改进的地方。

重庆地票制交易包括四个环节

（1）复垦。在农民住有所居的前提下，自愿申请将闲置、废弃或利用不充分的农居房屋复垦为耕地。遵从申请人的意愿可采取单户申请、联户申请等方式，复垦后可自主选择在本地另建新居、新村或定居城镇。市、区政府仅对复垦申请的批准和结果验收，负行政责任。验收时，以权证为建设用地的合法依据，以第二次国土调查的图斑控制复垦范围，以实测结果确认有效建设用地的面积，并严守复垦达标的技术标准（土壤层厚40厘米，小于15度坡）。

（2）交易。复垦一旦经验收合格，申请人可以获得用于公开交易的土地资产凭证——“地票”。权利人——农户或农村集体——可持票进场，到“重庆农村土地交易所”挂牌出售。根据土交所章程，城乡法人、具有独立民事责任能力的组织、企业的信息一律公开。

（3）落地。重庆市建立了计划指标、地票、增减挂钩指标分类保障用地需求的制度。根据规定，主城区和区县城新增的经营性用地必须使用地票，且不得在城市规划建设范围之外使用地票。地票落地时仍需遵守现行土地征收、转用、出让的有关规定。

（4）分配。地票的成交价款扣除复垦成本之后，全部收益归农民和农村集体所有。其中，宅基地收益由农户与集体按85∶15分成，其中属于农户的收益应由土交所直接打入农户的银行账户；属于集体使用的建设用地，复垦交易后的地票收益归集体。重庆市还设立最低交易保护价，保障农户的地票收益不低于每亩12万元，集体的收益不低于每亩2.1万元。复垦形成的耕地，所有权归集体所有，原则上由原农户承包经营和管护。

公开竞购地票的胜出者，无论法人还是自然人，皆有权在城市建设规划范围内按照地票的面积，选择合适位置落地开发。开发的净收益归地票持有人所有，须依法缴纳的税费归政府所有。

（2）广东：农村集体资产管理交易平台

20世纪90年代，广东省佛山市南海区利用之前中央赋予的“农村土地制度建设与土地适度规模经营”试验区政策，率先在全国建立农村股份合作制，南海村集体通过建立农村股份合作制，实现土地与资本的结合，通过集体土地进入建设用地市场，参与工业化和城市化，集体成员分享土地增值收益，创造出闻名全国的“南海模式”。近年来，南海区以“国务院农村综合改革示范试点”“中央农办全国农村改革试验联系点”“广东省统筹城乡综合改革试验区”为契机，进一步推进农村体制综合改革，成立了农村集体资产管理交易平台（集体土地交易中心、集体产权交易中心及集体经济股权管理交易中心），探索、构建集体建设用地入市的制度体系。

2010年，佛山市农村经济总收入近万亿元，村组两级集体经济收入达145亿元，集体资产达430亿元，有66%的经联社、32%的经济社经济净收入超过100万元，其中主要以土地资产为主。农村集体资产管理交易平台

图2-3-4　中山市农村集体资产管理交易平台网站展示页面

是将农村集体资产管理、交易与村务公开、管理、监督融为一体的全市统一农村管理大平台。采取“统一平台、统一标准、分级实施、制度健全、管理动态、交易阳光、监控实时、信息共享”的农村集体资产管理新模式，主要有四个特点：

管理全面：将农村集体资产、合同和镇级公有资产状况及其交易全部纳入平台监管范畴。

交易分级：建立镇、村两级集体资产管理交易平台，按照资产标的金额、面积等条件，进行分级交易。

系统智能：建立资产管理和交易网络信息化系统，实现网上电子审批、网上信息公开、网上实时监控。

操作便捷：平台资产登记简单，并便于审批管理和查询统计，操作快捷。

2 以政策创新推动集体建设用地整合利用

（1）广东省："三旧"（旧城镇、旧厂房、旧村庄）改造政策

2008年佛山市首先开始探索"三旧"改造佛山模式，"三旧"指"旧城镇、旧厂房、旧村庄"改造，源于对珠三角地区"产业转型、城市转型和环境再造"的转型路径探索。广东"三旧"改造探索是国土资源部与广东省开展部省合作，推进节约集约用地试点示范省工作的重要措施。"三旧"改造的实施意见对现行的国土资源政策有六大突破：一是简化了补办征收手续；二是允许按现状完善历史用地手续；三是允许采用协议出让供地；四是土地纯收益允许返拨支持用地者开展改造；五是农村集体建设用地改为国有建设用地，可简化手续；六是边角地、插花地、夹心地的处理有优惠。根据政策要求，"三旧"改造项目必须在符合规划和年度计划的前提下进行，需制订改造方案，并且通过市（县）人民政府的批准，并纳入省"三旧"改造监管数据库。

在广东省统一的"三旧"改造政策指引之下，各地都根据自身情况做出了不同的调整和实践探索。

广州的城中村依托政策，探索了"公开出让融资实施全面改造；自行改造、协议出让融资实施全面改造；滚动开发实施全面改造"等改造方式。

东莞提出结合"三旧"改造，推动"村改居"和村股份制改革，从而实现"农民向市民、传统农村社会向现代社会、农村管理体制向城市管理体制的'三大转型'"。此外，东莞还编制了"三旧"改造规划，其分为"三旧"改造专项规划及年度实施计划、"三旧"改造单元规划两个层次。为了更好地平衡"三旧"改造中涉及的利益分配问题，优化城乡空间格局，东莞还在政策保障方面不断创新，提出在"三旧"改造中，按照"拆三留一"的比例预留公共用地，支持城市建设（表2-3-4）。

珠三角各市“三旧”改造规模一览表　　表2-3-4

	“三旧”改造总面积计划（平方公里）	行政面积（平方公里）	占行政面积比例（%）	占省“三旧”面积比例（%）
东莞	200	2465	8.11	17.65
广州	353	7434	4.75	31.14
佛山	185.17	3848	4.81	16.34
深圳	200	1953	10.24	17.65
中山	66.67	1800	3.7	5.88
全省	1133.33	179813	0.6	100

“三旧”改造政策意在促进大部分珠三角地区存量建设用地“二次开发”。自2008年至今，虽然珠三角各市在“三旧”改造推进过程中不遗余力，但许多地区改造效果不甚理想。但相较而言，旧厂改造比旧城、旧村改造要容易一些，矛盾最为集中的当属城中村改造。大量的低效土地依然存在（特别是大量的村庄集体建设用地分布零散），用地手续不完善且违章违法建设严重的情况也未得到有效改善。以东莞为例，作为珠三角中重要的“三旧”改造城市，东莞的“三旧”改造规模共200平方公里，占行政面积的8.11%，占全省“三旧”改造总面积的17.65%。而在首创“三旧”改造模式的佛山，按照2009年的目标，到2012年要累计完成10万亩的改造面积，但到2013年底才改造了9.69万亩，只占总改造面积的18.6%。“三旧”改造用地调整方向以房地产居多，工业提升、产业提升类型偏少。大量“三旧”改造项目受土地制度、人口流动与社会保障、规划编制方法与内容等多方面的影响，加上改造各方利益难平衡，改造成本高、阻力大，因此在实施中困难重重。

（2）北京：二道绿隔和土储政策推动村镇集聚

北京地区的绿化隔离带政策始于1958年，早期（1958～1978年）尚处于计划经济时期，绿化隔离带政策并没有具体的措施用于实施指导；改革开放后，城市经济发展提速，且缺乏严格的规划管理，各种建设项目对规划绿化隔离地区的侵蚀现象日益严重。1979～1992年，北京市绿化隔离地区建设项目正式启动，在土地和住房制度改革背景下，以房地产开发为代表的市场经济手段被引入以保障绿化隔离带建设。政府采取“国批民办，试点先行”方式，即选择试点单位，政府将土地全部征为国有后，划拨给乡村集体经济进行房地产开发，所得资金用于绿化隔离地区各项建设，村庄征地后以“转居不转工”方式安置农民，集体经济负责解决其工作。然而这样的政策措施效果并不显著，随着城市的快速发展，绿化隔离带地区仍然有大量农田菜地被违章建设项目征占，绿色空间整体大比例减少。后期受国家政策影响，北京市冻结了非农建设项目占用耕地的审批，试点单位实施进入停滞状态。2000～2007年，北京市关于“绿色奥运”的承诺成为重新启动绿化隔离带政策的重要原因。北京市专对绿化隔离地区建设的管理机构成立，相关指导政策密集出台。在政策指导下，针对绿化隔离地区的专项规划编制完成。在资金来源方面，北京市延续了市场力量参与的方式，仍将绿化隔离地区范围内的房地产开发作为规划实施的主要融资手段，在土地获取方式上针对绿地、农民回迁用地和商品房开发用地采取了“农业生产结构调整”“征用划拨”和“有偿出让”三种不同的形式，绿化隔离地区内的村镇集聚建设态势明显（表2-3-5）。

北京市二道绿化隔离带地区村镇建设管理政策变化进程一览表　表2-3-5

时期	要点
1958～1978年，计划经济	1. 没有具体政策，更多的是概念； 2. 经济发展提速，缺乏严格的规划管理，隔离地区的建设侵蚀现象日益严重
1979～1992年，有计划的商品经济	1. 出台专门政策，绿化隔离地区建设正式启动； 2. 没有专项规划，依据1992 年北京总体规划； 3. 土地和住房制度改革，选择试点单位—土地征为国有—划拨给村集体进行房地产开发—资金用于绿隔地区建设—以“转居不转工”方式安置农民，集体经济解决就业； 4. 绿隔政策不显著，大量违章，绿色空间减少； 5. 冻结非农建设项目占用耕地的审批，试点停滞
2000～2007年	1.“绿色奥运”，重新启动； 2. 专门管理机构成立，指导政策密集出台； 3. 专项规划编制完成； 4. 市场力量参与的方式，房地产开发作为融资手段； 5. 三种方式：“农业生产结构调整”；农民回迁用地——“征用划拨”；商品房开发——“有偿出让”； 6. 政策区范围扩大，实施规模与实施进度加快

3 以多种协作框架支持集体建设用地整合与高效利用

（1）北京何各庄改造：基层政府引导+村集体协调+社会资金运作

何各庄位于北京市城乡接合部，流动人口较多（超出本地人口），产业用地有限，村级集体经济发展停滞、农民增收艰难（农民主要收入依靠农房出租，但租金不高）、基础设施老化、水电供应紧张、道路狭窄拥挤、卫生环境脏乱、治安态势严峻等问题都不同程度地存在。

2007年起，何各庄村委会设专门推进机构，负责项目的调研、论证、推进、协调、解难等工作。何各庄早期村房屋改造运营方案为：签订协议的农户自愿将自有房屋委托给村委会进行改造、经营，由村委会与其签订个人住宅委托改造、经营协议，村委会同时向农户支付确定金额的租金[iii]。租赁期满后，村委会将改造后的房屋无偿交还农户，由农户决定继续出租或收回自用。在具体实施改造方案的过程中，由乡、村、社会投资人三方共同出资，成立专业的民宅改造运营公司，承担房屋的规划设计、改造装修、对外招商和运营管理等工作。三方明确职责后，村集体与农户确立规范的合同委托关系，乡、村集体负责统一规划和整体统筹，社会投资方引进高端经营管理人才负责设计、改造和市场化运营，乡有关部门依照规定负责项目建设过程中的资金扶持和项目建成后运行过程中的监督。按照村庄改造运营方案，何各庄村委会强调试点先行，渐进推动民宅改造经营以及环境优化，同步实施多重服务升级。截至2013年3月，已有200余户村民与村委会签订了《委托改造运营协议》，占了全村总户数的三分之二。改造完成66户，改造完成的院落业态以“居住、办公、餐饮服务、教育”为主，如哈罗公学、一号地国际艺术区等。

“何各庄模式”后期改造方案发生了一定的变化，目前可以被细化为三种模式：一是公司投资。村民交房后，由运营公司投资、改造、出租；二是客户投入。客户在向村委会一次性缴纳管理费用后，自行改造；三是村民改造。本着自愿原则，按照全村统一的规划标准，村民自行负责改造、出租，每年向村委会缴纳一定的管理费用，享受与其他交房上楼的村民同等待遇。“何各庄”模式是城乡接合部针对农村宅基地和建设用地流转形式的一种探索和创新。这一模式增加了农民收入、丰富了农民就业机会，促进了区域内文化产业和物业经济的发展，降低了行政管理成本，形成一套“以业管人、以业控人、以业养人”的新型流动人口管理模式。何各庄模式的成功有赖于三个重要的背景性因素支持：一是城市近郊地区较高的市场供需因素，一方面城市中向往农村生活的富裕阶层、溢出的文化产业和私人会所共同构成了进驻村庄的市场需求；另一方面，何各庄村民强烈的供给愿望支持了村集体达成共同的改造意愿。根据改造前的摸底民意调研，将近90%的农民愿意改造自有房屋，来获取更高的租金。二是村集体资产的前期储备。在改造过程中，村委会利用集体用地和集体用房实现了对已经签订出租房屋协议的农户的腾挪。目前已经有签订改造协议的144户村民搬进集体用房改造的中转房居住，仅需要支付较低租金（120平方米，年租金3万元）和水费。30万每户每年的房屋租金市场价和8万每户每年的农户租金价之间的差额大幅扩充了集体资产，并用以启动后续改造、投入村基础设施建设和支付管理费用等。三是恰当的改造时机和村内精英的有效领导。

何各庄村的创新性实践在推广层面主要涉及两个方面的问题，一是目前对何各庄模式是宅基地流转还是农房租赁尚存争议；二是随着北京市新的土地储备政策的推出，何各庄模式推进日益困难，目前村内改造主要以消耗原有土地储备为主，新加入签订改造协议的农户较少，随着村庄区位条件和周边建设水平的不断改造，村集体与村民的谈判也越发困难。

（2）北京温泉镇公租房项目：乡镇政府成为中介和执行者

“十二五”期间，北京市政府提出“建设多元化的住房租赁体系，降低保障性住房用地供应成本”①的改革思路。温泉镇东埠头村是北京市探索集体建设用地建设公租房的试点之一。全村共有600多户居民，108家企业，

① 2012年1月，北京市发布《北京市“十二五”时期住房保障规划》。提出“建设多元化的住房租赁体系，创新用地供应方式，完善不同类型保障性住房土地供给的划拨、出让、协议租赁等方式，降低保障性住房用地供应成本”。同期，国土资源部正式批准北京、上海地方试点利用集体建设用地建设公租房。

400个就业岗位，村集体年收入达到1000万元。全村共有4227亩土地，其中林地2500亩，1700亩建设用地。温泉镇公租房项目的主要模式为：村集体成立建设公司申请公租房项目立项，海淀区公租房中心与村集体签订协议，预付三年租金合计1.74亿元，作为项目启动资金。村集体和镇属企业——兴泉置业公司签订了土地的租赁协议，作为土地租赁方的兴泉置业公司向银行贷款5亿元承建公租房小区，并最终交付海淀区公租房中心使用。除了公租房建设，村安置房建设同期推进，以解决被占地农民的安居问题。安置房由兴泉置业公司贷款建设，未来将交由区城投公司实创股份回购。

从2011年启动公租房项目开始，截至2014年，东埠头村内涉及公租房的集体土地上的房屋已完成拆迁。企业已经迁出或停产，村集体不再有收入。5.9公顷的公租房用地上已建成11栋合计14万平方米、2400套的公租房和28栋、建筑面积合计40万平方米的安置房。

温泉镇公租房项目在农村集体建设用地所有权不变的基础上，实现了使用权的变化和承载人口的变化，使用权从村集体转变为政府，承载人口从本村农民转变为面向社会的中低收入群体。在这一过程中，基本形成了多方共赢的利益格局。农民通过公租房项目实现了农转非，并可以持有部分物业用房以维持长远生计。公租房中心节约了建设成本，完成了公租房建设任务。政府节约了建设用地，改善了乡村地区环境条件和公共服务供给水平。但是，这一项目在实际推进过程中，需要大量资金支持和复杂的运作流程，乡镇政府作为项目运作主体，工作推动困难，也承担了较大风险。伴随着大城市建成区范围的不断扩大，越来越多的集体建设用地将被纳入到城市统一开发框架之中。温泉镇公租房项目的探索可算作是其中的有益尝试。

（3）佛山“广佛智城”项目：政府主导、连片开发、多方共赢

佛山南海区金融C区是广东省“三旧”改造的样本案例，其核心并非“三旧”改造政策本身，而是探索了政府主导、连片开发、多方共赢的建设改造模式。

金融C区临近广州，并与传统的佛山城市中心千灯湖地区紧密相连。

作为广东金融高新区的发展核心，金融C区定位为商贸长廊、产业社区、企业总部和城市更新示范区。金融C区规划范围包括桂城的夏北、夏西两个行政村，涉及12000多人和500多家工业企业，原有土地以低效的集体工业用地和村庄建设用地为主，整合困难。为此，金融C区采取了政府与农民协作的方式，打破以村为单位的土地利用模式，引入多种开发主体，推动老旧工业企业的退出和土地的连片开发。金融C区总体建设规模5.6平方公里，其中政府腾出土地约1.2平方公里，其余4.4平方公里土地仍保持集体建设用地性质。金融C区在保证农民利益的情况下，实现了低效土地的高效化利用，重新释放出大量的发展空间，实现片区的环境再造与品质提升，推动了产业升级和环境再造，提升了该地区的城市价值（图2-3-5）。

在金融C区的项目中，政府扮演了至关重要的主导作用，包括：①规划编制及相关协调工作，包括召开旧村改造座谈会、对改造范围内住宅现状进行摸查、分析改造可行性、编制初步改造方案等工作。②引导土地流转，包括依托土地流转平台，由政府出面租赁各村组的集体用地，为村集体和建设方提供可信赖的利益保障平台，如夏北村集体统一解除原有土地

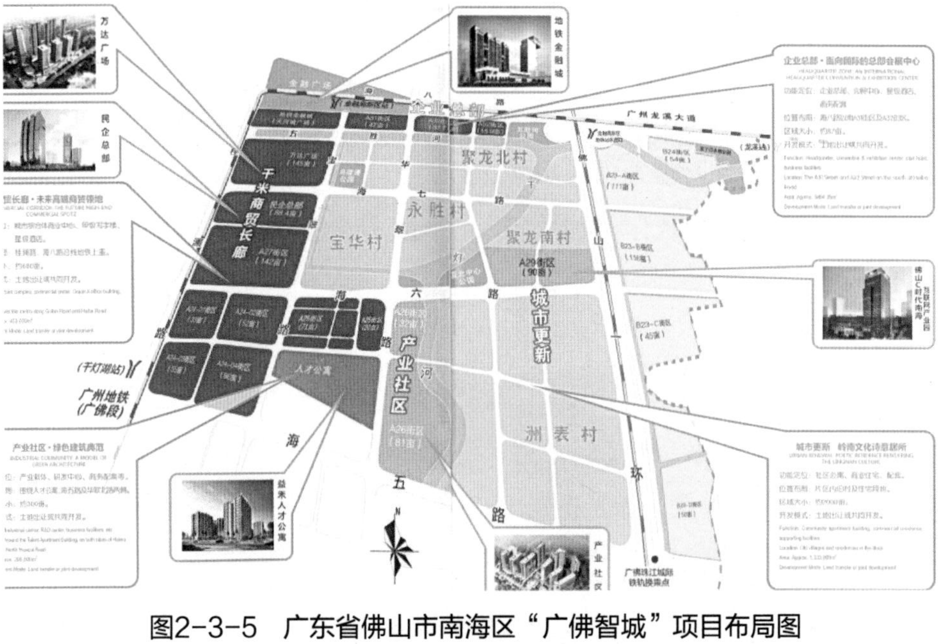

图2-3-5　广东省佛山市南海区“广佛智城”项目布局图

和物业的租赁合同，与南海区金融高新区土地资产整理中心签订租赁协议。③招商引资：从2011年起，南海每年举办一次高规格的“三旧”改造项目投资推介会，在金融C区引入了万达广场等大型项目。④筹集前期改造的全部资金和动迁补偿。⑤创新政策及加强制度保障，如：成立重建局，协助村集体成立旧村居改造专责工作小组；建立封闭运行的资金管理机制等。

政府不仅主导了整体改造过程，而且通过自身主动让利并妥善协调各方利益，保障了项目的有效实施。一方面，政府不再追求土地出让的直接利益。金融C区政府鼓励村组集体把部分土地转为国有然后公开交易，出让收益分到村集体或留成金融C区作为改造费用，政府不再从项目改造中直接获利。以夏北村为例，部分土地转为国有出让后，村里能拿到50%的卖地款，其中40%可以分配到村民手里，人均可分25万元；而政府拿到50%的卖地款后，实行封闭管理，用于片区内的动迁企业补偿、公共设施建设和基础设施建设（30米以上的市政道路政府建，30米以下村里建）。另一方面，政府确立了“两个确保”的村组利益保障机制。确保在建设过程中现有的村组集体经济收益不减，土地整理期间（新项目落实前）由南海区金融高新区土地资产整理中心进行承租（承接原租赁合同）；确保改造后的城市环境水平、产业水平和村组集体收益都得到提升。由于金融C区大量土地属性仍为集体建设用地，根据我国法规要求，区政府规定建设投资方获得50年的物业使用权，50年后还归村组集体所有，保障了村集体的长远收益。政府还建立了动迁企业利益保障机制，对于迁出的企业，进行动迁补偿，包括土地收益补偿、非住宅物业补偿、经营者搬迁费补偿以及奖励或补贴等费用均由南海区金融高新区土地资产整理中心支付。这些创新性的做法对于支持金融C区改造项目的最终实现起到了关键性的作用。

金融C区的开发模式实现了利益分配的“多赢”局面，让政府改善了地区面貌、建设了新的城市公共空间、推动了本地产业的转型发展；建设方获得了50年的经营权及其对应的利润回报；村集体由出租土地转向出租物业，既让村组避免了改造过程中利益受损的“阵痛”，又让村组土地和物业的升值空间增加，村组成为改造的最大受益者。但是，金融C区大规模商业开发的模式对土地的区位要求较高，珠三角地区面临严峻的产业转型与用地整合问题，广东省现有低效工业用地难以全部依赖土地商业开发模式实现转型发展。

四　国外村镇规划与管理经验借鉴

（一）规划编制体系、内容与编制技术

1　从问题导向到目标导向，对乡村地区规划思路不断转变

日本从国家层面对乡村地区规划、管理思路的变化集中体现在六次《全国综合开发规划》关于国土空间发展格局的相关表述中。一、二全综正处在日本工业化、城市化的高速发展时期，其针对乡村地区发展是典型的以问题为导向的规划思路，也就是把解决当前乡村地区的各类问题作为规划的目标和手段。三全综之后，日本进入工业化、城市化稳定发展时期，对于乡村地域特色、生态环境保护、文化遗产传承等方面的考虑逐渐成为规划的关注重点，规划思路由问题导向逐渐转为目标导向，从挖掘乡村地区的价值和城乡互动的角度来制定具体目标与策略。六全综时期是日本全面转型的时期，城市从增量扩张全面转入存量发展，乡村地区面临全面衰败的危机，规划试图以景观空间的塑造支持乡村地域的复兴。

《第一次全国综合开发规划》（1962）出台前，日本城镇化率为44%。由于乡村地区矛盾尚不突出，且不属于重点建设开发对象，因此并没有成为规划的主要内容。不过，规划还是认识到了城乡地域发展差距的扩大、自然资源高效利用、农村空心化等问题，并为后续农村政策的出台预埋了伏笔。

《第二次全国综合开发规划》（1969）出台前，日本城镇化率为52%。虽然该规划仍聚焦于重要产业的发展与布局问题，但已经开始关注城、乡均衡发展问题，提出了限制城市扩张、减少农地被侵占以及控制农村环境污染等具体举措。此前刚出台的城市规划、农业振兴规划条例的相关表述也反映在本次规划中。

在地方自治运动、地域主义不断高涨背景下出台的《第三次全国综合开发规划》（1977），已经将产业优先的观念转变为生活优先。此时，日本

城镇化率为58%。其基本目标是“在有限的国土、能源资源的前提下，扎根于历史及传统文化，努力培育具有地域特点、人与自然协调发展的健康的人居环境”[iv]。作为历史文化遗产集中、保存状况较好的地域，规划着重于地域环境改善、挖掘乡村价值、保护自然文化遗产、提升人居环境品质等相关举措。

为缓和日美间日益严重的经贸摩擦，解决东京日美经贸摩擦、东京单中心极化、本地劳动力匮乏、地方雇佣情况严峻等问题，《第四次全国综合开发规划》（1987）及《多级分散型国土形成促进法》（1988）出台，试图建立起多极分散国土发展的格局，并强调构建各地区、各行业间的交流网络。结合当时城市人口向农村回流的“U-Turn”现象、逆城市化现象的大范围出现，“都市·农村广域交流”的策略被提出①，正式开启日本的城乡统筹发展模式。

《第五次全国综合开发规划》（1998）提出了21世纪国土发展长期计划，将从“一极（东京）一轴（太平洋经济带）”型向“多轴型”（增加东北、日本海、新太平洋三个国土轴）国土空间构造转变，重视不同地域的多元化发展。规划倡导乡村价值提升与重塑、乡村景观生态修复。在具体的开发环节中，首要就是对小城市、农山渔村、中山间地区等多样自然居住地域的保护与重塑②。

2008年，《国土综合开发法》修订并更名为《国土形成规划法》。经济成长期的地域差距拉大、大城市圈过密、农山村空心化一直是“全总时代”（1962~2007年）重点解决的问题，在平衡工业化布局、实现国土均衡发展方面取得了显著效果。但是，自2005年进入人口减少时代后，日本国土发展所面临的问题已经与“强调开发基调、注重量的扩大”的全综时代目标不再契合。《国土形成规划法》及《第一次国土形成规划》将“城乡国土一体化规划管理、注重塑造景观空间”作为主要目标。

---

① 在回流人群中，一部分是来自农外地域的青年，通过培养使其成为农业中坚力量；一部分本身为农家出身，通过节假日回乡从事劳作的“假日农民”；还有一部分是寻求舒适的生活空间、接近大自然的城市居民。

② 另外3个分别是：大城市的空间更新及有效利用、不同国土轴间的连动、世界性交流圈域的形成。

通过历次全综的制定可以看出，在不同发展时期，日本对于乡村地区的价值定位不同，后续规划目标、规划任务，以及相关法律规范配套都与之对应。六次国土综合性规划在经济发展、国土开发、产业布局等方面保持了较好的连贯性和衔接性，乡村地区作为国土均衡开发的重要环节，也获得了连续性和前瞻性的规划引导（表2-4-1）。

日本六次全国综合性土地利用规划发展背景与目标策略一览表　　表2-4-1

城镇化率		发展背景		目标与策略
一全综（1962）	44%	日本工业化、城市化的高速发展时期		地域差异扩大，自然资源高效利用、农村空心化问题
二全综（1969）	52%			限制城市扩张、减少农地被侵占以及控制农村环境污染
三全综（1977）	58%	工业化、城市化稳定发展时期	地方自治运动、地域主义不断高涨	农村地域环境改善、挖掘乡村价值、保护自然文化遗产、提升人居环境品质
四全综（1987）	62%		日美经贸摩擦，东京单中心极化，本地劳动力匮乏，逆城市化	建立多极分散国土发展格局，城、乡的交流与互动、开启城乡统筹模式
五全综（1998）	65%		“一极一轴”型向“多轴型”，国土空间构造转变	乡村价值提升与重塑、乡村景观生态修复
六全综（2008）	67%		从增量、注重发展到存量	城乡国土一体化管理、注重塑造景观空间

2 从“生活圈”的角度考虑农村规划与建设

从“生活圈”的角度进行农村规划研究，进而指导实践是日本自20世纪80年代开始使用的重要农村规划理念之一。随着城、乡人口交流、产业互动现象的扩大化，仅就单一村庄或乡村地区进行规划已不能满足发展现状及主要需求，因此日本开始以村民或村落所涉及的生活、产业圈为范围进行农村规划。比如，日本四国地区中久保聚落的规划，是通过揭示村民的“二据点”（虽已搬入邻接城市中生活，但在周末、重要节日、劳作季节等时期会返回村中居住一段时间）生活模式，制定有针对性的农业振兴及避免空心化的规划措施。又如，在伊势志摩滨海聚落群规划研究中，为了避免2011年日本东北大地震因海啸造成的惨案再度发生，规划前期研究通过分析与滨海聚落群人口流动关系密切的邻近高地、地区中心城市间的关系，提出了严格控制滨海区域人口数量，尽量将公共、生活设施置于邻近高地，并方便村民与邻近城市进行流动的规划方案。

韩国在新村运动中也不断学习日本经验，结合本国发展需要，从区域视角进行农村规划。不过，与日本更注重人的活动范围，即“定住生活圈”不同，韩国更注重从产业关联性的角度出发，即“作为中心地区（郡所在地）的下级单位的面所在地（中心集落）的开发应基于与中心城市及周边的面有机结合”的理念。不管侧重点置于何处，以生活或生产圈域的思维进行农村规划的制定均避免了行政边界的约束，从与农村生活、生产相关区域进行考察，使规划实施更具操作性和统筹性。

3 以空间规划综合统筹，全覆盖分区，差异化引导乡村地区建设行为

（1）日本：以土地利用规划为基础，多个专项规划辅助，形成综合体系规划

根据《国土形成规划法》（2005年前为《国土综合开发法》），日本国土规划体系按对象面积大小可分为全国规划（含广域地区规划）、都道府县规划、市町村规划三级。其中，“全国规划”以及“广域地区规划”（广域，即由首都圈、近畿圈等两个县以上区域构成）是其他国土规划的基础（图2-4-1）。

而《国土利用规划法》则用于指导具体的土地利用规划制定及土地交易实施①，统领了全国规划（包括广域地区规划）、都道府县规划、市町村规划3个级别的土地利用规划。在各级规划制定时，除了将上一级别规划作为基础，还有相应的辅助开发规划及发展构想等规划制度存在，如：大都市圈整备规划、都道府县发展规划、市町村基本构想等。

与农村相关的规划制度分为刚性、非刚性两个类型。非刚性规制层面，主要有指导农村发展总体目标及具体事业安排的“市町村基本构想”，使农

①《国土利用规划法》将国土分为：城市地区、农业地区、森林地区、自然公园地区、自然保护地区5类，每一类都有单独的法律进行规范，并形成相应的规划制度、土地交易许可及土地利用劝告制度。

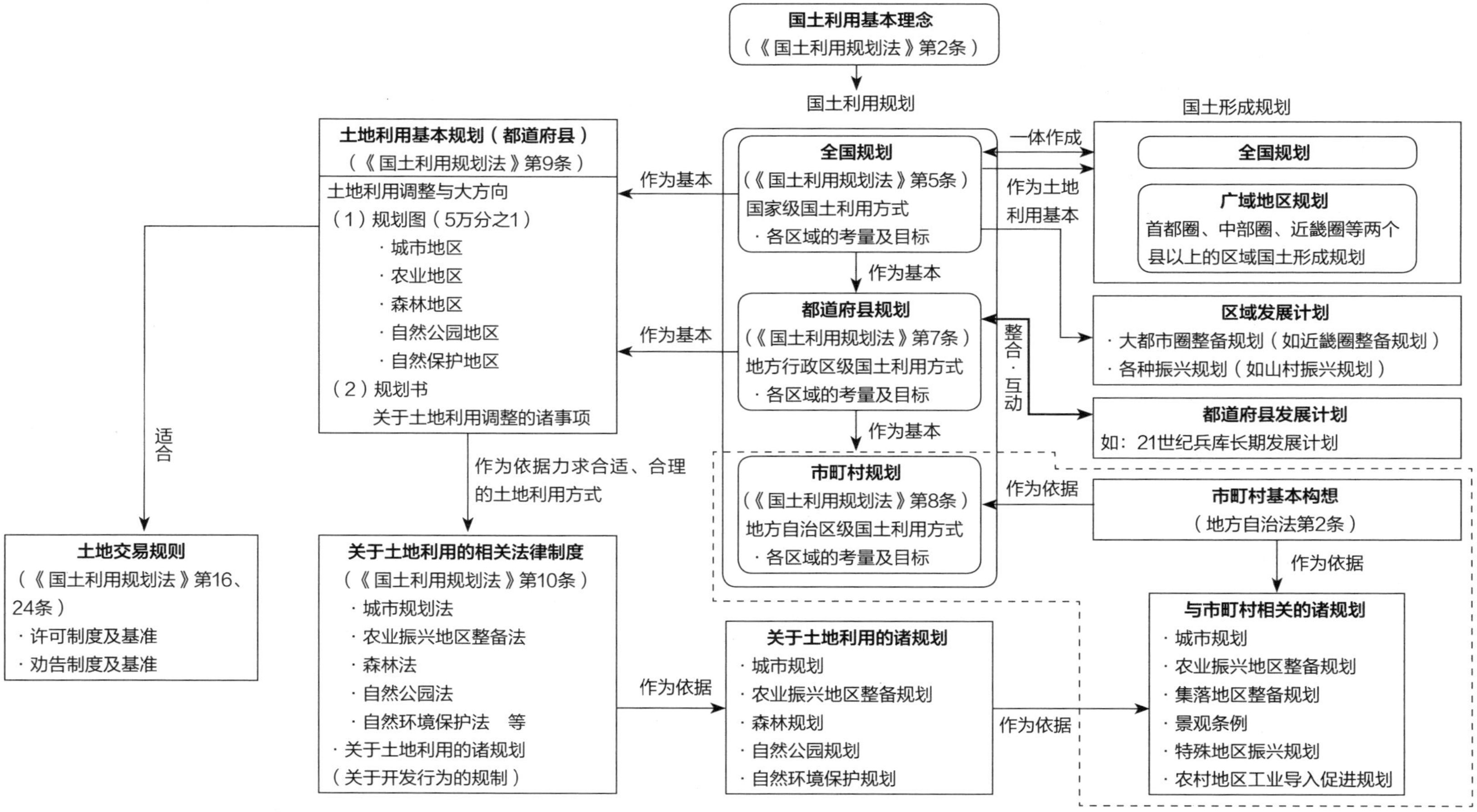

图2-4-1　日本国土利用、农村规划体系

村空间景观协调发展的“景观法”，以及针对特殊地区或发展目标的法律等。其中，《市町村发展基本构想》最为重要，该构想是在经济高速增长时期地方自治体的无秩序开发、各种振兴事业混杂的背景下，为了整合各类发展计划、实现目标明确的地区行政运营出台的。作为一个诱导性的发展方针，在适用各种事业的同时，其注重基层住民个体诉求的制定方式更符合农村的社会特征和治理模式。

（2）日本：划定城市化地区和农振地区，既有刚性管控，又有弹性协商

为了更好地实现对日本全域土地的规划管控，日本将全国划分为城市规划范围和农业振兴范围。其中城市规划范围内包括“城市化区域”和“城市化调整区域”，其受城市规划制度管辖，以土地用途管制与空间开发管制对地域空间建设实行管理。农业振兴范围包含农地、牧场、混牧林地、农用设施用地，受农业振兴规划管控，通过行为限制（针对开发类用地及设施建设）、行为劝告（农业用地）和协定（农业生产设施用地及设施建设）对地域空间建设实行管理。

与之对应，日本在刚性规制层面涉及乡村的法律包括：由针对农村居民点建设、确保居住环境的《城市规划法》及其附属法《建筑基准法》所确立的城市规划制度（主要针对城市规划范围内的城市化区域中的农村居住点），由确保农业生产及农村环境形成的《农振法》所确立的农振规划制度（主要针对农振范围内农振青地中的农村居住点）以及由针对特定集落居住及周边农地治理的《村落地域整治法》所确立的村落整治规划制度（针对城市规划范围内的城市化调整区域与农振范围内农振白地的重叠区域）。另外，市民农园法及其规划作为面向城市内农业形态的规制而存在。以上几种规划制度的特点总结如下：

首先，城市规划制度将有必要进行综合建设、开发或环境保护的区域指定为城市规划范围，该范围内包括“城市化区域”（优先进行城市建设的区域，对农地的非农转用不做过多限制）和“城市化调整区域”（控制城市建设、确保农地实现农业利用的区域）。城市规划制度有效抑制了城市扩张对周边农村的土地占用，但在城市化调整区域内并无限制农村居民点建设的条款，因而，仍无法解决城市化调整区域及非城市规划地区的农业用地侵蚀问题。

农振规划制度的出台正是针对城市规划未解决的问题，从规范农业地区的土地规划、有序推行各项农业振兴政策的角度，由农林水产省制定并颁布的，城市规划与农振规划的区别见图2-4-2。农振规划实施的流程及内容为：①依据农业发展与合理利用土地的原则，划定农业振兴范围，并指定具体农业用途（农地、牧场、混牧林地、农用设施用地）→ ②制定农业振兴规划，包括：农用地利用、农田基本建设、以扩大农业经营为目的调整土地利用和权属、公共农用基础设施建设、促进农民稳定就业和改善生活环境等内容 → ③为实现上述规划内容，采取合适的交换分合使土地连片的措施 → ④为确保农地用于农业，采取确定使用权、限制振兴行为与农地转用、签订合理配置畜舍和管理排灌设施协定等办法。农振规划最初以对农用地的保护及振兴行为的管理为主，在后期的修订中则增加了与村落建设相关的内容，主要有：①在农用地范围内从事振兴行为的限制；②在区域变更时市町村间采取的交换分合制度；③对农振白地[1]内振兴行为的劝告制度；④关于农业设施配置及农用排水设施维护管理的协定制度；⑤以“生活环境设施的用地筹措”和“适宜的农用地域振兴”为目的的交换分合制度[2]。

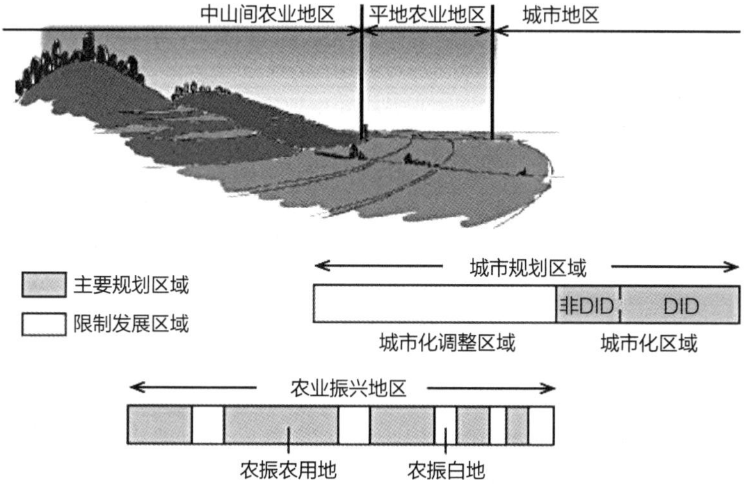

图2-4-2 城市规划与农振规划的关系

① 农振青地指农振范围内农用地区域内的农地，是今后十年中必须确保作为农业利用的土地。与之相对应，农振白地指农振范围内农用地区域外的农地，因为农地的整体性较差、或未实施土地改良等原因而未被指定为农振青地，与农振青地相比农外利用的限制也相对缓和。

② ①、②、③为1975年修订，④、⑤为1984年修订。

村落地区整治规划，则是针对处在城市化调整区与农振白地重叠区域的、居住环境与营农条件有障碍的集聚型集落及其周边农地，通过制定村落地区整治规划，使村落居住环境与农业生产条件相调和[v]。村落地区整治规划分为两部分内容（图2-4-3），其中，村落农振地区整治规划是对位于农振白地范围内的农地，经过全体村民的商议并缔结《关于农用地的保护及利用协定》，进行农地的整治及土地的交换分合；村落地区规划则是在征求住民意见后，针对村落的开发、整治制定的具体方案。

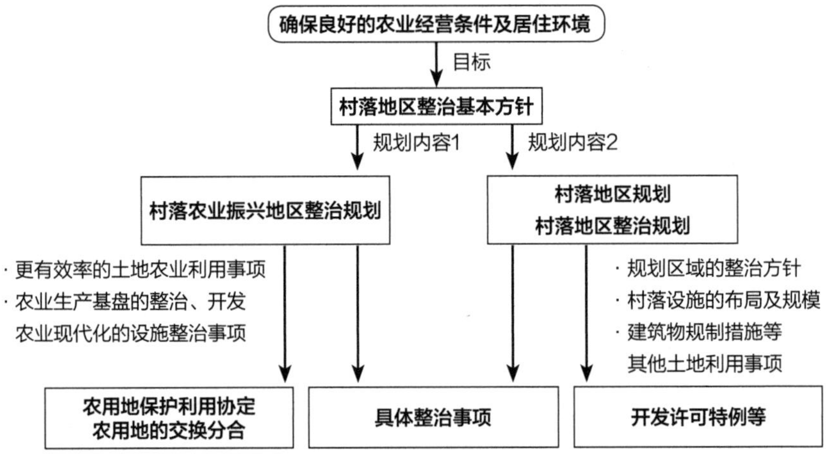

图2-4-3　日本集落地区整备规划制定内容

综上所述，日本与农村相关的规划体系较为完善，作为上位规划的发展构想（非刚性规划）与作为下位规划的各种土地利用规划（刚性规划）并存。规划影响力遍及各类农村地区，包括：受城市化影响较大的城郊村落、远离城市的农村地域的村落、城市化与农村地域结合部的村落以及城市内的农业地区。

（3）韩国：以管控边界的高度一致化实现强制性全域管控

为了改善韩国20世纪90年代后期的无秩序开发，并规范土地利用并诱导开发活动，2002年出台了《国土基本法》《关于国土规划及利用的法律》（简称：《国土规划法》）。这一新国土规划体系具有以下特征：

首先，韩国强调以唯一的规划体系管控城乡地区，强调行政区域及规划范围的高度一致化。2003年之前，韩国的国土建设综合规划、国土利用管理法、城市规划法被废止，以《国土基本法》《国土规划法》为核心的一元化规划体系正式确立并得以实施（图2-4-4、图2-4-5）。《国土规划法》规定国土范围内全部市、郡单位需制定城市基本规划（以空间构造及长期发展方向为主）及城市管理规划（区域制定、具体地区的规划与开发事业的设定等）。其中，城市管理规划将市、郡行政区域划分为城市地区、管理地区、农林地区、自然环境保护地区，并进行土地利用及管控，整合提升国土管理与个别开发事业，这明显区别于日本城乡二元的国土利用规划体系（图2-4-6）。

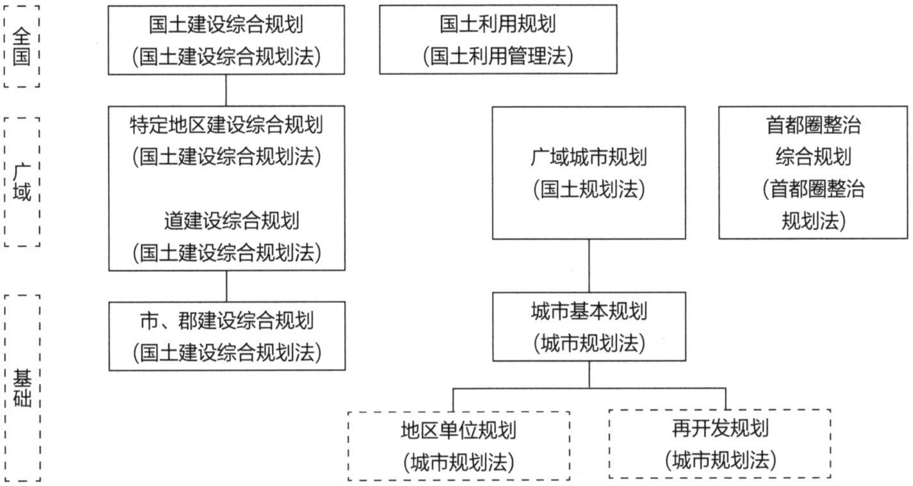

图2-4-4　韩国国土规划法实施前的国土规划体系

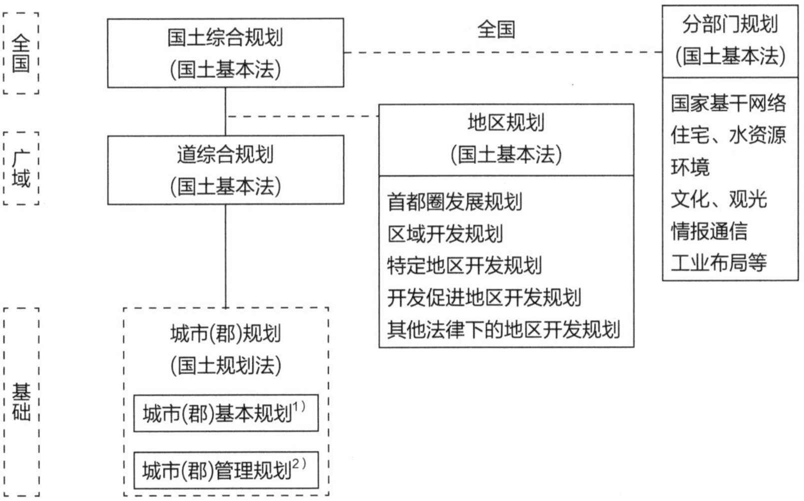

图2-4-5　韩国国土规划法实施后的国土规划体系（参考韩国《国土基本法》做成）

注　1）指导市、郡的空间构造及长期发展方向的综合规划，并指导管理规划。

2）包含用地范围、用途地区的指定及变更，城市规划实施事业规划，城市开发事业规划，地区单位规划等（制定周期：20年，但每5年需进行讨论与修订）。

其次，改编用途地区（土地利用）及强化对开发行为的限制。为了强化对非城市区域的行为限制，采用了将“准城市地区”与“准农林地区”统合为城市管理规划的“管理地区”以及将城市地区中的“地区单位规划”与“开发行为许可制度”适当扩大到非城市地区等措施。通过这些手段，即使是在《农地法》《森林法》中得到用地置换许可的开发行为也需要履行另外的“开发许可行为制度”手续。

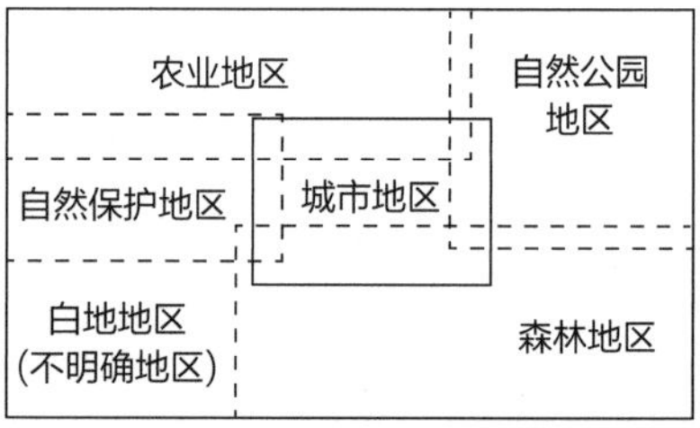

图2-4-6　日本土地利用划分体系

再次，不同用途地区的明确划分。根据城市管理规划，市、郡行政辖区内的全体土地均需划定用途地区。与日本在编制土地利用划定时不同用途地区存在重合的现象不同，韩国的用地划分具有明确的界线区分，并且在每一个用途地区内，根据国土规划法及其他法律划定的其他范围①也需被划定明确唯一属性。

最后，城市管理规划成为国土利用管理的直接手段。日本的国土利用规划法中的市町村规划，仅停留在土地利用的展望及方向层面，直接的土地利用管理则依赖城市规划法、农振法、农地法等个别法。与此不同，韩国则根据城市规划法制定城市管理规划，决定用途地区的划分、土地利用限制、规划开发方向等内容。另外，城市管理规划中通过的用途地区、其他范围的指定与变更、指定城市规划设施、制定地区单位规划、实行开发行为许可等内容也是韩国土地利用管理的重要内容（图2-4-7）、（表2-4-2～表2-4-4）。

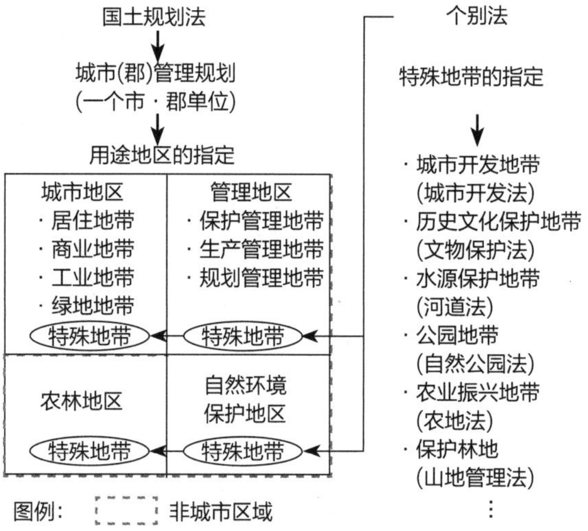

图2-4-7　韩国土地利用划分体系

① 其他范围，主要指强化或缓和用途地区行为限制、增进并完善用途地区特别功能实现其最大作用的区域，如：景观地区、风貌地区、集落地区；以及防止城市无秩序扩张、谋求阶段性土地利用推进的区域，如：开发限制区域、城市自然公园区域、城市化调整区域、水产自然保护区域等。

第2种地区单位规划不适合农村的基准参考　　表2-4-2

例		第2种地区单位规划基准	农村地域开发事业地区的平均水平
农村道路	居住型道路率	15%	10%（公园、绿地除外）
	居住型入村道路宽度	8m以上	6m以上
	观光休闲型内部道路的宽度	6m	4m
公园绿地	居住型公园及绿地所占比例	15%	10%

地区单位规划活用经历调查　　表2-4-3

调查对象	以地区单位规划制度推进开发事业的经验	
	有	无
自治体规划人员	21.7	78.3
公社开发事业负责人	19.8	80.2

资料来源：日本农林水产食品部年度调查（2011）。

地区单位规划未活用的理由　　表2-4-4

未活用理由	回答者对现行土地规划制度认知度的区分			全体（%）
	上	中	下	
不知道第2种地区单位规划	9.1	30.0	51.4	33.3
手续繁杂	36.4	30.0	17.1	26.4
不制定规划也可推进事业	18.2	33.3	22.9	25.3
规划基准、规模与农村不符	36.4	3.3	2.9	11.5
其他	—	3.3	5.7	3.4
合计	100	100	100	100

资料来源：日本农新水产食品部年度调查（2011）。

4　物质空间规划与社会改造相结合

（1）韩国：渐进式、多方合力推动新村建设

韩国新村运动自20世纪60年代开始，持续了二十余年，经历了韩国社会经济发展的两个不同阶段，总结了大量的经验和教训。总体来看，韩国

的新村建设运动可以有以下启示：

1）农村建设由“点的扶持”扩展为“面域的整治”

在20世纪80年代前完成农村生活环境的改善任务后，新村运动是由点及面推进的。第一阶段（1990～2000年），在全国1260个面（相当于乡）中选定794个面（或中心集落）作为开发对象，在这一阶段中将“面”所在地以及中心集落提升至现在的中小城市水准，将“面”整体提升至现在的邑（相当于镇）的水准；第二阶段（2001～2010年），将“面”整体提升至中小城市水准。从这一发展过程可以看出，韩国的新村运动不是从开始就针对整个乡村地区，也不追求一步到位，而是优先开发作为住民生活中心的“面”所在地及中心集落，由点及面、分阶段进行整治建设。而我国从2000年开始先后提出了统筹城乡发展、新农村建设、城乡一体化发展等方针政策，总试图在短时间内实现农村的整体提升，虽起到了一定效果，却始终离目标相去甚远。

2）农村规划建设应由自上而下与自下而上的合力实现

韩国新村运动是政府主导的自上而下、群众广泛参与的运动。从中央到地方政府建立了一套严密的组织领导体系，各部也在基层建立了协调、服务、培训、指导体系，提供有效的技术、资金支持。但是，韩国政府并不包办一切，在有关项目的选择和进度控制方面，完全尊重农民的意愿，注重激发农民的自信心和创造性。正是这样“政府负责财政支援，各地方自治体为事业实施主体，农渔村振兴公社提供技术支持，住民的广泛参加”地推进开发事业，最终成效显著。

3）政府统筹协调项目及管理机构的重要性

在事业推进过程中，韩国政府起到了统筹协调建设项目及各部门职权的重要作用，使各项目均进展顺利。政府的主要工作内容有：基于不同地区的土地利用规划进行环境改善及公共设施的建设、整治；将分散的集落构造向整体集落构造方向改造，并进行集中式开发；针对开发事业相关联的道路（内务部）、学校（教育部）、医疗（保健社会部）并与其他部门协调推进事业的进展。而我国在农村规划建设时恰恰面临项目内容繁杂、各部门权利界线不明的情况，导致实施效率较低。

4）注重加强农村居民的培训及素质教育工作

在农村建设时，农民精神层面的提高与生活环境改善并重。新村运动始终注重农民的教育和培训工作，设立了中央研修院并在地方设立了相应的培训机构，培养了大批运动的基层指导者及骨干。而对农民精神层面的提高有助于农民更理性、客观、有远见地看待生活环境的改善方法，提高集落共同体意识及责任感，有助于维持农村发展的阶段性成果，为将来的发展打下重要基础。

（2）日本：欠发达地区的农村整治及活性培育

日本在对广大乡村地区进行治理的同时，始终重视针对特定地区振兴措施的制定，如中山间地区、半岛地区、离岛地区等。由于受地理位置或其他因素的限制，这些地区的空心化较为严重，单纯的输血、维持，负担较重且难以为继，因此，日本政府专门对这些地区进行了农村整治及活性培育的振兴措施。比如，在山村振兴规划法及其制度中，遵从了“分析地域现状、提出振兴方针、详解各振兴措施（交通、产业布局、文化教育、社会及生活环境治理、国土保护、地域交流、劳动力培养等）”的技术路线，对特定山村进行振兴规划及管理。

5 基于协商的乡村地区规划编制技术

（1）日本：公众参与的中微观规划

日本乡村地区规划大多由村民自治协会、社区委员会等机构提起立项编制，规划编制过程中需反复征求住民意见后，确定针对村落的开发、整治具体方案。规划方案需经过社区内2/3以上居民同意方能通过。这样的公众参与要求不仅应用于微观层面的具体建设性规划，很多中观层面规划也需要充分的公众参与过程，方能在全体居民中形成一致意见，并提升为公众行为准则获得大众遵循。以农振白地范围内的农地保护规划为例，规划需经过全体村民的充分商议并缔结《关于农用地的保护及利用协定》，才能在规划范围内进行农地的整治并推动土地流转。

（2）英国：社区规划——由社区论坛牵头，自下而上的规划编制委托方式

2011年英格兰规划系统改革新增了社区规划这一层次。社区规划可由

两种类型的机构提出，一个是教区和政议会；另一种类型是社区论坛，这是2011地方主义法案出台后一个重大的变化。根据法案要求，社区论坛需由21个成员组成，成员可以是居住和工作在这个区域内的人，也可以是经过选举产生的议员。社区论坛在起草社区规划之前需要得到地方政府规划部门的认可和批准，这主要是为了确保社区论坛不是被某一个特定利益集团所垄断。

社区规划在进行公投之前，必须满足三大前提，即现行国家规划政策、上一级的地方规划（Local Plan）和欧盟相关规定，而后才能举行投票表决。多数赞成规划才能通过并实施，通过之后的社区规划可以对开发进行许可。以圣·詹姆斯社区规划为例（图2-4-8），该社区规划的主要内容是

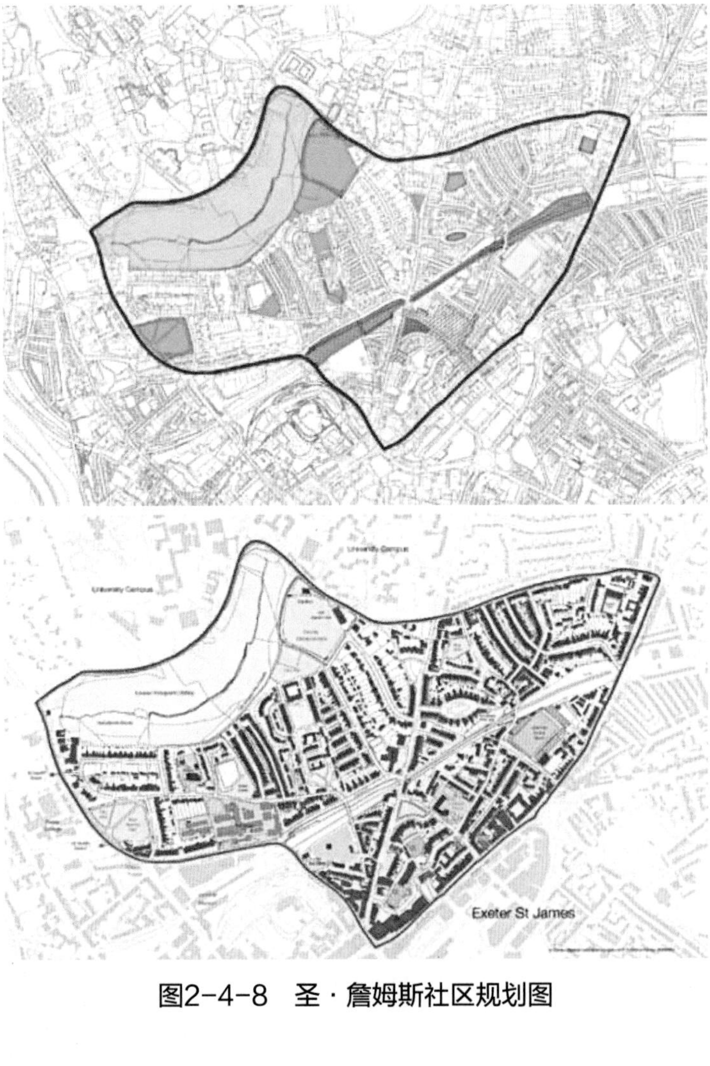

图2-4-8 圣·詹姆斯社区规划图

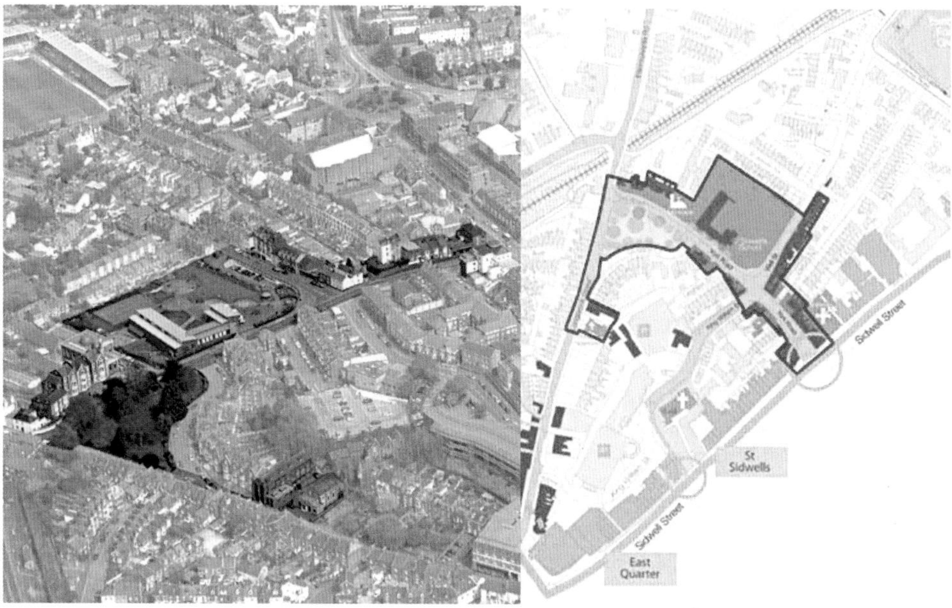

图2-4-9　圣·詹姆斯社区中心重建规划图

围绕社区中心进行社区重建。当时是全社区居民的1/5即1038人出席了公投，92%赞成后规划方得以实施（图2-4-9）。

（二）规划管理与建设引导

1　不断完善相关法律法规

（1）韩国：依据不同时期经济发展目标，持续完善乡村地区法律法规体系。

20世纪60年代后，随着经济开发5年计划的启动，韩国逐渐开始重视农村问题。韩国与村镇建设发展相关的法律法规，主要围绕20世纪70年代开展的以“新村运动”为中心的农村近代化事业及20世纪90年代开展的“农渔村居住圈域开发规划”为核心展开。

1949年6月，韩国近代农地制度出发点的《农地改革法》出台。由此，以“耕者有其田”为改革原则的农地改革一直持续推进至1968年《关于农地改革事业整理的特别措施法》颁布。1962～1966年，韩国处于第1次经济开发期，依据《城市规划法》《建筑法》等城市规划法规，以及依据

《国土建设综合规划法》的非约束规划体系（国土综合建设规划（全国）——道建设综合规划（区域）——市建设综合规划（基础）），乡村地区法律法规体系开始逐步建立。此外，《公有水面填埋法》《开垦促进法》等有助于农地规模扩张的法规也持续出台（参见表2-4-5）。

韩国不同时期的农村土地利用法律及农村发展建设情况　　表2-4-5

<table>
<tr><th>时期区分</th><th>相关法律</th><th>农村规划建设及管理</th></tr>
<tr><td>经济开发之前
（1945～1961）</td><td>《农地改革法》《山林法》《道路法》，其他（5）</td><td rowspan="2">农地的私有制改革（1945～1961）；
农地扩张（1962～1966）</td></tr>
<tr><td>第1次
经济开发期
（1962～1966）</td><td>《城市规划法》《土地收用法》《建筑法》《公有水面填埋法》《开垦促进法》《国土建设综合规划法》《出口工业区域开发形成法》《地力增进法》《土地区画整理事业法》，其他（7）</td></tr>
<tr><td>第2次
经济开发期
（1967～1971）</td><td>《农业基本法》《农耕地形成法》《酪农振兴法》《公园法》《草地法》《地方工业开发法》《农村近代化促进法》《高速公路法》《农水产品出口振兴法》，其他（6）</td><td rowspan="4">新村运动第一阶段：
• 法律事业制定阶段（1967～1970）；
• 基础建设阶段（1967～1973）：政府财政支持、农民自主改善居住条件；
• 扩展阶段（1974～1976）：着眼于居住环境及生活质量改善，集落公共设施建设与改善；
• 充实提高阶段（1977～1979）：支援农村新住宅区、农工开发区建设，鼓励发展畜牧业、农产品加工业及特产农业；
• 自发运动阶段（1980～1987）：建立和完善新村运动的民间组织，树立规划及法规体系，进一步改善农村的生活、文化环境</td></tr>
<tr><td>第3次
经济开发期
（1972～1976）</td><td>《关于农地保护与利用法》《国土利用管理法》《住宅建设促进法》《山利开发法》《产业基地开发促进法》《观光区域开发促进法》《农地扩大开发促进法》《工业区域管理法》《地籍法》《城市再开发法》，其他（5）</td></tr>
<tr><td>第4次
经济开发期
（1977～1981）</td><td>《环境保护法》《住宅建设促进法》《工业配置法》《关于特定地区综合开发促进的特别措施法》《宅地开发促进法》《山林法》（1961版全面修编），其他（1）</td></tr>
<tr><td>第5次
经济开发期
（1982～1986）</td><td>《首都圈整备规划法》《农渔村收入来源开发促进法》《农地租赁借贷管理法》，其他（2）</td></tr>
<tr><td>第6次
经济开发期
（1987～今）</td><td>《内地开发促进法》《关于地价公示及土地等的评价法》《关于开发利益回报法》《土地管理与地域均衡开发特别财政法》《关于工业配置及工厂设置法》《关于产业布局与开发法》《农渔村发展特别措施法》《农渔村振兴公社及农地管理基金法》，其他（2）</td><td>新村运动第二阶段：
根据《农渔村发展特别措施法》及农渔村生活圈域开发规划制度制定农村（面为中心）规划及改善农村生活环境、生产条件、社区文明建设与经济开发的各类事业，且注重农民的技能培育及伦理法制教育</td></tr>
</table>

在1967～1971年之间，韩国进入第二次经济开发期，鉴于当时乡村发

展停滞、城乡差距拉大等问题，同时为了更好地推进城镇化，并实现农地的高效率使用，1970年4月由韩国总统直接号召进行农村现代化，并制定了《农业基本法》《农村近代化促进法》，开启了农村近代化事业，即“新村运动”。为了更好地推动韩国现代农业发展、保护耕地，韩国政府陆续推出了《农地转用及游耕、休耕地的处理要领》《确保农耕地的实施纲要》、《国土利用管理法》《关于农地保护及利用的相关法律》《农地扩大开发促进法》等法律法规，通过“绝对农地”的指定、限制农地转用保护农耕地，并继续扩大农地规模。此外，为了进一步缩小城乡收入差距，韩国政府颁布了《农渔村收入源开发促进法》，以挖掘农外收入来源并强化农村自然环境保护。此外，韩国政府还针对因离农、农业劳动力不足出现的大量农地租借及委托经营等问题，出台了《农地租赁借贷管理法》。

在1987～2010年之间，既韩国进入第六次经济开发期之后，韩国新村运动进入第二阶段。针对农村生活环境恶化、农民低收入、农户及农村人口剧减等问题，为了进一步实现国家整体的均衡发展及土地的公共利用目标，实现国土空间的均衡发展并形成安定的定居型社会结构，第二次新村运动聚焦于落后地区、内地的开发问题。1990年4月，韩国出台了《农渔村发展特别措施法》及农渔村生活圈开发规划制度，并据此在相关规划中确定了改善农村生活环境、创建农工区域、开发特产区域与农渔村休养地等一系列特殊地区。此外，针对原有农地保护法实施的问题，韩国政府决定废除“绝对农地”指定制度，通过指定广域概念的“农业振兴地域”进行农地保护。

（2）日本：针对特定问题，出台大量专项规划法规

日本针对特定规划问题，除了不断编制完善规划，还一直坚持出台大量专项法规，其涉及土地、农村发展、町村合并、乡村地区工业发展、文物保护等多个方面，以对规划形成强有力的支撑作用。总体而言，日本涉农法规体系的建立可以分为三个阶段（图2-4-10，表2-4-6）：

1）第一阶段：以农业发展为目标的农地改革阶段（1945～1962年）

1945年11月，日本政府提出的《农地制度改革纲要》，使战前“半封建化”的租佃制度本身解体。为了继续深化改革，《农地调整法修正案》

（1946.10）、《自耕农创设特别措施法案》（1946.10）又相继出台。1949年12月《土地改良法》的出台推动了以围垦、低湿地开发、排水改良为主要内容的土地改良事业。为了巩固农地改革的成果，《农地法》（1952.7）的出台以法律形式正式确立了耕作者的地位。为了进一步统筹考虑农业、农村问题，日本政府制定了被称为农业宪法的《农业基本法》（1961.6）。为配合基本法中“培育自立经营农业”的目标[vi]，1962年又修订了农地法和农业协同组合法。在农村管理方面，日本在新《宪法》（1946）、《地方自治法》（1947）的基础上制定并启动了旨在强化市町村的教育、消防、社会福利等职能的新的地方制度。为了对应这一新制度，日本进行了全国范围的市町村大合并——昭和大合并①。合并主要依据《町村合并促进法》（1953）及《新市町村建设促进法》（1956.6）[vii]。

2）第二阶段：农村土地利用及规划体制建立阶段（1963～1986年）

随着日本工业化、城市化进程的推进，农村劳动力流失以及农业结构调整所引起的农村空心化、混住化②等不良现象开始出现。为了更好地“解决实际问题和矛盾”，日本政府在1965年出台了《山村振兴法》，旨在培养和提高在国土、水源、自然环境保护方面具有重要意义的山村的经济水平及居民福利，这也是脱离农业政策的首个独立的农村政策。除此之外，日本还出台了一些与农业发展、区域振兴相关联的城市与农村的共管法律制度。如：1962年的《新产业城市建设促进法》，1963年的《沿岸渔业振兴法》《森林・林业基本法》，1966年的《中部地区开发整治法》《首都圈近郊绿地保护法》《住宅建设规划法》等。

随着国土开发政策的推进，农地的非农转用及被城市侵占的现象不断增加，不仅减少了耕地面积，农地地价的提高也强化了其资产保值功能，使日本政府希望通过农地流转改善农业结构的构想面临困境。为了使城市化有序进行、促进农业用地的有效利用，1968年《城市规划法》（及其附

① 在昭和大合并前，日本经过明治维新进入现代化进程后，为了适应地方自治体制下的户籍、税收管理以及小学校的设置、管理，以300～500户为标准，进行了第一次市町村大合并，称为“明治大合并”，其结果由1888年的71314座市町村急减为1889年的15859座。

② 农村混住化，20世纪60年代以后，由于农户的兼业化、农民离农、城市居民的迁入等原因，农村空间、社会发生了很大变化，不能再视为单纯的城市空间或农村空间，农政部门称之为“混住化”。

属法《城市规划法实施法》《建筑基准法》)、1969年《农业振兴地区整治建设法》(简称：农振法)相继出台。两个规划的核心理念是：在城市用地和农村用地中，分别通过阻断城市化、划定农业保护区的方法，实现国土资源的有序开发和利用。1987～1991年期间，《国土利用规划法》《城市规划法》《农振法》《农地法》及各自的规划制度对“城市化调整区域”内的农村居住点开发限制及“农振白地”内的用地与设施利用方面的漏洞逐渐凸显出来，为此需要更有针对性的法律制度进行规范。在此背景下，日本政府于1987年颁布了《村落地区整治法》(1987)，针对处在城市化调整区与农振白地重叠区域的、居住环境与营农条件有障碍的集聚型集落及其周边农地，通过制定村落地区整治规划，使村落居住环境与农业生产条件相调和[viii]。

此外，在刚性法律制度之外，日本政府还出台了一些重要的面向农村的非刚性政策。比如1969年的《市町村发展基本构想》，就是在经济高速增长时期地方自治体的无秩序开发、各种振兴事业混杂的背景下，为了整合各类发展计划、实现目标明确的地区行政运营出台的。而《农村地区工业引入促进法》(1971.6)，则是为提高农民收入(通过创造农外兼业机会)，改善农业结构(通过平衡农村地区的不同产业)而颁布。1975年，针对产业化、城市化对各传统地区地域文化的破坏，“传统建造物群保护地区”被列入《文物保护法》的保护范围，带动了全国、特别是农村地区对自身地域文化的重视、保护与宣传意识。为了吸引城市居民的流入，艺术文化村、别墅村、老年村等多种特色农村居住形态出现。政府为配合并规范这一现象，制定了《农山渔村住宿休闲活动基础设施整治促进法》(1995)作为法律支撑。

3)第三阶段：国土一体化发展阶段(1992至今)

日本在经济泡沫破灭后，进入低速增长阶段。国土发展、农业·农村建设等领域都在试图跳出传统观念寻求新的突破口，制定面向未来的方针政策，力求在新世纪重新步入快速增长并实现国土良性运转。

由于实行了四十余年的《农业基本法》不再适合WTO主导的自由贸易规则，并且其更关注粮食保障和农业发展，缺乏对农村建设、农民生活

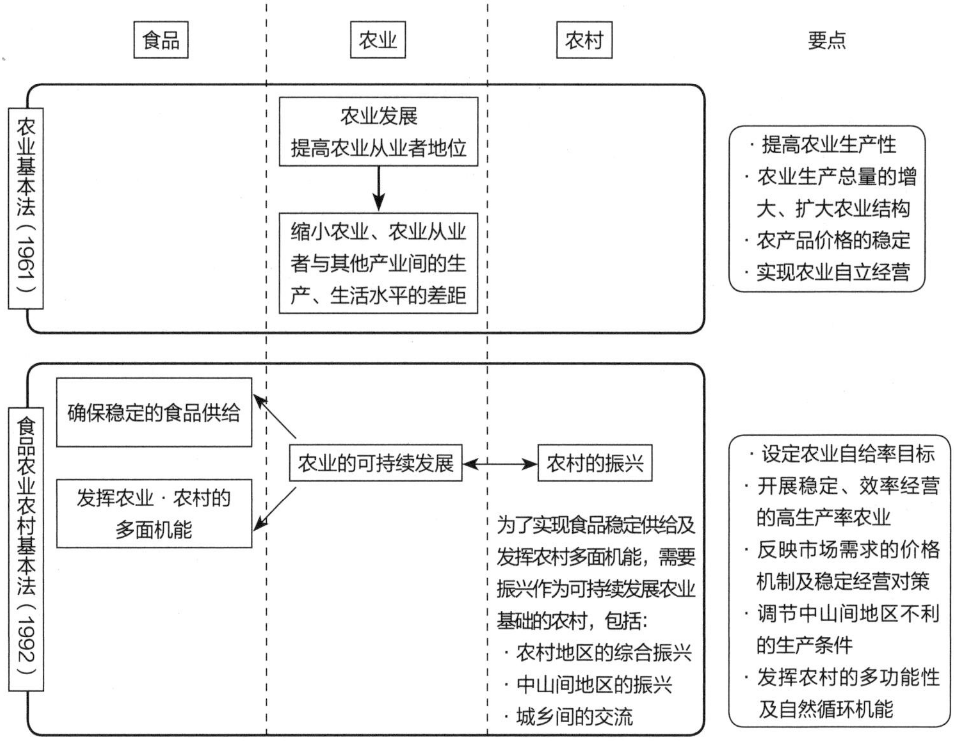

图2-4-10　日本新、旧农业基本法理念的对比

日本农村建设、规划制度的发展　　表2-4-6

	年	社会动向·国土规划·农村规划案例	国土·农村土地利用、农村规划体系相关法律的发展
以农业发展为目标的农地改革阶段	1945 1949	1945 “二战”结束 1949 农村建设规划示范村（6处）	1945 农地制度改革纲要 1946 农地调整法改正案 1949 关于地域开拓规划制定的基本要领 • 增加粮食产量，解决大量失业人群就业问题
	1950	1956 东金都邑规划	1950 国土综合开发法 • 指导国土有序，突出重点的开发活动，缩小地区间发展差距 北海道开发促进法、首都建设法（促进城市及农山渔村的良好景观及空间形成） 港湾法、港湾法实行规则：特殊空间发展 1951 森林法：国土利用规划内容之一 1952 农地法 • 维持农地改革、形成自耕农体制的成果 特殊土壤地带灾害防治及振兴临时措施法：特殊地区振兴 道路法：特殊空间发展 1953 新市町村合并促进法、“昭和大合并”启动 离岛振兴法 1954 奄美群岛振兴开发特别措施法 1956 空港法：特殊空间发展

续表

	年	社会动向·国土规划·农村规划案例	国土·农村土地利用、农村规划体系相关法律的发展
以农业发展为目标的农地改革阶段	1962	1957 八郎泻干拓地区村落规划提案 1962 第一次全国综合开发规划	1957 东北开发促进法：地区性综合开发 自然公园法：国土利用规划内容之一 1959 九州开发促进法：地区性综合开发 1960 北陆、中国、四国地区开发促进法：地区性综合开发 1961 农业基本法 • 扩大农业生产选择 • 培育自主经营机制 1962 暴雪地区对策特别措施法：特殊地区振兴
		○农村：土地改革 ○国土：全国规划	• 政府主导的零散农地的收购 • 农地买卖实现较大面积农田 • 国土开发规划法、规划制度的建立 • 全国综合开发规划启动
农村土地利用及规划体制建立阶段	1963 1967	1964 东京奥运会开幕 1965 茨城县玉里村田园城市建设基本规划	1963 近畿圈整备法：地区性综合发展 沿岸渔业振兴法：特定地区振兴 森林·林业基本法：国土利用规划内容之一 1964 河川法：特殊空间发展 1965 山村振兴法：特殊地区振兴 1966 中部圈开发整备法：地区性综合发展
	1968 1972	1968 日本建筑学会农村规划委员会成立 1969 第二次全国综合开发规划 山形县小国町村落再生规划事业 1971 农业土木学会农村规划研究分会成立 琦玉县川里村农村规划制定调查报告书	1968 城市规划法、建筑基准法 • 与部分农村居住地区（镇区等）的规划及建造相关 1969 “市町村发展基本构想” • 指导“村”自治体发展的基本方针 农地法修正 • 通过农地所有权租赁促进农地流动 1970 农业振兴地区整治建设法 • 指导农业振兴、农用地保护及活性使用的基本方针 过疏地区对策紧急措施法：特殊地区振兴 1971 农村地区工业导入促进法 • 促进农业人口的农外就业 • 改善农业结构，平衡工、农业关系
	1973	1974 常滑矢田地区农村基本规划 1975 大中之湖农村干拓整治规划 1976 妻笼宿传统建造物群保护地区 1977 第三次全国综合开发规划 玉里村农村规划 1980 冈山县山手村农住型土地利用转换规划	1974 国土利用规划法 • 国土综合开发法的配套法 • 规定了国土利用的5种类型：城市、农振、森林、自然公园、自然保护 农振法修编 • 设定市町村作为主体的农用地集团利用权，增进农用地利用效率 1975 传统建筑物群保存地区制度 • 农村历史文化保护地区的指定与保护规划 1979 一村一品运动 • 农村自立、地域特色挖掘及振兴的开始 1980 农用地利用增进法 农地法修编 关于农业委员会等的法律修编 } 特殊地区振兴

续表

	年	社会动向·国土规划·农村规划案例	国土·农村土地利用、农村规划体系相关法律的发展
农村土地利用及规划体制建立阶段	1986	1982　农村规划学会成立 1985　脇町HOPE规划	1982　HOPE地域住宅规划运动 根植于地域的，以（市属）区、町、村为对象的综合性住宅规划 1985　半岛振兴法：特殊地区振兴 1986　铁道事业法：特殊空间发展
	1987	1987　第四次全国综合开发规划 福冈县久山町集落地区整治规划	1987　集落地区整治法 • 以城市规划、农振规划重叠地区的据点行集落为对象 • 以调和居住环境及周边的农业生产条件为主要内容 1990　市民农园整备促进法 • 立法承认了市民农园作为城市地区的重要农业存在形式
	1991	○农村　• 针对高度经济成长期各种不良现象的农村独立政策出台　• 农村土地利用、规划体制建立 ○国土　• 着重解决伴随经济成长的地域差距拉大、大城市圈过密、农山村过疏的问题，平衡工业化布局、实现国土均衡发展	
国土一体化发展阶段	1992 2002	1995　阪神大地震 1998　第五次全国综合开发规划——面向21世纪的国土设计 1999　神户市北区市民农园规划	1992　食物、农业、农村政策新方向 • 强调通过自主性及地域特色挖掘实现农村振兴，发挥农村的多功能性 1993　关于在特定农山村地区为实现农林业的活性化推进基础设施整备的法律 1995　关于农山渔村住宿休闲活动的基础设施整治促进的法律：特殊地区振兴 1999　食品、农业、农村基本法 • 农业基本法（1961)的代替法，针对新的国际、国内形势确立的三农基本法 市町村“平成大合并”启动、推进市町村合并的指针 2000　过疏地区自立促进特别措施法：特殊地区振兴 农地法修编 • 完善企业参与农业的方式 • 废除佃耕费的定额现金交纳制度 2002　冲绳振兴特别措施法：地区性综合开发
	2003	2005　日本人口减少时代开始 神奈川县小田原市景观规划	2003　美丽国土形成政策大纲 2004　景观法 2008　国土形成规划法 （景观法、国土形成规划法：促进城市及农山渔村的良好景观及空间形成） • 由强调开发转为营造良好的国土空间，并适应人口减少时代
	今	○农村　• 城乡建设向一体化管理、注重景观环境方向转变 ○国土　• 人口减少时代，从注重国土开发向注重国土保全、空间改善方向转变	

的有效指导。1992年日本政府出台了《食品·农业·农村政策的新方向》，力求推动三农的协调发展，并依据其制定了面向21世纪日本三农问题的新宪法——《食品·农业·农村基本法》，并在其辅助法《食品·农业·农村基本规划》中提出了三农发展的具体目标。

为了促进中山间农村地区的生产活力、改善生活环境、促其自立，对那些采取了诸如引进高附加值作物、实施经营改善计划的农户，实行低利融资等政策，颁布了《关于在特定农山村地区为实现农林业的活性化推进基础设施整治法》（1993），及《过疏地区自立促进特别措施法》（2000）。

日本在十余年的经济缓慢增长时期，反思发展时期的各种弊病，政府工作思路由重视建设发展、重视居民生活水平，转向更高层面的优质空间形成。及城乡景观协调一致。针对经济发展优先时期，传统街道、乡村景观失去原有特色、高层建筑与广告牌泛滥等现象，日本政府开始关注景观营造问题，并在《美丽国土形成政策大纲》（2003）的基础上制定了《景观法》（2004），通过景观规划及相关措施，形成具有魅力的国土空间及生活环境。2005年，文物保护法中又增加了“重要文化景观”一项，将对景观的理解从物质层面提升到文化内涵层面，强调“社会—文化—景观”的关系，强化在住民生活、风土文化中形成的独特景观的保护。由于此类景观多出现在农村地区，因此与“传统建造物群保护地区”一起成为农村地区的主要保护内容。

2 市场化力量介入，引导建设发展

英国小城镇的规划建设靠政府引导，小城镇的蓬勃发展则要靠市场化运作。为了加速城镇化进程，英国政府下设了多家“企业化”的机构，即城镇运营商[①]，专门负责按照城市发展目标对政府控制性资源进行统一运

① 在英国，从事新城规划和建设的开发公司是由政府通过严格的选拔程序确定的，进行开发建设的大部分资金也由政府提供，因此工程建设的进度、工程质量的好坏，政府都担负着很大的责任。但政府也不能因此就对开发公司进行太多的管制，这反而会影响政府职能部门和开发公司之间的关系，从而也束缚了开发公司积极性和创造性的发挥。在新城建设的初期阶段，政府不得不在一些造价很高而短期内又无法带来收入和产生效益的项目方面为开发公司注入资金，而开发公司也不得不在一些基础设施建设方面投入大量资金，然后再依靠转让土地、出租房屋、商店和厂房等方式逐步收回成本。

作。在小城镇建设中，城镇运营商一般会先期介入，代表政府出资盖一批厂房、商店、学校、医院、住宅、公园，进行示范性的开发建设，然后吸引社会资本、私人企业和城乡居民自愿迁入。对于城镇运营商，政府赋予其规划、收购土地、开发等一系列权利，并向其提供政策便利和资金支持。1946年英国出台了《新城法案》(New Towns Act)，规定新城建设公司可以在规划区内以农业用途的优惠价格得到土地；在基础设施和其他建设资金上可以从财政部获得为期60年的贷款。在2000年公布的《乡村政策白皮书》中，英国政府计划3年内提供3700万英镑支持农村小城镇的改造，这笔资金连同欧盟等拨给的资金一起用在了总值1亿英镑的城镇发展项目中。

地方政府为吸引企业进驻先期投入了大笔资金，城郊地区廉价而广阔的土地、良好的基础设施和社会服务设施等逐渐发挥出巨大的吸引作用，一些很有实力的企业或新兴产业开始陆续入驻。在短短几年时间内，大多数小城镇就能进入良性循环的发展阶段。以密尔顿凯恩斯为例，经历了47年开发建设，目前已成为拥有24.88万人口（目标是发展到40万人）、总面积88.4平方公里的现代化城镇。

（三）小结：经验借鉴与反思

从1965年的第一部针对农村的独立法律——《山村振兴法》制定以来，日本政府始终致力于农村地区的立法工作。并且逐渐从解决问题为核心的“滞后性”立法思路转变为从国家发展层面定位的“前瞻性”立法思维，农业、农地、农村、农民各类法律互相补充且少有冲突，至今形成了丰富、完善的立法体系。

而我国的农村立法工作至今仍较为落后，从改革开放后才开始真正触及这一方面，且进展缓慢、立法严重滞后于农村问题的出现。并且出台文件多以“决定”“意见”“建议”“办法”等为主，具有法律层面约束及管控力度的文件几乎没有，三农间的各项法律条文制定沟通不够，造成农村建设规划与管理的无法可依、指导效应低，与其他法律法规相冲突的现象时有发生。

韩国和日本均实现了对乡村地区的全域管控。日本以土地利用规划为基础、多个专项规划辅助，形成综合体系规划。全国规划作为非刚性规划，侧重在宏观层面对地区发展做总体统筹，侧重于战略性发展构想研究和总体布局研究。区域土地利用规划作为刚性规划，对全国城乡地区进行全覆盖土地用途管制。在乡村地区，市町村规划侧重对空间发展战略的结构性表述，详细的管制要求则由各专项规划分别表述。日本的专项规划主要针对特殊地区的特殊管理要求并有专项法规予以支持，如：《建筑基准法》《农振法》等；在乡村地区则专门出台了村落地域整治法用以支持农业振兴规划、集落整备规划、景观规划、工业导入规划等相关专项规划。日本规划体系设置专业且详细，但是，由于界定和构成较为复杂，在具体执行中容易出现一些偏差，从而出现管制真空地带。

为了更好地实现对日本全域土地的规划管控，日本将全国划分为城市规划范围和农业振兴范围。其中城市规划范围内包括“城市化区域”和“城市化调整区域”，受城市规划制度管辖，以土地用途管制与空间开发管制对地域空间建设实行管理。农业振兴范围包含农地、牧场、混牧林地、农用设施用地，受农业振兴规划管控，通过行为限制（针对开发类用地及设施建设）、行为劝告（农业用地）和协定（农业生产设施用地及设施建设）对地域空间建设实行管理。这样的空间划分方式，既考虑刚性管控需要，又为弹性协商留出了空间。

相比日本，韩国更为强调规划体系的唯一性、规划管控边界的一致性，规划体系和规划管控方式都比日本简单得多。在城市化地区，韩国特别强调以城市规划作为唯一蓝图，涵盖用地范围、属性、开发与管制要求、城市设施建设等各项内容，负责对一切开发许可行为做出约束。这一规划管控方式相对粗放，但管制力更强。而在非城市化地区，由于无法采取类似城市化地区的详细管控方式，导致建设管理失控，特别是在与城市化地区相邻的地区，这一问题更为严重。此外，针对特殊类型地区，韩国以特别编制该地区的综合性规划而非专项规划的方式，实现专项引导和综合管控的有机结合。

日本、韩国等国的乡村规划在早期也是以物质空间规划为主。随着日本、韩国乡村建设实践的不断深化，乡村规划逐渐转向综合性、发展型规划，越来越关注乡村活化、社区振兴等议题。此外，无论是日本、韩国，还是英法等国的乡村规划，都十分注重公众参与过程。相对城市而言，乡村规划的编制内容刚性要求较少，多为引导性内容和建议性内容，并借助公众参与过程形成全社区居民的共同行为准则，使乡村规划得以落地实施。日本在对广大乡村地区进行治理的同时，始终重视对特定地区的振兴措施的制定，如中山间地区、半岛地区、离岛地区等。我国也应充分借鉴这一经验，对无法并入传统地区的特定地区的农村进行特殊规划管控及治理，这样既能保证一般农村规划制度的建立，又能对特定地区制定特殊的规划或振兴措施。

相比较而言，我国的乡村规划体系尚不完整，不仅纵向规划体系尚未建立完成，各部门规划之间也缺乏横向对接，导致乡村地区多规不协调问题突出。此外，由于缺乏配套的法律法规支撑，也没有经过充分的公众参与过程，乡村规划的落地实时性较差，无法对乡村地区的各项建设行为起到实际的指导作用。

五　村镇空间发展态势判断

（一）村镇空间发展态势

1　城乡长期共存，农村适度集聚

（1）自中西部向东部人口流动的总体趋势不变，城乡将长期共存

通过对2000年到2010年我国的人口密度分析发现，我国人口依然集中在胡焕庸提出的“瑷珲—腾冲”线以东，长三角、珠三角等区域仍是我国的人口密集区域。

从人口的流动数据来看，我国城镇化已经开始进入了“人口回流”的阶段。随着国家中部崛起战略、西部大开发等战略的实施，我国西部的部分中心城市近些年来成长迅速，在产业发展、人口集聚等方面都发挥着越来越重要的作用，吸引了一部分外出到东部沿海城市打工的务工人员返回中西部就业和生活。人力资源社会保障部的数据显示，2013年东部地区农民工比上年减少0.2%、中部地区增长9.4%、西部地区增长3.3%。但总体来看，未来一段时期内，人口从中部、西部向东部集聚的总体趋势不会发生明显改变，国家卫生健康委员会的数据也显示，尽管2011年东部地区跨省流动人口占比比2010年下降了2个百分点，但其所占比重仍高达67.2%。2000～2010年人口增长最明显的地区仍然是长三角、珠三角、京津等东部城镇群地区。

在此背景之下，中西部经济欠发达地区的乡村人口缩减态势仍将持续，东部地区和大城市周边城乡人口呈现双增长的态势，除城市人口增加之外，这些乡村地区的农村人口进入城镇的动力不强，同时，还是外来人口的承载地。城乡长期共存的格局不会发生根本性转变。

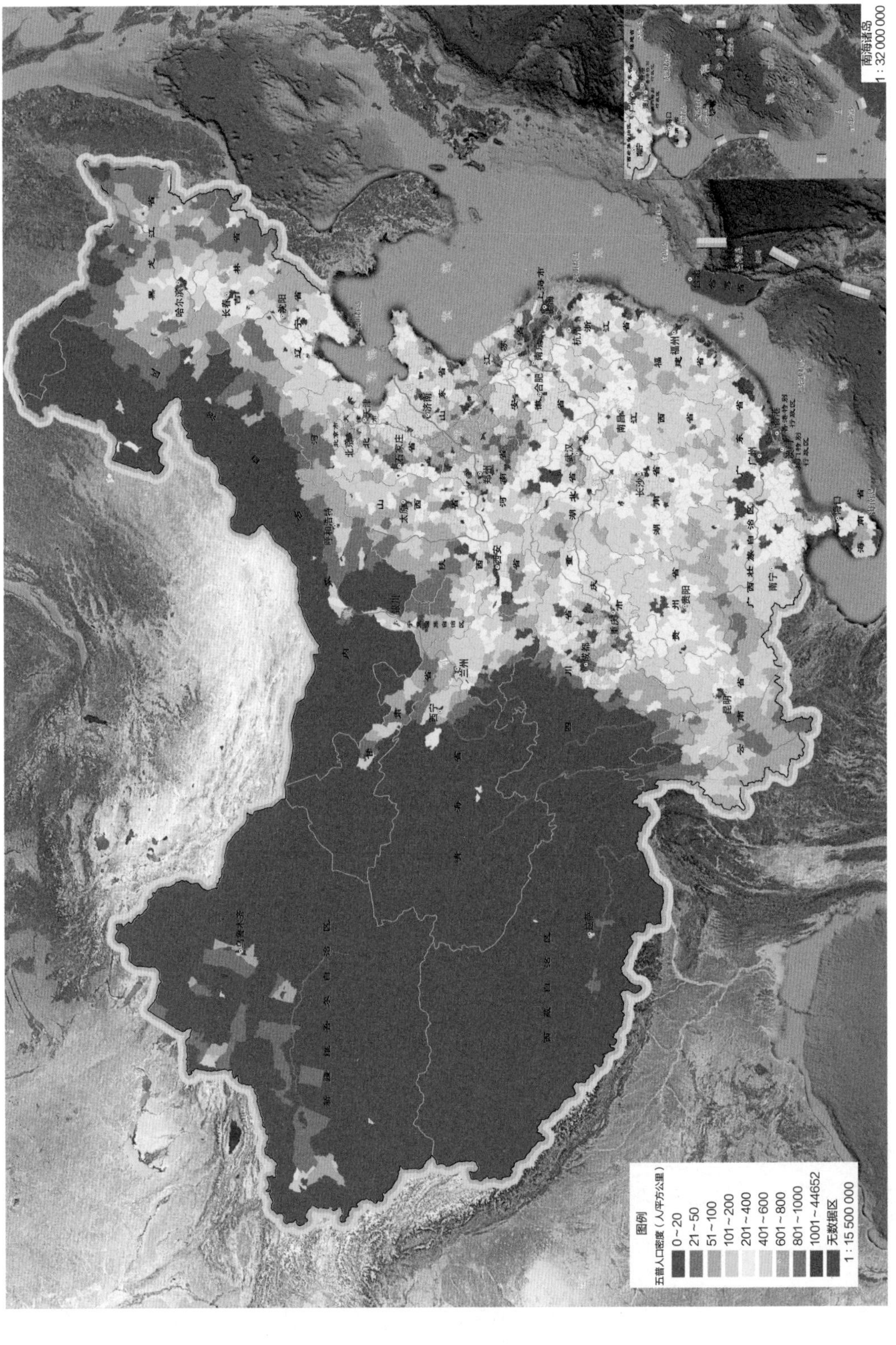

图2-5-1　第五次全国人口普查人口密度（人/km^2）

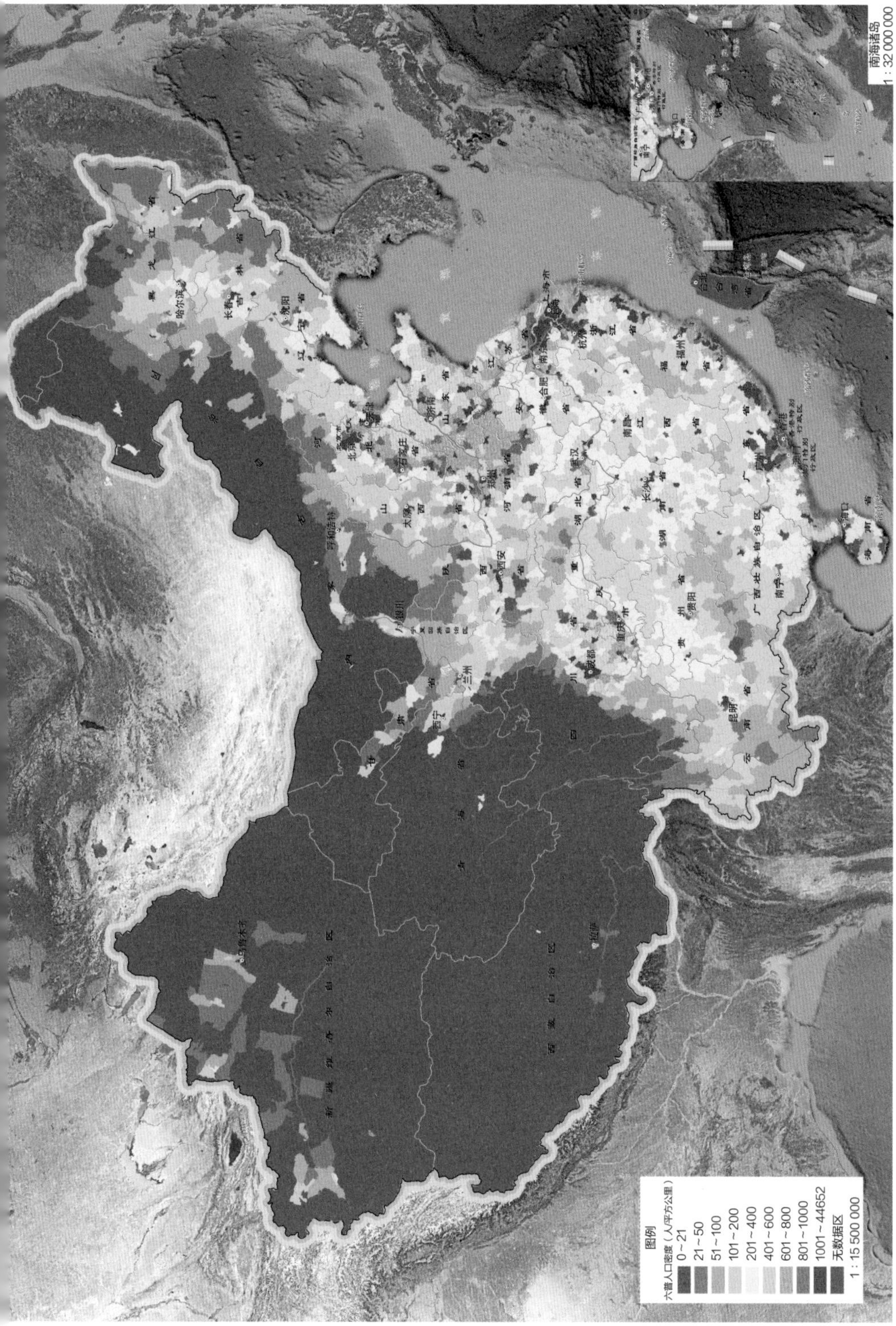

图2-5-2 第六次全国人口普查人口密度（人/km^2）

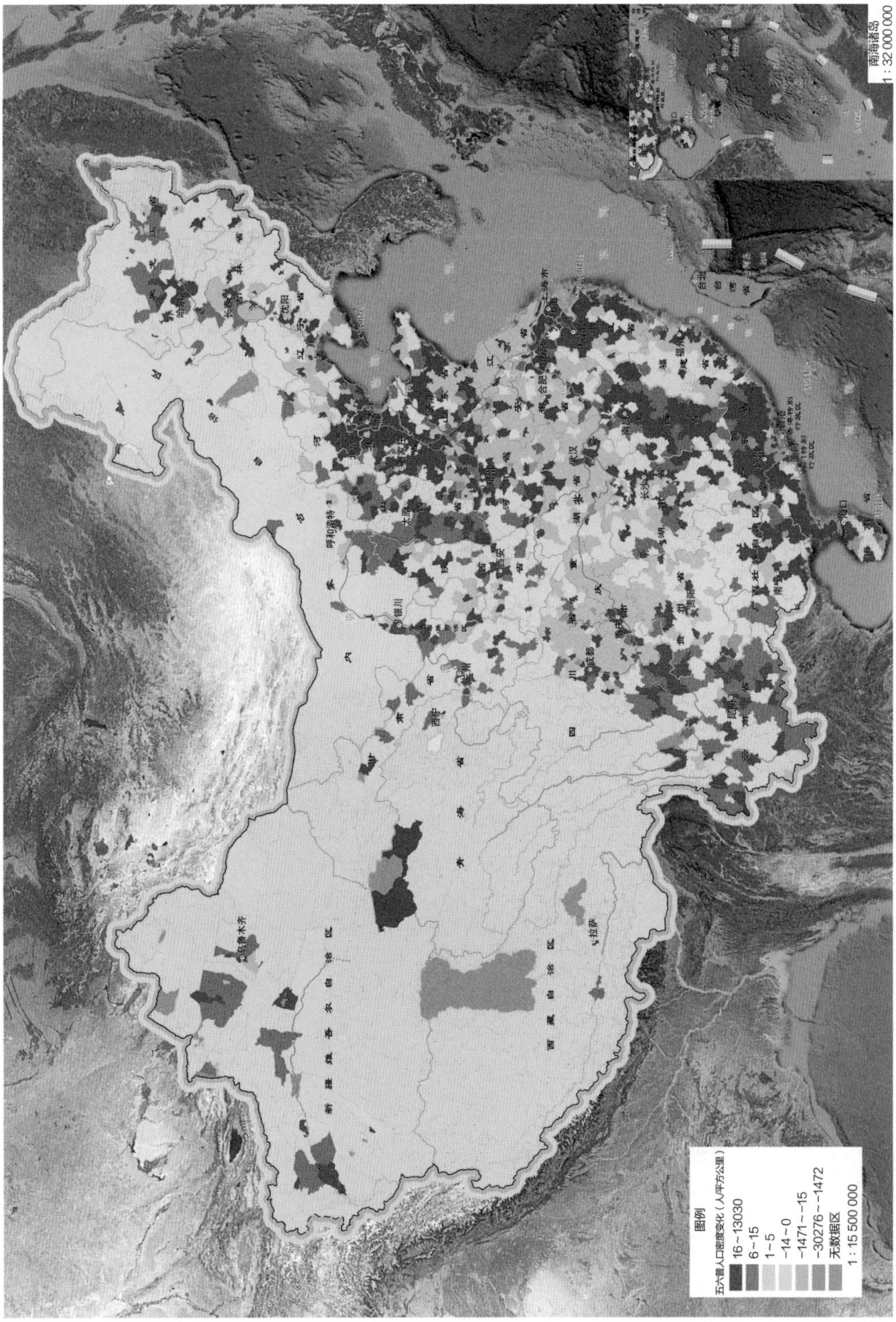

图2-5-3 第五次、第六次全国人口普查人口密度变化（人/km^2）

（2）小城镇发展历经衰落，正面临新的发展机遇

1）城镇化快速推进过程中的小城镇衰落在所难免

从国际经验来看，由于工业化对规模集聚的客观要求，大城市、特大城市人口不断集聚、膨胀，小城镇的发展效率无法和大中城市竞争，其地位随着城镇化进程的推进而不断降低，这是世界城镇化的普遍规律（德国等少数由于政治体制特殊的国家除外）。除了市场规律的作用，我国小城镇发展还要受到行政层级化管理的影响，因此，经历了较长的衰落期，预计小城镇的复兴也需要相当长的时间。

2）城镇化发展进入新阶段，小城镇发展面临新机遇

随着我国城镇化水平跨越50%的分界线，中国城镇化模式转型问题逐渐浮现①。过去相对激进的城镇化发展模式导致了严重的大城市病，当前我国倡导的新型城镇化模式将更加强调兼顾城镇化的质量与效益，不仅关注经济增长，还要关注社会效益和公平发展等问题；城镇化的主体也将更加多元和丰富，除了大城市，中等城市和小城镇也将获得更多的发展机遇；城镇化的路径将从单一政府主导的方式转变为“自上而下”和“自下而上”并重的方式，以农民为主导，农村集体有序组织，以市场和政府共同引导的城镇化模式将逐渐增加。2004～2011年，全国建成区人口规模5万人以上的小城镇数量从224个增长到293个，而建成区人口规模10万人以上的小城镇数量更是从55个增长到97个，几乎翻了一倍。在当前国家产业转型发展以及“互联网+”策略的推动下，预计未来将有更多的小城镇突破现有城镇体系的等级关系，成为新的人口和产业聚集中心。

（3）农村适度集聚

1）现代农业的发展支持农村适度集聚

随着我国四个现代化进程的不断推进，现代农业将以全新生产手段、先进的生产技术、社会化的服务和适度规模化的经营方式，全面改善农业生产条件，提高农业生产效率，有助于释放农村剩余劳动力和土地资源潜力，增加人们的居住空间选择，从而为农村适度集聚提供支持。此外，休

① 方创琳. 中国新型城镇化转型发展的战略方向[N]. 中国经济时报.

闲、观光农业的发展也将推动一定规模的人口集聚。

2）机动化的发展为农村适度集聚提供基础

当前农村机动化发展突飞猛进，一方面源于农村道路交通条件的明显改善，另一方面来自于农民机动车拥有量的大幅提升。除了我国东部沿海发达地区，中部、西部等欠发达地区的农村机动化趋势也非常明显。农民出行方式的改变为农村生产空间与生活空间的进一步分离创造了条件。

3）农民日益增长的生活需求需要农村的适度集聚

随着农村总体经济条件的逐步改善，对生活便利性的追求逐渐成为农民选择居住地点的重要考虑因素。过去，农资销售、农产品和手工业品交

1800年至1850年，世界城镇人口由2930万人增至8080万人，增长1.8倍。其中10万人口以下的小城镇人口从1370万人增至5180万人，增长2.8倍；小城镇人口在城镇人口中的比重也由46.8%上升到64.1%。1850～1950年，世界城镇人口由8080万人增至70640万人，增长7.7倍；100万人口以上的特大城市由4个增至72个。同期，10万人口以下的小城镇人口由5180万人增至30040万人，仅增长4.8倍。它在城镇人口中的比重也由64.1%下降到42.5%。1950～1970年，世界城镇人口由70640万人增至139900万人，增长98%；同时期，10万人口以下小城镇人口由30040万人增至53510万人，仅增长78.1%，在城镇人口中的比重已由42.5%下降到38.2%（图2-5-4、图2-5-5）。

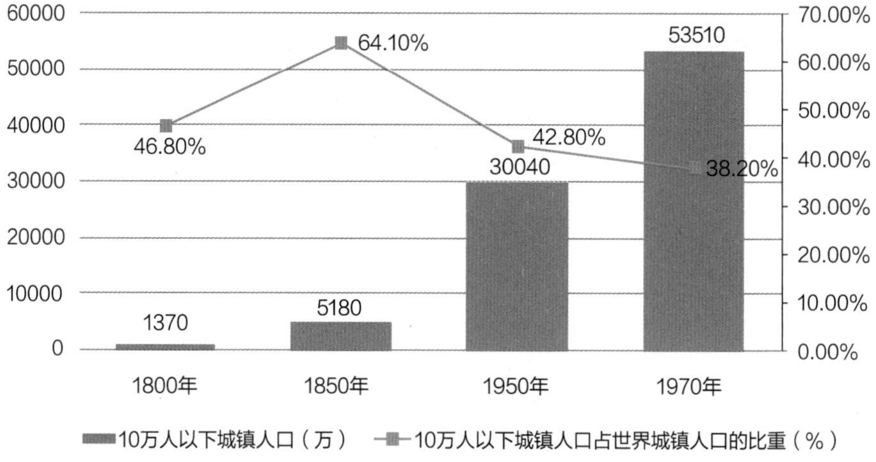

图2-5-4　全球10万人以下城镇人口占全部城镇人口比重

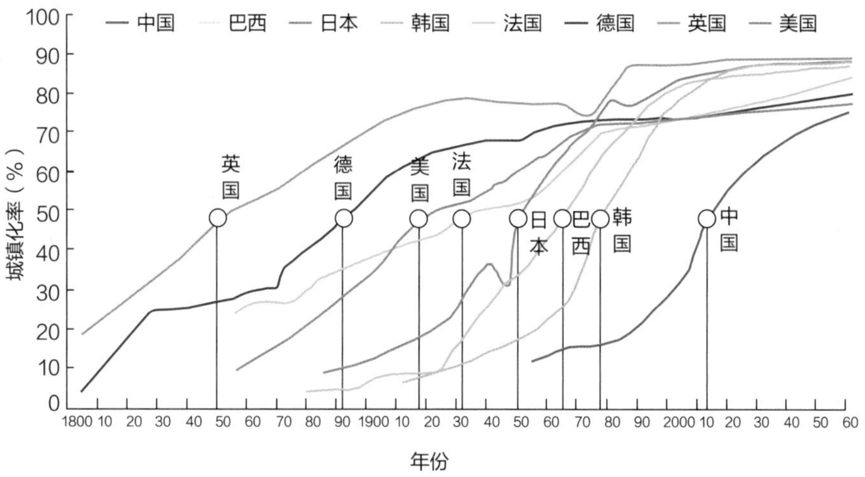

图2-5-5　世界主要国家城镇化率

资料来源：中国工程院重大咨询课题：中国特色新型城镇化发展战略研究。

英国： 1800年已经处于快速城镇化阶段，1850年前后城镇化率达到50%，1860年达到55%左右。1861年英格兰2万人口以上的72个大中城市总人口由1801年的222万增长到767万，其中仅伦敦一个城市就新增约185万。大城市人口年均增长2.085%，而小城镇和乡村年均仅增长1.039%。18世纪80年代到90年代，英国城镇化率从大约65%，提高到大约70%。在这段时期内，特大城市人口增速放缓，而大城市、中等城市成为人口增速最快的城市层级，小城镇人口增速依然缓慢（表2-5-1）。

1881~1891年英国不同规模城市人口增长状况　　表2-5-1

城市类型	伦敦	伦敦外的25万以上的特大城市	10万~25万人的大城市	5万~10万人的中等城市	3000人以下的小城镇
人口增速	10.40%	7.20%	19.90%	22.80%	3.60%

法国： 自19世纪上半叶起，居住在较小乡镇的法国人口在全国人口中占比日渐缩小，1000人以下的小集镇和农村人口占全国人口比例从17世纪末的57%下降到1852年的38%。1811~1911年之间，巴黎人口占全国人口比重从15%增长为28.7%，人口数增长6.28倍。

易是中心镇、村最为重要的功能；而在当代，为农民提供更为便捷、高质量的日常服务将逐渐取代生产功能和交易功能，成为中心镇、村最为重要的功能。镇村适度集聚有助于提供更加便捷高效、类型丰富的公共服务，也能极大提升公共服务设施和基础设施的使用效率，将更加适合未来非农就业时间多于农业就业时间的农民聚居。

2 东中西地区的城乡空间将以不同模式集聚，小城镇内部分化趋势加剧

（1）东中西地区的城乡空间将以不同模式集聚

从发展的趋势来看，我国的中西部地区不会简单的复制东部沿海地区城镇化的模式，主要基于以下原因：一是区域间的资源禀赋不同，不同区域在地理特征、气候条件、资源特点等方面都存在明显的差异性；二是所处的时代背景不同，对生态环境的重视、消费经济的兴起、信息化的发展等一系列重大的背景环境，既对后发地区的城镇化发展提出了更多的限制，同时也创造了更多的可能性；三是区域间的文化差异，不同的生存环境塑造了不同地域多元的文化体系，而这种文化的差异性会影响地区的发展。因此，我国中西部地区与东部地区之间的差距并非仅仅是城镇化水平的差异，或者说是中西部地区和东部地区不仅处于城镇化发展的不同阶段，其城乡空间集聚模式也存在差别，乡村地区所面临建设重点与难点问题也不相同。

（2）小城镇的内部分化趋势将不断加剧

总体而言，未来小城镇的内部分化趋势将不断加剧。在长三角、珠三角等经济发达地区，大量非农产业规模化发展引导外来人口高度集聚；在我国中部传统农业地区，产业梯度转移开始助推乡村地区的内部空间分化，产业承接区周边的小城镇开始获得更多的发展机会；未来一段时间，小城镇内部的这种分化的趋势将更加明显。一些区位条件优越、产业基础雄厚的小城镇，会随着城镇二、三产业的发展，在人口规模和空间规模上进一步扩展。城镇的建设标准、公共服务和市政设施建设水平也将逐步向城市看齐，这部分小城镇将更加紧密地融入区域城镇体系，并可能发展成为小

城市或中等城市。位于城镇密集区和大城市周边的小城镇，随着城市地理空间的扩张和功能的疏解，可能会发展成为城市的重要功能组团，甚至与城市连绵一体化发展。

（3）东部沿海地区：高附加值现代农业产业支持宜居乡村建设

随着山东、江苏、福建、广东等省份为代表的东部沿海地区城镇化进程的推进，东部地区农村人口密度依然会维持较高水平，国家和地方各项政策的密集投放可能在一定程度上缓解东部乡村地区紧张的人地矛盾，但这一问题仍将在较长时间内存在。农业现代化和特色化发展仍然是东部地区解决“三农”问题的重要手段，精耕细作仍然是东部乡村地区的主要耕作方式。因此，未来东部地区农村居民点仍需依托于原有密集分散的村落格局，做适度集聚发展。随着东部农村人居环境建设水平不断提高，城市生活成本的持续增加，东部地区城市人口移居乡村、进入乡村创业等情况将不断增加，这也将使东部乡村地区出现更多全新的功能空间。此外，当前部分东部乡村地区的空心化问题将逐渐缓解，而在其他一些经济更为发达、工业基础雄厚的乡村地区，随着本地各类非农产业的不断集聚，一些经济强镇将突破原有行政层级跃升为小城市，而其他工业基础较弱的小城镇的生产性功能将逐渐弱化，从而成为更为纯粹的乡村地区公共服务中心，或者是因旅游和文化产业而走上特色化发展道路。课题组在苏南地区的调研显示：2000～2009年之间，特大和大中城市已经成为江苏省人口城市化的主力，镇的个数迅速下降、镇域平均占地规模增加较大、镇区平均人口规模缓慢增加、重点中心镇的培育稳定。苏南地区各镇集聚人口的能力相对下降，但整合资源的能力在持续上升，一些重点镇产业、商贸发展较好，有较强的吸引能力，城镇建设面貌也较好，正逐渐成长为小城市。

（4）东北和西北部地区：大规模机械化耕作方式支持村镇空间集聚

以黑龙江、辽宁、吉林、内蒙古自治区、新疆维吾尔自治区等为代表的东北和西北部地区，是我国人均耕地面积较大的地区，更适合以大规模机械化耕作支持现代农业发展。未来，这些地区农民的务农收入很可能将远远高出全国的平均水平，在农业劳动力缺乏的地区甚至需要吸纳更多的外来劳动力从事农业生产。这些地区的村镇空间分布相对稀疏，在部分区位优越、交通便利的优势地区，村镇的集聚度更高且还将不断提升，从而成为人口的主要集聚地区；而在其他地区，村镇空间分布相对均质，由于基础公共服务供给半径的约束，一定时期内，一般村镇的人口规模和空间体系关系不会出现明显的变动。

（5）中部地区：人地矛盾突出，农村多元增长路径促进适度集聚

中部地区是人地矛盾最为突出的传统农业地区。虽然中部地区的城镇总体发展水平比西部地区更好，但是城镇的辐射带动能力仍然有限。中部的许多片区是我国的粮食主产区，也是我国人均农业收益最低的地区，还是劳动力外流最为严重、耕地抛荒现象突出的地区。中部的一些深丘陵地区虽然在国家的特困县名单之外，却面临大量的脱贫难题。在课题组调研的绵阳三台县，大量农民生计困难，人口外流严重，地区发展动力严重匮乏。如何妥善解决中部农业地区的“三农”困局，已经成为事关我国如何全面实现现代化的重大问题。在一定时期内，中部地区的农村人口仍将进一步从农村大量析出，县域内转移、省市内近域转移以及跨区域流动的模式将长期并存，农村的空心化态势在一定时期内仍将加剧，在充分尊重农民意愿的前提下适度引导集中居住将有利于更好的整合土地资源和提供基本公共服务。未来，这一地区需要以多元增长路径共同支撑农村发展，乡村地区将从以往的单点带动逐渐发展为多点带动。城镇和中心村是中部乡村地区最重要的空间单元。由于中部地区小城镇的整体发育水平不高，公共服务供给能力有限，县城和部分重点镇是未来人口集聚的主要载体，也是非农产业集聚的主要平台，一般乡镇则侧重于基本公共服务供给职能。课题组调研的河南省西华县就是典型的传统农业地区，原有村镇空间布局非常均衡，类似克氏的中心地模型。近几年来，西华承接了富士康等大企业落户县城，县城发展速度加快。由于本地大量劳动力外出打工，为了更方便地招工，有制鞋企业将一部分生产线挪至周边小城镇布局，支持了小城镇的发展。

（6）西南部地区：特殊的自然、人文资源带来特色化的村镇空间聚集模式

西南的大部分地区是生态环境最为敏感脆弱的地区，也是连片特困地区分布最为密集的地区，此外，西南地区也是地域文化特色鲜明，旅游资

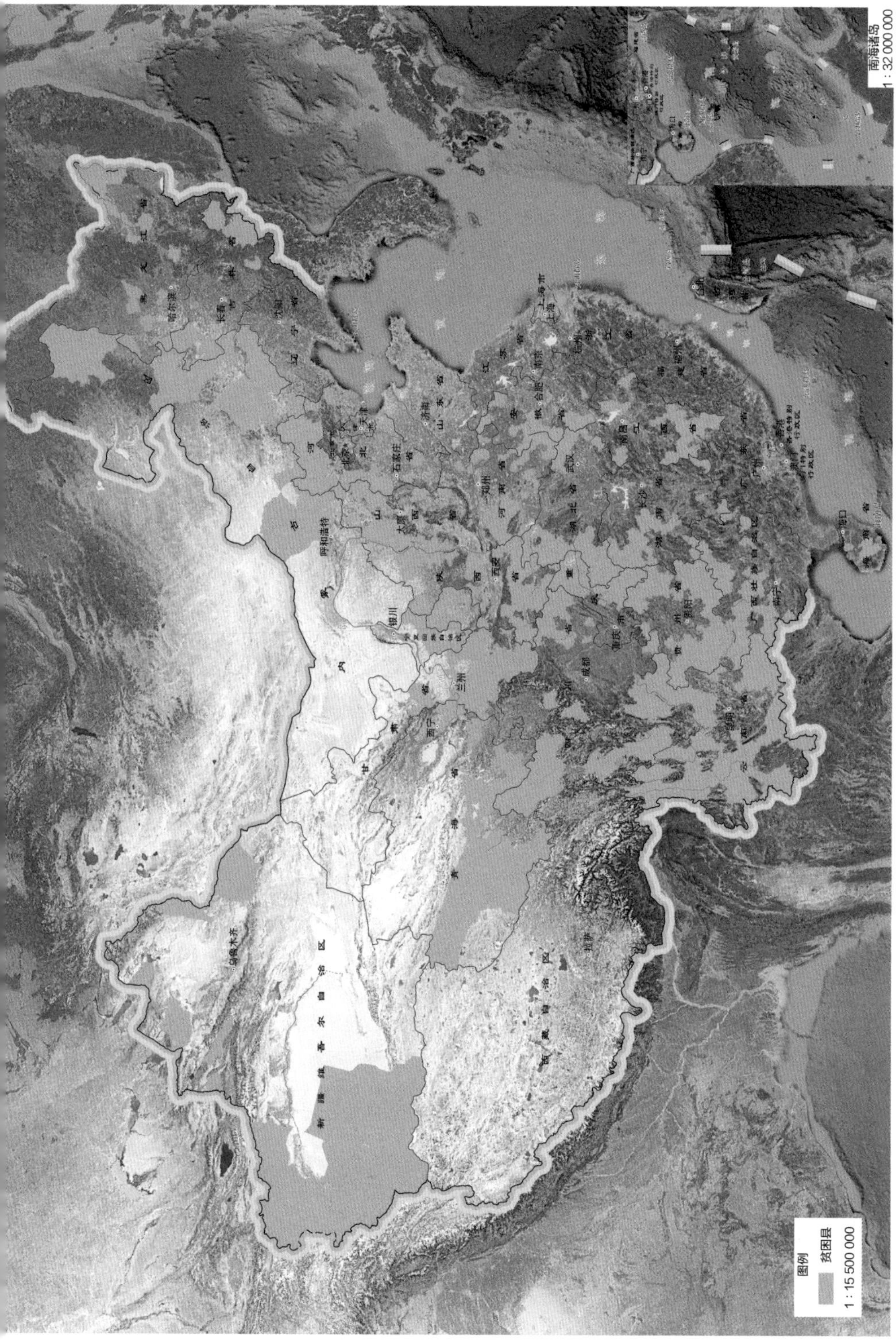

图2-5-6　我国贫困县分布

源富集的地区。未来，仍需要不断引导生态高度敏感、地质灾害易发地区的农村人口持续析出，并在此前提下确定国家扶贫的重点地区与重点扶持方向。同时，一些生态承载力相对较高、文化旅游资源富集的地区正逐渐成为人口适度集聚的新增长空间。预计在未来，如何更好地利用西南地区特殊的自然、人文资源，引导乡村地区资源有效配置、空间特色化发展将是推动西南乡村地区发展的关键所在。

3 村镇产业转型升级，新功能、新业态进入乡村地域

（1）经济新常态下，乡村产业开始转型发展

1）乡镇原有产业的转型升级

村镇制造业从劳动密集型产业向资本密集型产业转型。近几年来，国内劳动力价格不断走高，制造业利润不断下滑，中国经济进入了新常态。部分地区的劳动密集型产业开始向资本密集型产业转型。例如，课题组调研的山东省邹平县魏桥镇原有主导产业为纺织业，目前转型为复合铝制品产业，申报了省级新材料产业园区，并计划建设热电厂；青岛市李哥庄镇早期主导产业是帽业、建材、木制品、食品加工等劳动密集型产业，近期则向机械制造和休闲旅游产业转型。珠三角“三来一补”产业发展乏力，劳动力成本高昂，一些劳动密集型企业开始设法向资本密集型企业转型。番禺旧水坑村的一个企业购置了100个机器人，并辞退了大量外来工人。在外来人口流入的高峰期，该村常年保持7万人的外来人口，现在已经减少至5万人，缩减了30%，而这种缩减还将继续。

劳动密集型产业将生产环节向周边村镇扩散。近年来，为了解决招工难问题，一些劳动密集型制造企业尝试将一部分生产功能分散布局于中心村。课题组调研的平度市崔家集镇是孚日家纺的所在地，该企业将必须集中生产的部门放在园区，其他初级加工部门则分散布局在周边中心村，通过“计件制”的方式允许职工自行调节生产时间，在农忙时节允许晚上工作。这一情况也同样出现在河南周口地区。

环保压力不断加大，敦促污染企业改造升级。中央和省一级政府对于村镇私营企业的环境保护与监控力度不断加强，倒逼村镇企业转型发展。

以山东省为例，2013年省国土资源厅发布了《关于进一步推进节约集约用地的意见》，进一步提高了每亩投资强度和产业、环保准入门槛，并明确项目在申请阶段就需要面临严格的监督审核。在这样的情况下，村镇地区发展粗放的资源型产业首先受到冲击。一些私营企业开始技术改造升级，并将有污染的生产环节转移。以课题组调研的山东省邹平县为例，目前该县内的纺织、机电、食品、医药等主导产业都已经完成一轮技术改造，政府还鼓励企业把原料的生产基地向境外拓展。邹平县魏桥镇是全国重点镇，镇内最大的企业——魏桥集团将原计划扩建的铝加工基地转至印尼，并对镇区现有生产基地内的企业加快改造步伐，通过不断提高产品的附加值和技术含量，延长产业链，应对国内日渐苛刻的环保要求。

东部乡村地区开始尝试产业的整合和多元化发展，引导部分低端制造业向三产服务业转型。在长三角，以制造业著称的昆山开始梳理村镇低效的工业用地，并探讨这些工业用地的有偿退出机制。而“经济发展最落后”的昆山南部水乡地区成为地方政府新一轮发展战略的谋划重点。“以文化保护与弘扬作为促进地方产业转型的支点”成为本轮政府的核心发展思路。在珠三角地区，一些村镇私营企业依靠区位优势，开始尝试向三产服务业转型。在东莞西湖村，村集体凭借紧邻镇区的优势，在区镇政府的支持下引入外来资本，“堆山、挖湖、建设公园”，并在其周边投资建设了大型商场和房地产项目。

2）城市资本大规模进入乡村地区

城市资本开始大规模进入现代农业领域。2013年中央一号文件提出，鼓励和引导城市工商资本到农村发展适合企业化经营的种养业，并首次提及了“家庭农场”的概念。据农业部初步统计，截至2012年12月底，全国家庭承包经营耕地流转面积已达2.7亿亩，其中流入工商企业的耕地面积为2800万亩，比2009年增加115%，占流转总面积的10.3%。2010年，私募股权机构投资于国内农业项目的金额高速增长至14.89亿美元，超过了之前4年的总和。清科数据显示，从2006年至2011年上半年，中国农业领域已披露的投资案例累积达到114起，其中104起披露金额案例共涉及投资金额17.6亿美元（表2-5-2）。

2011年投资现代农业案例一览表① 表2-5-2

VC/PE	时间	受资企业	金额	退出
红杉资本、海纳亚洲	2006~2008	中国利农	3500万美元	2010年，纳斯达克退出
智基创投	2007.10	国联水产	1000万元人民币	2010年，创业板退出
九鼎	2010.10 2010.5 2009.4	天峡鲟业 青莲食品 吉峰农机	1亿元人民币 5000万元人民币 4000万元人民币	2009年，创业板退出
达晨创投	2009.7	煌上煌	3600万元人民币	
黑石基金	2010.5	寿光蔬菜物流	6亿元人民币	
天图创投	2010.6	百年栗园	30000万元人民币	
凯雷	2010.7 2010.10	卜蜂集团 中渔集团	1.75亿美元 1.9亿美元	
青云创投、汉理资本	2010.11	多利农庄	1000万美元	

“资本下乡”有两种模式：一种是资本进入农业领域，从农民手中获得流转土地经营权，进行规模化经营；另一种是资本进入农业领域后，不直接获得土地经营权，通过与农民或农业合作社签订合同的方式，实现规模化经营。目前，有部分工商业资本在进入现代农业领域后，出现了经营经验不足、与农民的利益分配缺乏共识、追求规划外收益等问题，造成了一些不良影响。2015年中央一号文件明确提出：“尽快制定工商资本租赁农地的准入和监管办法，严禁擅自改变农业用途”，反映出中央对这一问题的关注。

在一些发展条件较好的乡村地区，城市资本和新精英群体开始介入乡村空间改造。北京朝阳区何各庄村自1990年开始和村民签订合同，引导土地流转后由村集体统一管理和出租。而村集体则利用与村民签订的长期合同，在10年的时间里不断寻找有升值价值的城市投资。至今，何各庄村里，一半是普通村庄尚未改造，另一些用地之上则建设了私立学校、西餐厅、艺术馆、创意产业园等城市高端产业。北京丰台区王佐镇则依托境内的青龙湖景区，成功举办了世界种子大会，并开始引入五星级酒店等高端

① 江寅. 投资有道. 2011.09.06. http://www.moneydao.com/info_show.php?id=502.

城市功能。

3)“互联网+”对乡村地区影响力迅速增强

淘宝村助推村镇手工业和小型制造业新发展。近几年来，电子商务产业在中国迅速发展，并对传统商贸业形成巨大冲击。根据阿里研究院的定义，淘宝村是指活跃网店数量达到当地家庭户数10%以上、电子商务年交易额达到1000万元以上的村庄。2014年，全国共有淘宝村211个，比上一年增长了10.5倍，并出现了19个淘宝镇（拥有三个及以上淘宝村的乡镇街道）。淘宝村主要出现在我国东部和中部村镇地区，地区总体经济发展水平处于中等或者中等偏上，主要经营方向为小手工业和小型制造业。这些行业原本利润微薄，发展困难。但是在电子商务平台的支持下，从产品生产到销售的中间环节成本被大幅压缩，刺激了产业的迅速发展（表2-5-3）。

淘宝村地方分布表（2014）　　表2-5-3

地名	网店数	销售额	主导产业
江苏睢宁沙集镇	2000家	去年8亿元	板材家具
江苏宿迁耿车镇	350家	去年近1亿元	农副产品、板材家具
河北清河东高庄	300多家	不详	羊绒羊毛制品
河北白沟	2000~3000家	去年约20亿元	箱包
浙江义乌青岩刘村	2000多家	去年约15亿元	小商品
浙江临安白牛村	50家	2011年7000万元	坚果炒货
浙江缙云县北山村	100家	去年6000万元	户外用品
浙江松阳县大东坝镇	20多家	去年约1700万元	简易衣柜
福建龙岩培斜村	20家	今年上半年3000万元	竹席、汽车挂件、饰品
山东博兴湾头村	500多家	今年近1亿元	草柳编家居产品
山东曹县丁楼村	260家	去年1600万元	演出服饰
江西分宜双林镇	600家	不详	服装、土特产
广东揭东县锡场镇	1000家	今年约3亿元	食品机械、五金不锈钢
广州番禺南村镇里仁洞村	200多家	不详	服装

资料来源：阿里研究院。

电子商务平台支持现代农业发展。除了小型手工制造业更多依托电子商务平台销售，农产品销售也开始广泛借助这一平台，并和都市休闲农业结合，形成了类似“都市农庄”的新型乡村空间。农产品流通环节损耗极大一直是制约我国现代农业发展的重要问题。依托互联网能够实现农产品的原产地直销，有助于克服传统流通模式中流通环节繁琐、效率低下、损耗严重等缺点，让农村生产者跨越中间商的重重阻隔，得以直接面对消费市场。近几年来，国内的一些特色农产品和特色手工业品生产基地依托电商平台实现了“突围”，电子商务被视为解决中西部农业发展困局的“新引擎”。2015年5月，商务部发布了《“互联网+流通”行动计划》，预计在1～2年内在全国培育200个电子商务先进农村综合示范县；在地方层面，许多居于中西部的县市开始积极推动建设电子商务产业园。但是，在农村内置金融体系改革不完善、社会文化结构、基本消费观念、信息流通方式、信用体系建构等方面仍然与城市存在巨大差别的情况下，以政府自上而下的方式推动电商平台建设，很可能带来事倍而功半的效果。

互联网销售体系进入农村终端市场。2014年10月，阿里巴巴提出“千村万县”计划，在3～5年内投资100亿元，建立1000个县级运营中心和10万个村级服务站。具体而言，“千村万县”计划是结合各省市县各级政府扶持农村电商的政策及基础资源投入，由阿里巴巴派驻人员到合适的县级城市，设立县级服务中心站，由县级服务中心站来带动镇村的电子商务业务开展；在行政村层面，协助本地村民开设村级服务站，以“一村一站”方式展开本地化代购业务，普及村民对电子商务的认知和理解，突破信息、物流、金融的瓶颈，解决农村买难卖难问题，加快实现“网货下乡”和“农产品进城”的双向流通功能。“千村万县”自启动运行以来，项目运行良好、发展迅速，引起政府和社会各界的普遍关注。从长远来看，服务于农民网络购物的电商体系必将在一定程度上改变农村基本商贸服务网络。

4）后工业文明时代对镇村特色化发展的要求增加

综观国际上许多小城镇发展比较成功的国家，基本上都处于休闲文化、消费文化兴起的发展阶段。这一时期区域差距逐步缩小，人口流动方向已不再是以城乡迁移为主，而是转变为以都市区内部的迁移，或都市区之间的迁移为主，从而为小城镇的发展提供了人口和各种经济要素乃至人力资本的支撑。我国目前已经在整体上处于休闲文化、消费文化兴起的发展阶段，特色化发展将成为未来小城镇成长的重要手段。

从当前发展趋势看，村镇旅游发展势头良好，成为村镇地区新的经济增长点。2010年全国特色景观名镇平均接待人次超过100万人，平均国内生产总值达到了20亿元，财政收入1.2亿元，且呈逐年增长态势。

第三产业，特别是养老地产、旅游地产等产业发展速度迅猛，成为小城镇发展的新动力。从2012年到2013年短短一年间，中国旅游地产项目的总量从2259个增加到5299个；而预计到2015年，约有1295万老年人将选择养老宜居社区。由于地理位置和环境条件优于大城市城区，大城市近郊区和众多小城镇在发展旅游地产、养老地产方面有着天然的优势。

除了三产服务业发展，小城镇第二产业的特色化、专业化也是大势所趋。在东南沿海浙、粤、闽、苏等省份，大量小城镇发展专业化特色产业，俗称“一镇一品”“一村一品”。初步统计，在珠三角的建制镇中，以产业集聚为特征的专业镇已达到1/4。山东省寿光市的小城镇和农村通过一二三次产业的联动，创新出一条面向大中城市蔬菜消费市场的农业纵向一体化发展道路，并取得巨大成功。

（2）乡村空间格局变化

1）原有传统产业支持的增长中心的衰落与空间重构

目前，我国乡村地区的非农产业仍然以传统产业为主，随着我国产业转型的步伐逐渐加快，一部分得益于传统产业支持的乡村制造业基地出现衰落态势，其中以长三角和珠三角的部分地区尤为突出。在一些制造业发达的村镇地区，原有零碎分布的小型制造企业逐渐被已经发展起来的较大企业兼并或者挤垮，遍地开花的工业园开始缩减，企业在市场力量的作用下，开始自觉寻求适度集聚。而在区位条件较好、获得产业转移的中西部地区，由于在一定时期内劳动力外流的趋势很难迅速扭转，当地逐渐发展起来的劳动密集型企业出现了招工难的问题，并促使其生产部分向一般镇和中心村分解，由此一些低污染的劳动密集型非农产业反而可能在空间分布上进一步扁平化。这样两种态势的叠加，一方面使经济发达地区村镇地区的内部差异拉大，使得最具有产业竞争力的村镇地区空间建设进一步强化，并从中诞生出一批小城市；另一方面使经济中等发达和欠发达地区的村镇自下而上的产业发展水平提升，并和东部一般地区的差异缩小。

2）电子商务产业发展将使得东、中、西村镇发展水平进一步拉大

在宏观层面上，不同大区域之间的农村发展水平差异将被强化而非削弱。在我国，区域差异起因于自然禀赋和区位条件，并因为“马太效应”而导致经济、制度、效率等其他要素水平差距不断拉大。从现实情况来看，不同区域之间在农村建设发展水平方面的差异性远大于城市。虽然互联网能够缩短时空距离、淡化区位差异，但是不同区域之间在不同区域之间的经济发展水平、科学技术水平、社会文化状况、制度效率水平等方面的差异性，却因为高效透明的信息技术而越发凸显。而无论是电子商务还是一般商务，这些外部因素都会对其运行成本构成巨大影响。根据阿里研究院的《中国淘宝村研究报告（2014）》中的相关数据，东部地区的淘宝村数量具有压倒性的优势。《2013阿里巴巴电子商务白皮书》则显示，广东省农产品卖家数量最多为4.66万家，浙江、江苏排在第二、三位，广东与一些排名落后的省份存在十几倍的差距。这样的结果显然并非因为东部地区的农产品质量高于中西部，而是因为大量外部因素对商业贸易成功与否的影响是远大于贸易产品本身。从这个层面来说，近中期内，电子商务势必会将东部地区农村和中西部地区农村之间的发展水平差距进一步拉大。

3）新业态助推突破原有镇村体系的新增长点出现

近几年来，电子商务进入农业领域和村镇非农生产领域，大规模城市资本进入休闲农业、现代农业领域。互联网提供了更加开放和扁平化的信息平台，并支持市场的进一步细分化、个性化、多样化，从而向传统城市优势和规模经济提出了挑战，并使得一些原本相对偏远、并非本地经济增长中心的小村子，突破原有镇村体系格局获得快速成长。从长远来看，小城镇和乡村的某种独特魅力或者是某类特色产业，都可能被互联网强化和放大。然而互联网技术还尚未发达到可以覆盖人的所有复杂需求，当前一些影响人口流动的最重要的公共服务，如教育、医疗等，其供给水平仍然

和现有空间结构紧密关联，因此在一定时期内，虽然一些村镇可能因为互联网技术而成为新的空间增长点，但是不可能对县域原有的核心结构造成颠覆性的影响。

4）基于互联网时代的新集聚需求和对集聚依赖度的下降

目前，国内农民网络购物的电商体系刚刚处于起步阶段，从较长时间看，这必将改变农村基本商贸服务网络。2014年10月，阿里巴巴提出“千村万县”计划，在3～5年内投资100亿元，建立1000个县级运营中心和10万个村级服务站。根据住房城乡建设部相关统计数据，至2013年底，我国共有266.9万个自然村。据此核算，阿里巴巴的村级服务站将覆盖我国自然村总数的3.7%，如果一个村级服务站能够覆盖周边4～5个村庄的话，将有12%～18%的村庄可能获得相关服务。未来，随着服务网络的扩大，远程教育和远程医疗等更重要的服务类型也可能依托这一网络而获得推广。应该说，这非常有助于破解我国大范围的山区、深丘陵地区以及西部人口低密度地区的基本公共服务均等化供给难题。由此，“互联网+”很可能对于现在的人口异地城镇化浪潮产生逆向拉动作用。在村镇体系内部，原本以基本公共服务供给为核心的人口引导方式很可能让位给以互联网联通和线下服务基站为核心的人口引导方式。这既可能推动村镇空间内部新的集聚需求，也可能导致基层村镇居民点对集聚依赖度的下降。

5）对村镇风貌特色塑造和文化保护要求不断提高

村镇空间的特色化是推动自身产业发展，增加吸引力的重要手段。随着村镇产业转型的加快，对村镇风貌特色塑造和文化保护的要求将不断增加。“千镇一面、千村一面”的问题越来越受到重视。基于乡村自身的地域文化特色和成长肌理，更加尊重自然和历史脉络的空间构成方式将是未来必然的发展趋势。

4　基本公共服务供给将成为基层村镇建设重点

（1）村镇地区公共服务均等化，是当前村镇规划与管理的核心责任之一

改革开放后三十年间，我国城乡公共服务水平差距不断拉大，农村落后的突出表现为社会事业的落后（上不起学和看不起病）。因此，继续推

动村镇地区公共服务均等化是现阶段中国政府的重要责任，也是中国经济社会实现良性发展的必要举措。近年来，伴随着经济改革逐步步入“深水区”，社会矛盾积累进入集中爆发期，并呈现局部“量变到质变”、群体性事件高位运行的时代特征。乡村地区的小学、幼儿园恶性事件时有发生，医疗纠纷升级，对维持农村社会稳定运行造成了不良影响。提高农村公共服务均等化水平，有助于增加农村社会共识，重塑社会凝聚力，促进农村社会良性发展。推进基本公共服务均等化也是扩大内需、加快经济发展方式转变的需要。基本公共服务均等化是为人民群众提供基本生存和发展的保障，可以有效改善预期、释放需求，为加快转变经济发展方式提供更加强劲持久的内需动力。

（2）农村公共服务需求不断提升，并影响村镇空间格局整合重构

我国当前进入基本公共服务均等化重点突破阶段，当前人口的区域流动和城乡流动尚未完全结束。未来农村公共服务供给将发生三个方面的转变：一是异地公共服务共享是大势所趋；二是公共服务将从供给驱动转为需求主导；三是公共服务的需求内容与层次将日益多元化且不断动态调整，政府及社会组织应当做好需求表达后的决策机制设计，体现需求者的需求和偏好。

1）区域协同发展诉求增强

当前，传统的单纯按照行政等级构建城乡公共服务体系，以行政边界为依据来划定公共服务范围的发展思路的局限性日益显著。未来，立足于城乡互动、城乡统筹和区域协同的公共服务资源配置思路是大势所趋。随着城乡交通便捷度的不断提高、普通乡村居民经济条件的整体改善，和乡村常住人口的不断缩减，一些村庄基本公共服务设施的服务水平无法满足村民的基本需求。在一些经济和交通发达地区，市域时空距离紧凑，农村对教育资源和医疗卫生等公共服务的供给需求不断提升，乡村地区对原本镇（乡）一级服务提供的诉求不局限在村镇内部，可以简化为由中心城区的市级公共服务中心来提供。

2）异地服务共享机制需求增强

我国正处于人口大规模、跨区域性流动时期。2011年，全国流动人口

达2.3亿，其中80%左右为城乡流动，人口规模约为1.85亿人。到2013年，全国流动人口达2.39亿人，预计城乡流动规模预计接近1.9亿人。从当前趋势看，人口仍将主要从中西部地区向东部沿海地区集聚，尤其是长三角、珠三角、京津冀为代表的城镇密集地区。为此，尽快建立异地公共服务共享机制是当前城乡公共服务供给的大势所趋。后续如何进一步优化人口流入地的乡村公共服务设施配置模式和流出地的公共服务资金转移方式是急需解决的重点与难点问题。

3）公共服务供给驱动向需求驱动转变

随着社会经济的不断持续发展，当前城乡公共服务已经开始从自上而下的供给驱动转向自下而上的需求表达，从固定性、最低保障转向丰富多彩和动态调整。未来对社会各阶层对公共服务的诉求通路将不断完善，公共服务的对象表达需求的途径也呈现多元化趋势，包括成熟的网络化和电子化环境。未来公共服务供给将从单一政府主导模式转为政府主导、民间力量与资本广泛参与的多元化的公共服务供给机制。

（二）村镇规划编制与规划管理思路的两大转变

中国幅员辽阔，既要关注一些地区村镇建设发展的活力和美好前景，也要正视当前农村大部分地区严重凋敝的现实情况，当前村镇建设发展中存在的大量问题，既有历史因素，也有现实困境。如何更好地激发农村的发展动力，赋予乡村长久的生命力是关乎国家稳定和长远发展的重大命题。为此，必须不断加强政策扶持、不断深化改革创新。

（1）尊重村镇发展的客观规律，因地制宜制定规划与管理策略

村镇的建设与发展受社会、经济、人文地理等多方面因素的影响，自有其生长逻辑。我国正处于经济社会快速发展的时期，村镇建设的实际需求，时移而事异。村镇规划编制与管理应尊重其客观发展规律，尊重当地居民的客观生产、生活需求，因地制宜制定规划与管理类策略，避免因短期目标而在村镇建设中造成浪费和破坏。

（2）尊重村庄自治传统，规划与管理有限介入、加强协商、保障公共权益底线

我国的乡村地区延续着悠久的自治传统，为此应始终明确乡村的建设主体是村民，规划师与政府管理者对乡村地区的规划引导与管控应秉持有限介入原则，在保障公共权益底线的情况下，坚持公众参与，加强规划协商，以村规民约等形式落实规划管控意图。

六　政策建议

（一）推进村镇规划、建设和管理的系统化、法制化

1　加快制定《中华人民共和国乡村建设法》

加快制定《中华人民共和国乡村建设法》，明晰农民建房管理、乡村公共服务设施和基础设施管理维护等一系列和乡村建设相关的责任职责，乡村地区的学校、幼儿园、卫生院、敬老院等公共设施纳入基本建设程序并实施监督管理；由农民自建的房屋，农民作为建设责任主体，各级政府及相关业务主管部门以提供质量安全指导和技术服务为重点。恢复农村建筑工匠资质许可制度，加强农村建筑从业人员培训和管理。加大历史文化名村和传统村落保护力度，完善保护制度。加强乡村建设技术支撑体系的建设，如传统建筑保护和修缮技术、绿色建筑技术、环境整治技术等。

2　推进村镇规划、建设和管理的系统化和法制化

完善城乡一体的法律法规体系，修订《中华人民共和国建筑法》，将农房建设纳入管理范围。结合不动产登记，推动乡村建设规划许可实施；建立农房质量安全管理制度和农村建筑工匠管理制度；完善乡土文化传承和传统村落保护机制。降低设市标准，强镇扩权。在县以下，实施分权管理，村镇规划的编制和审批权统一在县一级城乡规划管理部门；村镇建设用地和建设工程的规划许可审批权可以下放到重点镇；村镇建设的监督权放在乡镇，推广村干部兼村庄建设协管员的经验。

3　建立村镇规划的基层综合管理机构

依法下放部分行政审批权和执法权，在重点镇设立县级规划建设管理部门的派出机构，由市县给予人力和资金支持；在乡镇建立综合的建设管

理机构，涵盖国土、规划、建设、垃圾和污水治理等职能。各省加快推进落实关于发放村镇规划选址意见书和村镇建设工程规划许可证的条例细则。

（二）以村镇规划统筹村镇各类建设行为

以县级层面村镇建设统筹类规划或村镇规划作为统筹三农资金投放的基本依据，其他部门规划作为专项规划需与县级层面村镇建设统筹类规划或村镇规划对接，由此解决乡村地区多规不协调问题。地方规划主管部门应承担村镇规划与管理的核心管理职责。乡村地区各类建设行为均需通过地方规划主管部门许可并予以备案。规划主管部门根据县级层面村镇建设统筹类规划或村镇规划对各部门建设项目提出修改调整意见，同时参与乡村各类建设工程验收工作。建立完善县—镇（乡）两级地方规划管理体系，增加规划管理专职人员专职岗位。县级村镇规划管理职权可视乡镇管理情况管理需求和能力适当下放。建立完善的村镇规划编制→审查→实施监察管理体系。

（三）以城市化地区和非城市化地区为基础，采取不同的规划管理模式

1　城市化地区：面域综合性管控为主

根据城市总体规划确定的城镇空间增长边界划定城市化地区和非城市化地区。在城市化地区，村镇规划的上位规划应明确为城市总体规划和城市分区规划。村镇规划中各类服务设施与基础设施配套均应与城市公共服务设施与基础设施系统相对接。城市化地区内的所有村镇建设用地布局、村镇各项建设行为均需要服从城市规划管理部门的建设与管控要求。

2　非城市化地区：分区分类引导为主

在城市总体规划确定的城镇空间增长边界之外的地区为非城市化地区。非城市化地区需编制镇村体系规划。镇村体系规划应着重以分区、分类的方式，引导村镇差异化发展。在非城市化地区，规划管理部门对村镇各项

建设行为应侧重采取政策引导和协商式管理相结合的方式。村镇规划编制的内容需以村规民约的方式获得村民共识。

（四）以县为单位统筹构建乡村规划编制体系

1 以县为单元，加强中观规划引导，提高村庄规划的落地实施效力

编制县级层面村镇建设统筹类规划，加强中观层面的村镇规划综合指导作用，完善村镇规划的中观、微观规划编制体系，以专项规划等形式与现行城乡规划编制体系对接，统筹协调、保障村镇规划之间、村镇规划与其他专项规划之间的有效衔接，为统筹县域乡村建设发展、指导三农资金整合提供中观层面规划指引。

2 统筹构建县、镇、村三级规划体系

（1）县：侧重乡村地区的动力机制研究、建设模式研究、建造技术选型和重大项目建设指引

县级层面村镇建设统筹类规划应着重解决以下四个问题：一是研究不同片区、不同类型村镇的空间建设模式和空间布局特征，包括研究村镇公共服务设施和基础设施的统筹配置模式，研究不同村镇地区公共资源配置需求的差异、理清政府和市场在公共资源配置中的地位和作用，对未来乡村地区的公共资源使用趋势做出判断，并提出弹性的公共资源配置模式等。二是对影响乡村地区建设的重要问题进行深入研究并提出总体技术指导，如乡村地区的总体风貌管控引导、文化保护、防灾减灾、农房安全与绿色建筑技术选型、重要生态空间保护、重大环境基础设施技术选型等。三是研究乡村发展的内在动力机制问题，如乡村旅游的盈利模式和管理运营模式，乡村农产品加工业的培育方式等，并对当前影响乡村地区产业发展的规划建设问题提出调整建议。四是确定乡村地区的重大设施项目名单和空间布局，为政府重要涉农投资提供建设指引。

（2）镇：乡镇域内的各项村镇用地、建设项目空间布局研究

以县级层面村镇建设统筹类规划为依据，编制乡镇总体规划，侧重乡

镇域内的村镇空间布局研究，包括各类村镇用地布局、乡村各项重要公共服务设施与基础设施项目的选型、共享与布局；村镇危房统计与保障房建设安排、村镇重要道路交通规划、村镇重要生态环境空间管制等。

（3）村：根据现实情况，合理安排定位村内各项公共服务设施与基础设施，细化村庄各项改造要求

以县级层面村镇建设统筹类规划和乡镇总体规划为依据，编制村庄规划，合理安排定位村内各项公共服务设施和基础设施，并根据村民意愿与实际地形、地貌及村庄建设情况做出相应调整。提出村庄重要环境空间改造方案，细化村庄建筑风貌、文化景观、绿色建筑、防灾减灾的各项改造要求。

（五）以乡村自治为基础，创新规划编制与管理方式

1 推广乡村协作式规划管理：政府、规划师和村集体形成三方协作关系

推广乡村协作式规划管理模式，明确村民是村庄规划的执行主体，明确政府、规划师和村集体的平等协商关系。建立村庄建设利益相关人商议决策、规划专业技术人员指导、政府组织、支持、批准的村庄规划编制机制，将村庄规划的主要内容纳入“村规民约”付诸执行。

2 创新助村规划师等新的规划编制委托形式

创新助村规划师等新的规划编制委托方式，加强对农民自主设计和自建农房的专业指导，鼓励设计师下乡，在乡村规划编制中突出乡村设计内容。在农房建造方法上探索新乡土建筑创作，传承和创新传统建造工艺，推广地方材料并提升其物理性能和结构性能，发展适合现代生活的新乡土建筑和乡村绿色建筑技术。

（六）以新技术手段支持村镇规划编制与管理

1 逐步建立城乡统一的地理信息规划管理公共平台

完善全国村庄人居环境信息系统，在县市尽快建立完整全面、多部门共享的村镇电子信息数据库，逐步建立城乡全域地理信息规划管理公共平台，统筹协调多部门乡村建设管理行为。

2 以新技术手段，提高村镇规划管理效率

利用航拍遥感、互联网等新技术手段，监管村镇各项建设行为，缓解村镇规划管理的人力资源配置压力，推动多部门联合监控、联合执法，提高村镇规划管理效率。

i 《深圳城市更新办法》三十六条规定：拆除重建类城市更新项目中城中村部分，建筑容积率在2.5及以下部分，不再补缴地价；建筑容积率在2.5至4.5之间的部分，按照公告基准地价标准的20%补缴地价；建筑容积率超过4.5的部分，按照公告基准地价标准补缴地价；第三十七条规定：《关于发布深圳市宝安龙岗区规划国土管理暂行办法的通知》实施前已经形成的旧屋村拆除重建的，现状占地面积1.5倍的建筑面积不再补缴地价，超出部分按照公告基准地价标准补缴地价。

ii 成本包括：交易费、复垦费用、农村集体经济组织补偿等，还包括退地工作经费、建筑物拆除工程费、土地平整工程费、农田水利和田间道路工程费；其他费用则有前期工作费、竣工验收费、工程监理费、业主管理费等。

iii 以167平方米的房屋（北京市农村宅基地面积标准）为标准，农户每年获租金6万元，房屋面积每增加1平方米，年租金增加100元，租金每3年增加10%，租赁期限为10年。

iv 国土交通省，第三次全国総合開発計画，1977.11.4.

v 農林水産省、国土交通省，集落地域整備法，1987.6.

vi 国立国会図書館調査及び立法考査局，農業基本法の課題と農村，1961.

vii 横道清孝，日本における市町村合併の進展，アップ・ツー・データな自治関係の動きに関する資料No. 1，（財団法人）自治体国際化協会，2006.

viii 農林水産省、国土交通省，集落地域整備法，1987.6.

中国工程院重大咨询项目：村镇规划建设与管理

子课题

以人为本的乡村治理制度改革与创新

课题委托单位：中国城市规划设计研究院

课题承担单位：中国人民大学公共管理学院

课题负责人：叶裕民　教授

课题主要参加人：

郐艳丽　教授

张　磊　副教授

戚　斌　博士研究生

马慧佳　硕士研究生

郑皓昀　硕士研究生

一　中国城乡关系变迁与系统性障碍

（一）中国城乡关系变迁历史演进

中国正处于农村社会向城市社会转化的关键时期，统筹城乡发展是联动解决城市化过程中农村和城市发展中的问题，促进城市和农村共同现代化系统方法的集合。从中国城乡关系的历史演进看，中国历经了新中国成立前重农轻商的城乡融合、改革开放前城乡完全分割、改革开放城乡半分割和21世纪统筹城乡发展四大阶段，目前正在努力向着城市与农村同步现代化迈进。

1　中华人民共和国成立前重农轻商的城乡融合阶段（1949年前）

农业发展是中华民族稳定之本，重农轻商是中国古代主导的经济思想。自秦代开始，中国长期是一个高度集权的封建大国。为了维护高度统一的政治、军事统治，历代朝廷都十分重视农业资源开发和发展，不断完善农业政策和耕作制度，这是中国数千年农耕文明领先于世界的历史基础。

中国历朝历代几乎都不同程度地实行重农抑商政策，以农为本，工商为末，重农轻商，尚本除末。相应地商人社会地位低，地主社会地位高，商人"以末致富，用本守之"，城乡之间资本和人口自由流动和发展，各地农村都有一批乡绅以及衣锦还乡的商人、官员，他们建设基础设施，修缮文庙和宗祠，维护和发展建筑文化，建立乡村社会秩序，他们是中国近代化以前农村低水平发展和传承农业文明的主要力量。

另一方面，重农轻商的发展政策严重限制了中国古代商业和手工业的发展，限制了经济发展的商品化进程。到元明清时期，这种抑商政策发展成为限制对外贸易和国际交往，闭关锁国，中国在与世隔绝的状态下夜郎自大，错过世界工业化和经济大发展的机会，沦为世界上最为贫困和落后的国家之一。重农抑商造就了中国古代农业文明，但是严重抑制手工业和近代工业技术进步，推延了中国现代化的历史起点。

中国近代开始走向工业化发展的道路，但是中国近代发展史是一部殖民地半殖民地的历史，是一部屈辱的历史，与其他发展中国家一样，它为中国留下的是落后的残缺型国民经济，以及自然状态的城乡关系。

这一历史时期中国的发展由于以农业为主，也使得农村成为社会财富的高地和人才的福地，城乡处于均衡状态，城乡关系极为融合，城乡的人口流动通过科举等制度和告老还乡等人才回流制度形成闭合的正向循环系统。

2 改革开放前的城乡完全分割阶段（1949~1977年）

中华人民共和国成立后经过3年恢复与调整，1952年中国GDP679亿元，人均GDP119元，以当年平均汇价，相当于GDP276亿美元，人均GDP48.4美元，非农产业就业占全部就业的16.5%，是当时世界上最落后的农业国家之一。中华人民共和国成立后，中国政府根据当时的国际环境和独立自主发展需要，明确提出“我国建设社会主义事业，是以社会主义工业化为主体的……而社会主义工业化的中心环节，则是优先发展重工业①。”优先发展重工业是中华人民共和国成立至1978年改革开放30年间中国国民经济发展贯穿始终的基本方针，这是中国形成城乡封闭治理、牺牲农村发展城市的逻辑起点。

在城乡人口与社会发展空间关系上，采取完全封闭的管理制度。为了减少国家经济负担，以便集中力量发展重工业，中国采取城乡分治制度，包括经济分治、公共服务分治和人口分治。

第一，城乡分割的经济管理。城市主要实行国家所有制，绝大部分企业归国家所有，中央政府和地方政府通过计划安排所有的经济活动，将工业化发展的新增就业机会分配给新增城市劳动力，通过票制经济保障城市居民的基本消费需求，包括粮票、布票、糖票、肉票和鸡蛋票等，通过政府财政免费或象征性收费安排基本公共服务，包括基础教育、医疗、住房、

① 1955年7月5日，国务院副总理兼国家计划委员会主任李富春在第一届全国人民代表大会第二次会议上的讲话——关于发展国民经济的第一个五年计划的报告。

公共交通等。农村实行集体所有制，主要农业产品在集体经济组织内部自给自足，非农业产品通过票制限量供应（主要是布票和糖票），新增劳动力在集体经济内部“自然就业”。

第二，城乡分割的公共服务和基础设施建设管理。中国建立了城乡相对封闭的公共服务和基础设施建设供给机制，农村集体经济是乡村公共服务和基础设施建设的主体，每个乡村集体组织需要承担各自管辖范围内的基础教育、医疗卫生、农田水利、道路等基础设施建设。如上所述，由于农村盈利空间极小，资金匮乏，农村公共服务与基础设施水平与城市相差巨大。1980年，中国农村人口占总人口的82.9%，农村创造第一产业增加值占GDP的30.0%，然而当年全国农村集体固定资产投资仅占全社会固定资产投资的5.05%。绝大部分农村地区不通公路、不通电、没有自来水、缺医少药，农村基本生存环境与城市天壤之别。

第三，城乡人口封闭式管理，并形成中国特有的户籍管理制度。重工业发展资金密集型特征还决定了其另一个特性：劳动节约型。虽然中国在从20世纪50年代到70年代快速建立了全国性的重工业体系，但是需求劳动力较少，就业扩张缓慢，以至于城市自然增长的人口就足以满足城市经济发展的就业需求[①]。为了减少城市就业压力，以及降低进入城市农村人口给城市公共服务带来负担，1958年，中国开始实施严格的户籍管理制度，筑起了农村人口进入城市的门槛。

1978年以前，中国政府通过以上三大领域的系统控制，成功地依靠城市居民推进了一场史无前例的“无城市化的工业化过程”。1952～1978年中国GDP年平均增长6.14%[②]，是世界上经济增长最快的国家之一。同期中国非农产业增加值比重由49.5%增加到71.9%，已经完成由农业社会向工业

① 实际上，到20世纪60年代后期，重工业体系就业需求扩张慢于城市人口自然增长所增加的就业供给，导致城市失业严重。在巨大的就业压力下，中国号召“知识青年到农村去，接受贫下中农再教育”，在中国被称为“上山下乡”。从1962～1978年，中国有1792万城市劳动力到农村就业，分享农村自然就业的空间。

② 中国城市化水平1957年已经达到15.4%，1958～1960年，由于中国三年“大跃进”，城市化水平更是提高到19.7%，经过1961～1963年调整，1964年恢复到18.4%。因此，1964～1978年，中国城市化水平下降了0.5个百分点。

化社会的过渡。但是，由于城乡封闭的管理体制，中国的城镇人口比重仅由12.5%提高到17.9%，中国仍然处于传统的农村社会。

1952～1978年，中国运用集权制度成功地控制了国内城乡发展格局。但是，由于高度集中的计划经济体制违背了市场经济的基本规律，重工业超前发展的工业化道路违背了经济发展和产业演进的基本规律，导致国家技术进步缓慢，经济效率低下，与世界其他国家发展的差距不断扩大，全国居民长期处于低收入、半贫困和贫困状态。即便是城市居民，恩格尔系数也高达57.4%，整体处于半贫困状态。传统发展模式难以为继，改革势在必行。

1978年11月24日，被称之为“中国改革的黎明”。这一日夜晚，中国安徽省凤阳县小岗村的村干部们，为了减少外出逃荒要饭和饥饿致死的人口，聚集在一个破败的农家茅屋，冒很大风险签订协议，将土地承包给农民。这是中国改革的起点，也是中国市场经济的起点。

3 改革开放后的城乡半分割阶段（1978～2002年）

（1）以农村为发展为重点，城乡差距逐步缩小（1978～1983年）

1978年，农村改革，同时也是中国经济体制改革，作为党和人民群众的共同选择，以破除“一大二公”的集体经济制度、建立家庭联产承包责任制为核心内容，在全国势如破竹，极大地解放和激发了农村生产力，中国农业生产突飞猛进。用了短短6年时间基本解决农产品严重供不应求问题和城乡人民群众基本温饱问题。1984年，100%的村集体实行了“包产到户”，1978～1983年，粮食、棉花、油料等各类农副产品成倍增长，中国农民收入出现历史上从未有过的快速增长。农村居民收入由1978年的133.6元增长到1983年的309元，在5年间增长了1.2倍，同期城市居民收入仅增长41.5%，城乡收入比由1978年的2.57下降到1983年的1.82。1983年是中华人民共和国成立60多年来城乡收入差距最小的年份，1984年以后，城乡收入差距又重新趋于扩大。

（2）以增长为导向，城乡差距快速扩大（1984～2002年）

1984年，中国共产党十二届三中全会通过了《中共中央关于经济体制改革的决定》，标志着改革开始由农村走向城市，整个经济领域的改革全面展开。城市的市场经济体制改革极大地激发了全国生产力的发展，使中国城市成为中国乃至世界产业资本扩张最快的舞台，工业化得到快速推进，国家财富迅速积累，GDP由1984年的7208亿元增长到2002年的120333亿元，相当于2002年平均汇价14538亿美元，人均GDP9398元，相当于1135美元，已经由低收入国家进入下中等收入国家。

工业化促进城市经济的快速发展，引致非农产业就业急速扩张，大量的农村人口进入城市，启动了人类历史上规模最大的城市化进程，并成为推动中国经济长期快速增长的重要动力。在1978～1998年的GDP增长中，劳动力数量扩大的贡献占24%，劳动力从农业向非农产业转移的贡献率为21%[①]。1984～2002年，中国城市人口由24017万增加到50212万，城市化水平由23.0%提高到39.1%，在长达18年的实践中，每年城市人口增加1455万，城市化水平平均每年提高0.89个百分点。规模之大，历时时间之长，是世界城市化发展史上所没有的。

中国工业化、城市化进程的快速扩张是在以下四大要素作用下完成的，这些要素共同决定着中国在现代化不断推进的同时城乡差距持续扩大。

第一，国家发展以经济增长导向忽略人的发展需要。中国改革开放起步于全国性贫困，无论是政府、企业家还是居民个体都将增加收入、摆脱贫困放在首位，以经济建设为中心推进现代化是中国政府长期的指导方针。以此为背景，城市作为国家实现工业化和经济增长的空间依托，农村被忽视；在城市发展中，以项目建设带动，以增加GDP和财政收入为直接目标，忽略城乡居民特别是进入城市就业的农村居民的基本生活需要。企业为了增加利润，在缺乏政府宏观政策和法律强制规范的前提下，尽量降低劳动力价格，忽略员工自身发展的需要。农民工个体也因为进入城市就业可以获得比在农村更多的收入，而长期忍受较低的工资、缺乏公共服务和基本公共设施的人居环境乃至长期与亲人分离的痛苦。久而久之，城市中的“农民工”问题不断积累，将中国空间上的二元结构延伸为城市内部二元结

① 蔡昉，王德文. 中国经济增长可持续性与劳动贡献[J]. 经济研究，1999（10）.

构，这就是中国的“双重二元结构”。

第二，由廉价资源开创的国际市场是中国抵不住的诱惑。由于中国独特的廉价劳动力、廉价土地、各级政府高度优惠政策，加上中国本土不断扩大的中低端市场，对国际国内资本富有极大的吸引力。这样的比较优势使得中国廉价中低端商品以迅雷不及掩耳之势急速挤占国际市场，中国货物出口总额由1984年的261.4亿美元快速上涨到2002年的3256亿美元，其增长速度远远高于GDP的增长速度。在上述全国性增长导向的发展理念下，国内外资本将中国廉价劳动力资源、土地资源乃至环境资源运用到极致，与国际中低端市场对接，将中国价廉物美的产品送到世界各个角落数十亿消费者手中，造就了中国制造的神话。

第三，中国中央与地方政府责权利界定不清晰导致全国性公共服务缺失并失衡。改革开放以后，中国中央财权趋于集中。1980年，中央财政收入占全国财政收入的24.5%，到2002年，该比例高达55.0%。同时中央对地方没有形成规范的财政转移支付制度，导致各区域和城市政府提供公共服务的财政能力差异扩大，全国没有及时建立公平规范的公共服务供给制度，在经济增长导向的背景下产生两个后果：一是在经济欠发达的地区和城市公共服务严重不足；二是发达地区对低收入和边缘群体（农民工）提供公共服务严重不足。

第四，城乡分治的管理制度没有得到根本改革。截至2002年，中国以增长为导向的改革决定了以城市为核心的发展格局，农村的发展仍然处于半自然状态。城乡矛盾与冲突在如下三个方面日益激烈：

①“农民工”的管理不够人性化。在全国逐步建立统一的劳动力市场，农村劳动力可以无障碍进入城市就业。进入城市的农村产业工人被称为“农民工”。“农民工”处于城市的边缘者阶层，不仅工资长期提高缓慢，而且长期不能享受城市提供给本地居民的各种权利，包括中小学教育、公共医疗、社会保障、公共住房等。进入城市的农村居民除了就业之外，形成相对隔绝的封闭生活圈，随着时间的推移，“农民工”引起的社会问题逐渐凸显，中国的“三农问题”也进一步深化为“四农问题”（“三农问题”加上“农民工”问题）。“农民工”问题的不断积累终于导致“民工荒”。

②征用土地对农民利益的剥夺。城市化的快速推进需要大规模扩张土地。中国几乎所有城市都在以较低的价格征用郊区农村用地，引起“失地农民”的不满。

③城乡公共服务差距持续扩大。在农村地区则仍然保持了相对封闭的管理模式，各项基础设施和公共服务供给仍然以集体为主；伴随着农村青壮年劳动力外流，农村“留守儿童”“空穴老人”问题日益突出，农村劳动力质量严重下降，农业产业效率提高缓慢。与日新月异发展的城市相比，城乡差距急速扩大。城市与乡村居民的收入比由1983年的1.82倍逐年扩大到2002年的3.11倍。

改革开放以来，“以城市为核心、以增长为导向”的发展模式导致了各级政府行为决策中更多关注经济增长，较少关注社会发展；更多关注城市利益，较少关注农村发展需要；更多关注城市居民利益，较少关注进入城市就业的农村居民利益，打开了城乡劳动力市场，农村人口已经可以无障碍到城市就业，乡村的人力资本向城市流动，而财富和人口的回流机制尚未建立，因此城乡处于半分割状态，最终导致国民经济发展不平衡、不协调和不可持续。

4 21世纪统筹城乡发展阶段（2003年至今）

（1）21世纪乡村发展四大事件

进入21世纪以来，互为条件的四大事件促使中国村庄规划在全国快速推进：一是2003年十六届三中全会提出五大统筹战略。之后，统筹城乡发展成为中国长期以来指导城乡发展的重大战略。特别是2007年设立成渝统筹城乡发展综合改革实验区以后，2008年统筹城乡发展战略在全国广泛推进，各省陆续成立省级统筹城乡发展综合改革实验区，数百个城市建立了市级统筹城乡发展实验区。乡村规划作为推进统筹城乡发展规划的一部分，在全国广泛推进；二是2005年，国土资源部出台《关于规范城镇建设用地增加与农村建设用地减少相挂钩试点工作的意见》（国土资发[2005]207号），于2006年开始建设首批城乡建设用地增减挂钩试点，2008年进一步颁发《城乡建设用地增减挂钩试点管理办法》（国土资发

[2008]138 号）试点省份推广到除了京、沪、津、新、藏、琼、港、澳以外的所有省、区、市。各地方政府将城乡增减用地挂钩作为在保护耕地、建设用地指标不足的硬约束下，拓展城市建设用地来源的主要手段，村庄规划则是城乡增减用地挂钩得以实施的前提条件，通过规划各地快速将农村建设用地转为城镇建设用地。结合2008年各地开始推行的统筹城乡发展战略，许多地方政府将二者合二为一，村庄规划动力充足；三是2007年,《城乡规划法》颁布实施，乡村规划作为法定规划，使规划由城市向乡村延伸成为必要。2008年，城乡建设用地增减挂钩以及统筹城乡发展战略，为落实《城乡规划法》中提出的编制实施村庄规划提供了历史性的契合点，村庄规划在全国得到极大地普及和实施；四是2012年，国务院颁发《国家基本公共服务体系“十二五”规划》(国发[2012]29号)，提出加快城乡基本公共服务制度一体化建设，加大公共资源向农村、贫困地区和社会弱势群体倾斜力度，实现基本公共服务制度覆盖全民。此后，公共服务规划成为村庄规划的重要内容。

（2）21世纪城乡关系五大改善

2004～2012年连续8年，中国中共中央在每年颁发的第一个文件（中国叫中央“一号文件”）全部是关于农村和农业发展问题，足见中国政府对农村发展的高度重视。就全国而言，2003年以来城乡关系以下领域得到较快改善：

第一，农村投入大幅度增长。从整体来看，中国农村和农业投入占全国的比例没有提高，但是由于这期间中国总量快速增长，农村的投入总量也相应提高，虽然提高的速度慢于城市，总体上仍然处于“帕累托改进”。国家财政支出中农林水事务（相当于农业及农业基础设施）投入由2004年的1694亿元增加到2010年的8129.6亿元，相当于1200亿美元，相当于1996年全国财政支出总和，固定资产投资也是如此。

第二，农村基础设施建设和公共服务得到大幅度改善。农村公路、电力、电视建设“村村通”工程在全国普遍开展，农村全面普及免费基础教育，农村医疗保险基本实现全覆盖，逐步开始农村养老保险制度。中央政府对全国农村职业教育补助经费逐年提高。从2005年开始全国免除农业税，开始全国性进行粮食种植补助。2003年开始统筹城乡发展探索的成都市，2012年已经实现城乡公共服务标准完全一体化。

第三，探索农村土地流转制度。中国农村土地流转包括两个部分，一是农业用地流转，主要指农民将自己承包的土地租赁（或者一定期限的转让使用权）给企业或者其他农民的经济现象；二是农村的集体建设用地流转，大部分城市开始探索建设统一的城乡建设用地市场。中国由于18亿亩耕地红线的硬约束，对于城市用地扩张实施严格的指标控制。中央政府分配给地方的建设用地指标不能满足地方经济社会发展的需要。中国农业部出台政策，允许地方政府进行土地整理，将建设密度小、土地利用效率较低、人居环境较差的村庄进行重新规划，以适当集中居住为主要方式，集并农村社区，按照城市公共服务标准规划建设新型农村社区，在改善农村人居环境的同时，将节约的农村建设用地数量转移到城市，用于城市开发与发展，原来的农村建设用地则复垦为耕地。做到耕地不减少、建设用地不增加，通过空间位移，将农村建设用地转移到城市高效率利用。这就是中国目前引起激烈讨论的“土地问题”。

第四，所有城市都制定了“农民工”子女免费在“农民工”就业所在地免费上中小学的相关规定，大部分城市已颁布实施“农民工”社会保障制度，部分城市允许符合一定条件的“农民工”和其他流动人口申请公共租赁住房。中国西部地区直辖市重庆市已经在制度上允许外来流动人口（包括“农民工”）享受公共租赁住房。

第五，成都市以及全国大部分中小城市都已经完全放开户籍制度，破除了本地居民迁移到城市的制度障碍。除了最低生活保障和廉租房以外，进入中小城市的本地农民可以完全享受城市居民待遇。但是，北京、上海、广州、深圳等具有巨大规模流动人口的特大城市仍然坚持对外来流动人口的壁垒。

通过以上五大领域的改革与发展，2003年以来，中国的城乡矛盾普遍得到大幅度缓解，农村居民公共服务和居民生活质量得到较大幅度提高，农村居民收入由2004年的3647元增加到2013年的10488.9元，城乡居民收入相对差距持续四年缩小。可见，2003年以来，中国以统筹城乡发展为手段，极大地促进了城乡二元结构的调整和优化。以此为基础，2013年的中共中央十八届三中全会提出了更高的目标，将“健全城乡发展一体化机制”作为全面深化改革的重要任务。

2015年5月，习近平总书记在中共中央政治局第二十二次集体学习时强调要“健全城乡发展一体化机制，让广大农民共享改革发展成果”，将城乡一体化规划作为城乡一体化机制的首要任务，并十分明确地提出具体要求，“要完善规划体制，通盘考虑城乡发展规划编制，一体设计，多规合一，切实解决规划上城乡脱节、重城市轻农村的问题。”中国城乡发展转型进入一个全新的时代，国家目标由改革优化二元结构调整到以城乡一体化规划为统领，全面建立城乡发展一体化的体制机制，促进城乡一体化发展。村庄规划在城乡一体化发展时期被提升到关系国家现代化的战略高度，村庄规划建设管理面临极大挑战。

（二）城乡分割状态下的系统性障碍

1 乡村正常运行系统的调控制度缺失

中国城市化过程中大量复杂问题的解决是点点滴滴的，虽然在不同地区、不同领域进行了大量的创新和探索并取得一系列有效的经验，但整个中国尚未形成一整套城乡良性互动的发展体制和机制，乡村发展存在着严重的结构性和区域性不平衡，乡村运行系统出现结构性缺失（图2′-1-1）。从经济运行角度，控制农业土地使用权的联产承包责任制和基于耕地保护的基本农田保护制度建立起来，而约束农业生产过程的财税制度则随着农业税的取消寿终正寝。同样，社会福利运作主要依赖一户一宅的福利化制度和基本公共服务均等化制度，一户一宅制度的可持续受到质疑，基本公共服务均等化有很长的路要走，忽视乡村文化和主流价值观的传播使得改革开放前的大众忠诚随着经济发展而消失，依靠政治行政系统的管制运行在乡村社会中越来越缺少具体和有效的手段，经济和社会文化系统脱离可管控和引导的范围。

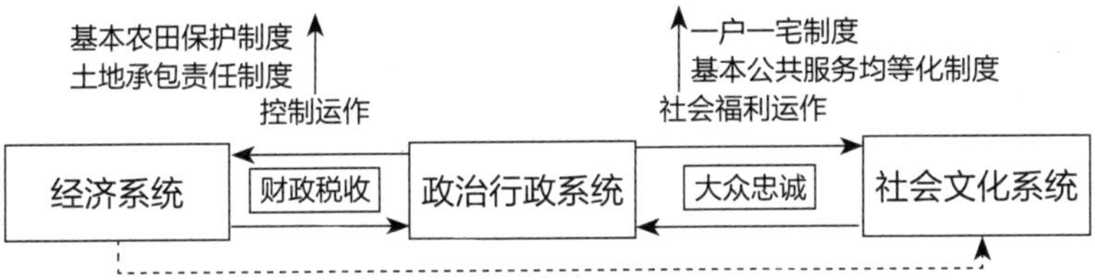

图2′-1-1　乡村运行系统示意图

2　城市化水平虚高的隐含危机凸显

所谓城市化水平虚高是指数据统计显示的城市化水平高于真实的城市化水平。2010年第六次人口普查显示中国城市化水平为49.7%，接近进入城市社会，但是，我国真实的购买力水平、城市社会认同、城乡秩序等经济社会指标远远没有达到健康城市化50%所要求的水平，从而不能直接作为城市化及相关领域发展战略与政策制定的依据。城市化水平虚高已经得到学者的共识①，但是具体虚高多少，有不同的估算方法。比较一致的意见是认同中国城市化水平虚高10个百分点。城市化水平虚高隐含着实际居住在农村或未来返回农村的人口巨量增长。

中国城市化过程中的城乡二元管理制度，致使进入城市的农村居民虽然被统计为城镇人口，但是他们长期被拒绝在城市之外，更加缺乏在城市中上升发展的机会和通道。中国巨量流动人口由于长期不能平等享受城市公共设施、公共服务和人格尊严，生活和思想相对封闭，长期处于城市边缘者状态，逐渐产生并固化了所谓“边缘者文化”，即生活态度消极，对未来不抱有期待，冷漠、怀疑甚至敌视一切，缺乏诚信，低端异地消费，短期行为和极端行为随时发生，人力资本长期得不到有效积累，城乡经济社会真实的发展水平和发展能力达不到统计上表现出来的正常城市化进程应有的水平和能力。

① 中国发展研究基金会. 中国发展报告2010：促进人的发展的中国新型城市化战略[M]. 北京：人民出版社，2010.

3 两栖化是城乡非良性循环的表征

长期在城市谋生又被拒绝在城市之外的流动人口不得不徘徊于城市与乡村之间，形成了“两栖人口”流动机制。从某种程度上看，中国30年的城市化过程犹如一个庞大的筛子，将创造、健康、年轻、活力、秩序都留在了城市，而把失业、孤独、疾病、年老、犯罪都留在了农村和城乡接合部，我们试图以脆弱、落后的乡村文明为先进发达的城市文明付出成本并保驾护航，这是世界城市化史上最为危险和最不可持续的城市化进程。“两栖人口”的不稳定和消极是城市问题和乡村问题的共同根源，大幅度淡化、弱化了其他城乡发展和制度创新的政策效应。

（1）乡村发展问题产生的根源

中国乡村问题可以归纳为四大问题，包括农业低效、农民低收入、农村不稳定和公共服务缺乏（图2′-1-2）。四大问题中除了公共服务缺乏是源于中国长期没有建立相应的财政转移支付制度以外，其他三大问题都直接与“两栖人口”不稳定密切相关。

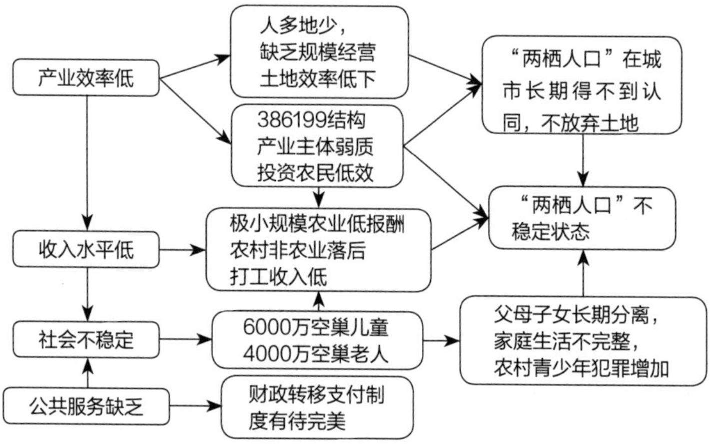

图2′-1-2　中国乡村发展问题与“两栖人口”

迄今为止的所有农业农村发展理论，不论是经典的罗斯托二元结构理论、托达罗投资农业理论、舒尔茨改造传统农业理论以及拉尼斯—费景汉模型，还是日本、德国等国家新农村建设理论，无一不是以减少农村人口为前提，然后投资农村农业。中国要在工业化、城市化深入发展过程中同步推进农业现代化，必须以正视和解决“两栖人口”人口为基础。

（2）城市发展问题的重要原因

“两栖人口”问题作为新增城市产业工人的主体和新增城市人口的主体，其消极和不稳定性是制约城市发展的主要因素之一。“两栖人口”作为劳动者，在城市中长期得不到教育和培训，人力资本得不到有效积累，就业队伍整体素质长期难以提高，严重限制了制造业技术进步和升级，是导致制造业低效率的主要原因；同时“两栖人口”低端异地消费模式导致城市聚集了大量的“城镇人口”，但却没有聚集相应的“城镇购买力”，因为“城镇人口”的主要购买发生在城镇之外。

“两栖人口”是城市新增人口的主体，作为社会化的人，其低收入和边缘化特性，导致了城市的收入差距持续扩大，以及城市犯罪案件数及犯罪率持续上升。在中国城市的犯罪和群体性事件中，流动人口占70%左右①。“两栖人口”对城市发展的制约在流动人口比例高的大城市表现得尤为明显，北京、深圳等城市面对巨量流动人口，长期面临艰难选择。

（3）迫使人力资本积累极为缓慢

新型工业化的重要特征是经济增长的动力由要素投入转向自主创新。人力资本是决定一个国家自主创新能力最为关键的要素。舒尔茨的人力资本理论明确指出：人力资本是指通过教育、培训和经验而获取大量知识与技能的高素质的劳动力。在一个国家，人力资本的多寡主要取决于对劳动力投资的强度。人力资本是劳动力的智力资本与健康资本的结合。

在中国传统城市化格局下，中国人智力资本的治理投资和健康投资都严重不足。基础教育投资保障程度最高，但是城乡极不均衡，优质基础教育资源严重缺乏；由于极强的流动性，致使“两栖人口”个人、企业以及政府都缺乏对职业培训投入的动力，由于对未来缺乏预期，流动人口的自我教育投资更加没有保障；2010年之前，中国城市公共住房基本上将流动人口排除在外，“城中村”、地下室、建筑工地是流动人口的主要居住场所；

① 笔者在北京、上海、杭州、天津、成都、青岛、深圳、东莞等30余个城市调研，逐一询问城市刑事犯罪案件中流动人口的比例，回答的区间在68%~88%之间。成都市的情况是两个70%：即流动人口占犯罪主体的70%，占被侵害主体的70%。流动人口在行政治安案件主体中的比例还要高得多。

全国流动人口享受医疗保险的比例约占1/3左右；同时，流动人口工作时间长，劳动强度大，居住环境差，体育锻炼意愿、时间和条件都没有保证，流动人口亚健康状况极其普遍。

中国长期人力资本投资的匮乏导致自主创新体系难以形成，进而成为限制21世纪提升国家竞争力的重要因素。彻底破除城乡封闭的二元管理体制，通过新型城市化大规模投资于人力资本，是中国未来时期提高经济效率、同时走向全民富裕的必然选择。

（4）迫使城乡建设用地同步增加

城乡分割的户籍制度导致两栖人口将支出投入到农村建房，导致新增城市人口有钱不花在城市，其市场需求形不成对工业化的有效拉动。在城市长期不稳定和缺乏预期的背景下，流动人口将在城市的花费减到最低，尽可能多地将收入寄到农村老家，有钱不花在城市。北京市2006年流动人口平均年寄回农村4565元，占同年流动人口收入的26%①。2010年四川省60%以上外出务工人员平均寄钱回家6000元以上②。全国2010年到乡镇以外地方工作的流动人口2.1亿，以每人平均寄钱回家4565元计算，合计由城市寄往农村的资金7560亿元。随着流动人口收入水平的提高，城市流失的对产品和劳务的购买也越多。

特别需要指出的是，由于城乡居民消费结构的巨大差异，“两栖人口”在城市消费和在农村消费，对新型工业化的发展影响完全不同。如果“两栖人口”稳定在城市生活，则其购买的彩电、冰箱、洗衣机等工业化产品以及各类服务业，可以通过乘数效应拉动新型工业化发展。但是，农村消费以建住房为主，拉动的产业主要是高耗能、乘数效应极小的钢材、水泥，地方性砖瓦灰砂石产业，以及大量的砍伐木材，后两者给生态环境带来巨大压力。农村建房与新型工业化发展的先进制造和现代服务业基本没有关系。同时农村建房占用了农村大量的土地资源。“两栖人口”特殊的生活方式是造成中国内需扩张乏力以及农村耕地快速减少的共同原因。因此，中

① 翟振武，段成荣，毕秋灵．北京市流动人口的最新状况与分析[J]．人口研究，2007（3）．

② 蒲艳萍，李霞．劳动力流动对农村经济的影响效应—基于对四川省调查数据的分析[J]．人口与经济，2011（1）．

国要真正实施内需拉动战略，要从构建新型健康城市化开始。

4 城乡空间争夺前所未有的尖锐

当前城乡分割状态下城乡关系达到前所未有的空间争夺白热化状态（表2′-1-1），政府通过合法性途径不合理占据乡村建设空间，村民采取违法建设途径合理性保护乡村建设空间，或者消极性对抗，使得乡村缺乏保护，发展乏力，生态环境恶化。

城乡空间关系阶段性特征演进　　表2′-1-1

城乡空间关系阶段划分	经济特征	社会特征	生态特征
城乡融合阶段（中华人民共和国成立前）	重农轻商	告老还乡、科举制度，乡绅精英，人财双向同步流通机制畅通	生态环境好
前重城夺乡发展阶段（中华人民共和国成立后～改革开放）	计划经济，剪刀差，农产品单项输出，双系统运行	政治精英，人财流通系统基本封闭，升学、当兵、招工入城三个途径，城剥夺乡，回乡流通系统健全	生态环境较好，并在自净范围之内
城乡独立发展阶段（改革开放后～2000年）	开发区、城市新区、乡镇企业同步扩展，自成一体，城市吸纳人力资本	财富精英，劳动力进城，形成人进城财进村的畸形半流通系统，非农业人口回乡流通系统封闭	城乡生态环境同步下降，城乡均排放大量污染，远远超过自净范围，生态压力凸显
城乡交接空间争夺阶段（2001年至今）	建设用地总量控制与增减挂钩，城乡空间争夺，城市占用空间资本	城乡空间争夺加剧，政府通过程序合法性占据，村民通过违法建设合理性坚守，乡村衰败，农业萧条，城像乡，乡像城	乡村面源污染增加、生态廊道分割，生态环境突破警戒值

二　中国古代乡村治理历史演进与治理特征

我国正式的乡村治理的官方制度始于秦，自上而下的央地关系的正式治理制度和自下而上的非正式治理制度相辅相成，乡村规划管理制度寓于治理制度框架之内，既有官方的正式管制，也有民间的约束和指导，值得现代乡村治理学习和借鉴。

（一）历代乡村正式治理制度——保甲制演进历史

我国最早见于文字的关于乡村治理的制度性安排来自于《周礼·地官司徒》的“五家为比，使之相保；五比为闾，使之相受；四闾为族，使之相葬；五族为党，使之相救；五党为州，使之相赒；五州之乡，使之相宾”，说明中国乡村治理历史久远，但中国真正有效的乡里制度是从秦灭六国完成第一次大一统开始。

1　秦汉的三管齐下治理

由于汉沿承秦制，乡村治理具有相似性，秦汉时期的乡村治理主要有三条线索：正式的乡里行政体系和亭、游徼制度以及非正式的父老制度，覆盖社会生产生活的人口管理、社会安全和思想素质三个方面。

（1）乡里行政体系——人口管理

秦汉时期，郡县以下设有伍、什、里、乡构成基层的行政体系。“五户为伍，伍长主之；十家为什，什长主之；十什为里，里正主之；十里为乡，设啬夫，主一乡行政。”啬夫有秩（即俸禄）百石，由郡太守任命；另设乡佐，由县令任命。啬夫和乡佐都属于正式官职，享受俸禄。而伍长、什长只负责啬夫交代的事务，属于居民行政编制，没有俸禄，但是可以免除赋役。主要职责有三种：一是户籍管理和赋役征收；二是协助亭长、游徼捉捕贼犯，具有辅助治安的作用；三是“纠发奸轨”，也就是帮助监督实施什伍连坐。

（2）亭、游徼治安体系——社会安全

亭、游徼体系是秦汉时期特有的基层乡村治安体制，亭长、游徼由县政府派官吏至乡里，和乡里行政体系没有隶属关系。主要职责就是捉捕盗贼，但亭长和游徼的作用不完全相同：“十里一亭”，即十里为一个亭的管辖区，亭在基层有办公地点，常驻基层，承担“片警”之责；游徼没有固定办公地点，巡逻乡村，类似今巡警之职。每亭有亭长一人，汉高祖刘邦就曾任泗水亭亭长，下有亭卒四五人。亭长属于最低级的“佐吏”，月俸和乡佐相当；亭卒是地方服役人员，没有薪水。亭吏游徼都有政府统一配发的制服和武器。

（3）父老自治体系——思想素质

秦汉的父老体系是乡里行政制和亭、游徼制之外的另一个非正式的体系。《春秋公羊传》载，“一里八十户，八家共一巷，中里为校室，选其耆老有高德者，名曰父老。其有辩护伉健者，为里正……父老比三老、孝悌官属，里正比庶人在官”。可见“父老”和“里正”有重合，里正包括在父老内，是父老中青壮者。父老在基层地位较高，虽然身份不是官，但是受政府认可，在乡村治理中的作用主要体现在“身行教化，调纠息讼”。

2 唐代的弱化行政管理

唐是中国历史上最为强大的时期，乡村治理较秦汉时期有了新的变化，主要体现在两个方面：

（1）形成乡里平行类型行政体系，但重要性下降

秦汉时期没有城乡差别，唐代开始强调城乡分类管理：“百户为里，五里为乡，两京及州县之廓内，内为坊，郊为村。城内的里称为坊，城外的里称为村。里及坊、村皆有里正，以司督察。四家为邻，五邻为保。保有长，以相禁约”。即亭、游徼到唐代已经取消，所以乡里承担着包括治安在内的几乎所有行政事务，但每乡仅设乡长、乡佐各一人，里设里正，“掌按比户口，课植农桑，检查非违，催驱赋役”，说明里正是唐代的乡里实际负

责人。“诸里正，县司选勋官六品以下，白丁清平强干者充”，里正名义是官，但实际上官的身份在逐渐丧失，没有俸禄，仅免除劳役和赋税。自唐玄宗拓疆始，因为连年战事，租税征收困难，使得里正沦为职役，百姓没人愿意当差，只能轮着当，因此唐代成为乡里乡官向职役的转折时期。此外，唐代“伍保制度”，或称“邻保制”，最基本的职责就是维护基层治安，包括核查户口和纠告捕贼，后来衍生出催收赋役、组织经济的职责，是宋代保甲制度的前身。

（2）私社兴起，民间自治地位提高

社是古代一种基层社会组织，源于春秋之前的氏族公社，是祭祀天地的地方。春秋至秦汉，乡以上的社由政府设置，官府致祭，乡以下是里社合一，居民自己组织祭祀，不论贫富皆参加，这些社都是“公社”，由政府掌控。东汉后开始出现民间“私社”，自愿结合，最初只是宗教行为，如佛教徒组织的“法社”。唐建国后，诏令民间普遍立社，遍及城乡，自愿自由结合，结社称为“结义”或“合义”。最初多按地域组成，后来有些打破地域界限，例如由官吏、工商业者组成。社首领称“社长”，由成员推选，社员之间“一般贵贱，如兄如弟”。社的宗旨、职能和社人的权利义务不再是纯粹的习惯和风俗，而是采取社条、社约的契约形式加以规定，和今天民间组织很像。这些私社被认为是朋友之间从事共同事业、进行互助和教育的组织，已经摆脱全体村民参与共同活动的农村公社组织形式以及宗法血缘关系束缚，具有浓厚的社会自治色彩。唐政府对于私社的态度与前朝的打压不同，提倡鼓励私社在经济、文化教育、丧葬、宗教方面的自治和互助，而唐之后仅仅十年的后周，就再次被禁止。

3 宋元明清的社会治理

从宋开始，基层权力集中到县，正式取消了乡里行政体系：“开宝七年废乡，分为管”，将乡里完全纳入了差役之中，用职役完全代替了乡官制度，县为基层行政机构，是为王权不下县的初始。乡村治理具有如下特征：

（1）保甲、火甲等组织成为乡村实际的基层管理者

保甲组织本来是北宋初年零星出现的民众自发结社以抵御盗贼外寇的

社会组织，到王安石变法将这种自发结社形式与唐代的伍保法结合，建立为保甲制度，一直沿用到清，清末到民国初始暂停，后又在蒋介石执政时复兴。火甲开始与保甲类似，是主要村民联合灭火自救的组织，后同化。保甲制度的主要内容是：将相邻的民户按照一定数量编制成两级或三级组织，每级组织都设头目负责；保甲内各户要按一定原则抽调保丁；保甲内组织保丁轮差巡警；各保内实行“伍保法”连坐；保内设牌登录户籍情况。保甲初始时期十家为保，保设保长，五保为一大保，设大保长，十大保为一都保，设都保正、都副保正。到清顺治时期则是十户立一牌头，十牌立一甲长，十甲立一保正。起初保甲制是主要维护基层治安，到后来则是逐渐增加了督促农桑、催收赋役、调解纠纷、文化教育、帮助赈济等内容。保甲中各级头目只是来官府当差，并不是官，不拿俸禄，因为没有升迁的可能，常为鱼肉乡民的行当就不足为怪了。

（2）家族、会社、乡约社会组织兴起

家族组织兴起。宋以后，基层乡村不设置官方机构，而保甲等组织缺乏效率，统治者开始将注意力放在社会组织上，家族组织、私社、乡约、会社等组织开始兴起。宋之前，“礼不下庶人”，家族组织一般只存在于权贵之家。到宋商品经济发达，贫富分化，个体农户为抵御风险遂寄希望于血缘关系。明朱熹顺应时代提出对传统家族制度进行改革，倡导家礼、家祭、家规、族谱，建立起平民化的家族组织，认为通过家族教化民众“忠、孝、慈”“有补治道”，可以保证国家意识形态及政治伦理纲常对乡村社会的长久控制。后来家族组织得到统治者的认可与倡导，开始普遍建立起来。

会社组织的兴起。唐代的私社在宋以后发展出三种类型的会社：一是武装性质的会社。由于战事频繁，出现了许多乡兵、土兵等武装，以私社形式大量涌现。在宋代乡村结社置办兵器练习武艺，成为普遍现象，后元明时期因为中央对此不放心而停办；二是类似保甲的会社组织，此类会社推举社长，主要职责在于“劝农”，兼行维持风纪、防奸查非、举办社学等事务。社众的生产生活言行，均受监督和干预。对于不务正业、游手好闲、凶恶之人，社长都可以教训，不改者征充夫役。对于勤务农耕、增值家业、孝友之人，由社长保举，受政府褒奖。而若有犯禁的，社长失职不察就要被连坐治罪。此时里社已经接近保甲，成了差役，失去了自治互助的性质；三是自治性会社。宋至清，基层乡村有诸如节日会、英烈会、赈济会、宗教会等诸类会社。

乡约组织的出现。乡约是自宋出现的一种乡村自治制度。北宋神宗熙宁九年，陕西蓝田吕大临、吕大防兄弟首创。据自愿原则入约，选举约正、约副，主评决赏罚，约中有不便之事，聚众共议，目的旨在使乡人“德业相劝、过失相规、礼俗相交、患难相恤”。后明清都得到推崇，但是后期同保甲无大区别，自治性质丧失大半。

4 清末民国的自治趋势

（1）清末乡村自治制度

清末乡村基层采用保甲制度，职能主要还是征收赋税、摊派徭役、防范造反。鸦片战争后，国家飘摇，州、县长官因迁调频繁，力所不逮，对民间疾苦不甚关心，而地方事宜只是委托少数地方士绅或乡里望族代为操持，不免掩饰欺瞒、空言搪塞，甚至借机鱼肉乡民，地方百事废而不举，公益无人过问，农村走向破产。1908年，清政府制定颁布了《府州县以下城镇市乡自治制度》，参照欧美、日本等国自治制度制定实施。

根据规定，地方自治“专办地方公益之事，辅佐官治”，由地方公选“合格绅民”，担任自治团体负责人，在地方官监督下主持地方事务。乡设置乡议事会、董事会，设乡董、乡佐各一人，由所在地的合格选民公选产生，并呈报地方官核准任用。选择本地公房或寺庙为自治公所，为日常办公场所。主要自治事宜包括学务、卫生、道路工程、工商、善举、公共营业和其他地方习俗等事务。

从章程内容上来看，筹办地方自治无疑是利国利民的好事，对于改变乡村愚昧落后的状况和开发民智、促进文明具有积极意义。但就筹办的效果来看：“率多未善……有名无实”，“督抚委其责任于州县，州县复委其责任于乡绅，劣监刁生运动投票，得为职员及议员董事者居多数”，“平日不讲自治章程，不识自治原理，一旦逞其鱼肉乡民之故伎，以之办自治，或急于进行而失之操切，或拘于表面而失之铺张，或假借公威为欺辱私人之计，或巧立名目为侵蚀肥己之谋，或者勾通衙役胥吏，结交地方官，借端牟利，朋比为奸……地方公益，不日无款兴办，或无暇顾及……怨声载道，流弊无穷”。

（2）民国时期乡村治理

民国时期乡村治理分以下三个时期：

1919～1927年，根据孙中山先生的设想和山西阎锡山实践，仿西方自治。1928年国民政府颁布《县组织法》，规定实行县、区、村里、闾、邻五级制，由县政府负责筹备监督全县自治之责，百户以上之乡村地区为村，不满百户者得联合数村编为一村，设村长。百户市镇为一里，设里长。满20里者为一区，设区长，受县知事监督办理区村里自治事务；

1928～1937年，蒋氏执掌，保甲再行。1928年末，国民政府将保甲运动列入了推行地方自治的纲领之中，并颁布《县保卫团法》，规定每闾一牌，以闾长为牌长；每乡或镇为一甲，乡长、镇长为甲长；每区为一区团，区长为区团长；县为总团，以县长为总团长。配套有《邻右连坐暂行办法》《清查户口暂行办法》，其目的在于防共反共。到1936年，彻底将保甲融于自治之中，乡镇的编制确定为保甲，但乡村的自治制度体系也没有明令废止。国民政府的所谓乡村自治也是以失败告终。“乃回顾过去成绩，全国一千九百余县中，在此训政将告结束之际，欲求一达到建国大纲之自治程度，能成为一完全自治之县者，犹查不可得，更遑言完成整个地方自治工作”。“……仅到县为止，区以下之乡镇公所，多未设立完备，即呈报设立，亦不过为纸上空文……”。保甲制度的发展体现了一个不断“官僚化”的过程，民初的保甲机构既无固定的办公场所，职事人员也为义务职，办事经费和待遇甚微，团甲人员除为政府或驻军办款、办事经费、收集民脂、藉饱私囊外，均无事可做。

1938～1948年，1939年推行“新县制”之后，保甲开始设立固定的办公场所，保甲人数增加，强调保甲人员的任职资格和培训（仍以学历为主），同时给予保甲公职人员一些固定的俸禄或者是其他方面的福利。当时，国民党最初设立保甲的意图在于加强对农村地区的控驭与治安，通过严密组织群众，完成“剿匪”工作；在实际的实施过程中，两大主要的环节——“清查户口”和“联保制度”并没有取得很好的效果，“保甲制度”在维护社会治安方面的作用的发挥很明显。但在另一个方面，民国时期的保甲制度客观上在中央与地方之间构造了一个桥梁。在抗战时期，保甲制度作为渠道，在征兵、征工、征粮、征税等方面起到了重要的作用。当时“保甲制度”主要是在于调解纠纷、组织代耕队在农忙季节为出征兵军属代理土地 、兴办保甲民国学校、修筑村道与公共水利设施 、督完田赋、垦荒造林、改良桑蚕、组织国民出兵、出征义壮、维持治安、推行保健政策。

费正清的《剑桥中华民国史》评价，从“宗族权威”到“保甲官僚”制度的转变实际上体现的是“使那些本应成为自治载体的单位蜕变成官僚政府用以控制对地方进行更深渗透的单位”。同时，由于当时特殊的历史条件，“保甲制度”作为一种地方行政单位的组织形式，对于村民来说体现得更多的是“索取”而不是“给予”，对壮丁的征召和对粮食、税收的征收体现的更多的是对农村自身权益的剥夺。在这种环境之下，保甲人员实际上体现的是“国家利益”和“农民利益”对立的焦点，在一定程度上，民国时期，保甲人员实际上充当的是“国家官僚机器的代理人、打手、走狗的角色”，而另一方，作为农民身份，其仍然受到乡村地区“氏族权威”的影响和束缚，应该维护村邻的利益，“矛盾性”与“冲突性”是国家治理机构末端保甲人员的最大特征。“保甲制度”与“熟人社会”的冲突在19世纪初期十分明显，而由于当时“熟人社会”仍占据主导地位，使得“保甲制度”在实际情况下难以完整地完成其“村治”功能。

20世纪上半叶，中国乡村社会秩序在现代化和时局变乱中所呈现出来的不断坍塌与边缘化的状况，迎合了传统农民在世道变迁中无所适从和无所依凭的需要。正因为如此，传统文化所倡导的宗族权威的伦理与道统性标准，才让位于转型社会中庶民化宗族所更为迫切的实利主义考虑。

5 历代乡村行政治理制度变迁规律

（1）中央集权与乡村治理同时增强

1）正式渠道的中央集权不断增强

从历代中央到地方的行政链条变化可以发现中央政府一直在尝试着加强中央集权。在秦汉时期，中央到地方行政管理层级是四级：中央——郡太守——县令——乡里，官员流通渠道基本畅通；汉代基本沿承秦制，但分全国为十三部，派监察官刺史巡查郡县，不常置。王莽称帝时期刺史改称州牧，职权进一步扩大，由监察官变为地方军事行政长官；唐代增设道，即中央——道——州刺史（同郡太守）——县令——乡，同时御史台派出巡察使对地方行监察之事务。宋代道改称路，地方官被调往中央，而中央为加强中央集权再派出央官知地方府、州事务；元代中央政府在宋制度基础上加上了行省制度，即中央——行中书省（监察官，非常驻官）——府州知事——县令。明代则将行省作为一级行政机构，省成了一级行政单位，称为承宣布政司，长官为承宣布政使，中央到地方的行政脉络成为中央——承宣布政司——承宣布政分司——州府——县，后为继续加强中央集权，地方有事就派出督抚代表皇帝临时管辖地方事。清代本不常设的督抚演变成了一级行政单位，从中央到地方的行政体系成为中央——督抚——承宣布政司——州府——县。可见整个中国古代的行政链条从中央到地方不断拉长，政令从上而下，到县之后自然是强弩之末，难以继续，所以从宋以后就有了“皇权不下县”的说法。

2）非正式渠道的乡村治理强化

皇权在正式制度上没有下县，并不代表中央政府对县以下的乡村缺乏治理。自宋以后开始实行科举制度，读书人增多，士多官少，许多读书人得了功名虽不为官，但是可以回到乡里成为士绅，同时许多在朝为官者的亲友亦是扎根乡里的乡绅地主，如此皇帝的治国之道可以通过这种非正式的途径在乡村落实。皇帝放心让地方搞社会自治，因为士绅阶层所宣扬的教化内容和皇帝的治国方略相一致，基本采用儒家思想，甚至通过宗教文化对居民生产生活行为加以引导。正式的行政途径仅是保证赋税徭役的顺利征收和防止动乱，从乡里制度到保甲制度的变迁可以佐证这一说法。

（2）乡村治理制度的历史背景耦合

从整个历史上来看，秦汉到明清整体上是一个逐步放松乡村治理的过程，但是因为特定历史时期的现实，可能有所波动，这些变化都对当时朝代的兴亡产生了或正或负的影响。秦汉时期中央政府到地方的行政层级很少，中央政权可以直接控制到乡里，同时的乡村自治仅是父老道德的教化，而其他如社会、文化的教育则极少，这与当时的生产能力发展水平有莫大关系。

唐代中央到地方的行政层级开始增加，在加强对县以上集权的同时却放松了对最基层乡村的控制，盛唐的出现与制度上私社的开放可能具有某些内在的联系。而唐中后期，因为战事频繁，中央不得不从地方不断榨取物资，严重打击了地方治理发展，而乡里官也成了被榨取的对象，唐中后期是乡里自治由盛转衰的分水岭。

宋代因为边疆盗匪盛行，作为地方治安维持的基本组织，保甲制度形成并在全国推行，而后基层执政者为了行政便利，就将所有事务都下达到一套班子来执行，保甲由此延伸出了其他的职能，一直沿袭到民国，因此闻钧天总结："乡里保甲制度，在周之政主于教，齐之政主于兵，秦之政主于刑，汉之政主于捕盗，魏晋主于户籍，隋主于检查，唐主于组织，宋始正其名，初主以卫，终乃并以杂役，元则主于乡政，明则主于役民，清则主于制民，且于历朝所用之术，莫不备使"。

（二）古代乡村建设理论基础与正式治理的工官制度

1　古代乡村建设管理理论

（1）理论基础

风水理论是我国古代建筑、规划、环境以及其他相关设计的基础性理论，吸纳了道、气、阴阳、五行、八卦等哲学范畴，结合了天文星象学、地理学、生态学、宗法礼制、美学、心理学等方面的知识，既具有科学性，又掺杂了很多神秘元素。中国人内心深处最理想的居住模式是：左青龙，右白虎，前朱雀，后玄武，通俗解释是将家用山围起来。风水理论大肆张扬在魏晋南北朝，管辂、郭璞逐步完善过去有关风水的理念，并将其上升为一种理论，形成"形势宗"①和"理气宗"②等多个派别，但均秉承对自然

① 唐末风水大师杨筠松、卜则巍流落江西，其后世子弟逐渐形成的风水派别，又称赣派、形法派、峦头派，注重在山川形势的空间形象上达到天、地、人合一，主要为择址选形之用。

② 开始流传于福建，宋朝王伋推行其说，又称闽派、宗庙派、理法派，注重在时间序列上达到天、地、人合一，其考虑因素有阴阳五行、干支生肖、四时五方、八卦九风、三元运气等，偏重于确定室内外的方位格局。

充分尊重和敬畏的生态理念。风水理论不仅是我国传统乡村发展的物质基本理论，也是人们行为规则制定和执行的基本原则，主要侧重四个方面：宏观的居民点选址、中观的空间规划、微观的建筑格局和运营管理①，左右乡村规划、建设、运营的全过程，贯穿官方的正式治理制度和民间的非正式治理制度中，应用于解决人地关系以及人与自然的关系。

（2）理论应用

1）村落选址

我国传统村落的选址，大都以“相形为胜”等风水原则为重要依据，各地的地方志或族谱，多见该地是风水宝地的记载，有的还详细描述了其风水卜居过程和风水格局。风水选址是风水术的重点。中国传统村落的选址受风水观念影响十分普遍，追求空间、形象上的天地人合一，通过觅龙、察砂、观水、点穴、取向五诀来进行选址（图2′-2-1）。

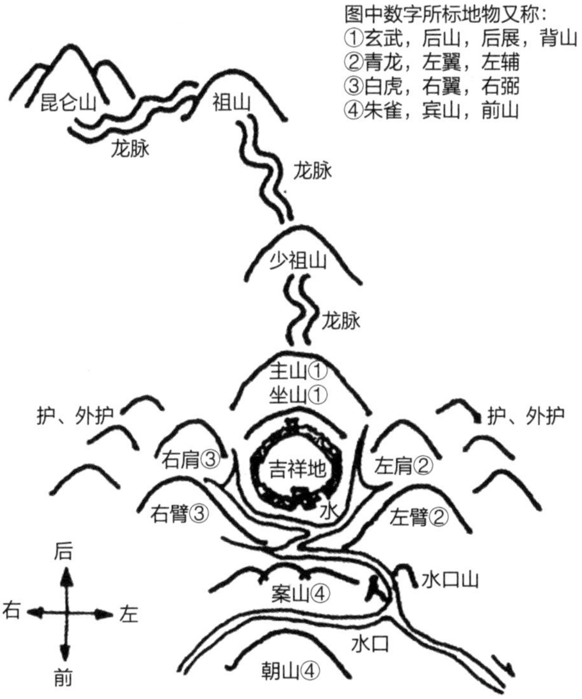

图2′-2-1 理想的选址模式

① “建筑格局和运营管理”归入非正式治理制度部分介绍。

2）空间规划

风水对传统乡村空间布局的影响，主要表现在风水思想影响下的村落朝向、村落建筑、村落形态等。比较典型的风水规划思想是由八卦图式发展到法天象地原则，另外还有五行生克、阴阳和谐原则，并吸纳如中轴对称的布局思想等一些传统优秀规划思想。我国房屋大多坐北朝南，不仅是为了采光，还为了避北风，坐北朝南原则是对自然现象的认识，相应地影响着村镇的总体朝向。但风水的朝向并不是严格按此原则，而是根据座山和朝山来确定村镇布局的中轴线，然后形成左右对称的格局。在地形平坦，经济实力雄厚的村镇才能形成典型的分布，很多传统村落通过案山、朝山来增加村镇气势。

3）设施类型

传统乡村的文化特征基础是耕读文化，因此乡村设施主要分为农业生产设施（晾晒场地）、礼仪设施（书院、祠堂、寺庙等）、交往空间（广场）和市政基础设施（水井、池塘等），各地类型略有差异。如大旗头村建于清光绪年间，是清代广东水师提督郑绍忠所建。整个村占地约52000平方米，古建筑面积约14000平方米。该村梳式村落布局，前面开阔，背面封闭，村前老榕树、文塔、砚形石、过去称为“风水塘”的池塘等环境风貌，构成了珠三角典型的农业聚落文化景观。该村民居、祠堂、家庙、第府、文塔、晒坪、广场、池塘兼备，布局协调，风格统一。同时，大旗头村与建筑群还体现了科学先进的建筑理念。内部小巷纵横贯通，有净化生态环境作用的池塘，有一条用石头铺砌、泉眼式的排水系统，村屋石脚高，有小铁窗，住宅之间以天桥相通，有方便的通道和良好的防火、防盗作用。

2 正式治理的工官制度

我国古代各王朝均颁布了建筑做法、工料定额类等建筑法规，形成等级森严、缜密有度的工官制度：

一是具有专门的法律法规。最早的官书是《考工记》[①]，记录城池营建

---

① 齐国政府制定的指导、监督和考核官府手工业、工匠劳动制度的书。

的基本规则。唐代颁有《营缮令》[①]，规定官吏和庶民房屋的形制等级制度。宋代元祐（1086~1094年）、崇宁（1102~1110年）两次颁布《营造法式》，规定宫廷官府建筑制度，其中材料和劳动日定额等甚为完整[②]。元代设有《经世大典》，其中“臣事六篇之工典”分22个工种，与建筑有关者半数以上。明代建筑等第制度多纳入《明会典》；另外还有一些具体规章，如《工部厂库须知》等。清代颁有《工部工程做法则例》，内务府系统还有若干匠作则例规定比较详细。

二是设专门的管理机构和管理职责。周代主管营建工程的官吏称为匠人，至汉国家的最高工官司称为“司空”，汉代改为“将作”，掌修作宗庙、路寝、宫室、陵园土木之工，到西汉称为“将作少府”，东汉改为“将作大匠”，后又称“少匠”或“少监”。隋朝在中内政府设“工部”，执全国的土木建筑工程和各种工务。唐称将作大匠，宋称将作监。清康熙才出现“样房”，如样式雷的出现。工官制度集制定法令法规、规划设计、征集工匠和组织施工全过程领导与管理为一体，实现了建筑设计的专业分工，并具有专门的建筑施工队伍，实现了古代城乡建设管理的规范化、标准化和法制化。

（三）古代乡村非正式治理制度的形成与治理特征

1 古代乡村非正式治理制度

（1）官方管理思想的渗透

皇权在正式制度上没有下县，并不代表中央政府对县以下的乡村缺乏治理，而是通过管理思想的上层渗透，通过德化手段实现乡村治理，降低管理成本：一是通过科举教育制度形成的社会人才选拔和流动机制。自宋以后开始实行科举制度，读书人增多，虽不为官，但是可以回到乡里成为士绅，同时许多在朝为官者的亲友亦是扎根乡里的乡绅地主，士绅阶层所宣扬的教化内容和皇帝的治国方略相一致[③]，如此皇帝的治国之道可以通过

① 张十庆. 唐《营缮令》第宅禁限条文辨析与释读[J]. 中国建筑史论汇刊，2010.

② 梁思成.《营造法式》注释[M]. 北京：生活·读书·新知三联书店，2013.

③ 有些乡约开篇为“钦遵圣制”，如叶春及撰写《惠安政书》的卷九“乡约篇”。

这种非正式的途径在乡村落实；二是通过文化宗族传承制度形成主流社会价值观和激励机制。官方提倡尊崇孔孟儒学和宗教教化，倡导等级有序的宗法文化传统。如尊祖叙谱，敬宗建祠[①]，强化崇文敬教、光宗耀祖的道德激励；理佛修行，建寺造塔，宣扬宗教佛法，弘扬普度众生的精神寄托等，都对乡村居民生产生活行为进行规范和引导。

（2）自治制度的形成

乡村自治制度包括家族组织、会社组织和乡村组织三种自治组织形式，包含权威、秩序和场所三个制度核心，通过“舆论、规劝、教化和家族族罚”等方式维护乡村地区日常的伦理秩序：一是村权威是族长，或由族人公举（民主选举），或由前任族长指定（任命），或由族中辈分较高者议定（代表投票），只有那些品行端正，家道殷实，受到良好教育的德高望重之人才有机会出任族长；二是乡规民约以“孝、悌、睦”为核心，涵盖村庄生产生活的方方面面，其中也有乡村规划建设管理的具体要求[②]，对家族成员具有严格的约束作用。其中乡村建设的基础设施和公共服务设施施行村庄百姓共同出资、出工出劳修建制度[③]；三是传统村庄的物化场所即为书院、祠堂、寺庙、风水林等，与风水理论支撑下的物质空间一脉相承[④]。

---

① 民间建祠为明朝中期以后，与之相伴随，修谱之风也渐行于民间，如塱头村。建祠和修谱的庶民化，不仅增强了一村镇乃至一州县内族众的聚合力，而且也增强了宗族权力之于族众伦理教化的统治权威。宗祠提供了一个寻根序祖、强化同宗意识的场所，各种祭祀活动则增强了宗族血缘网络的内聚力和交往。这种内聚和交往虽然与自明清以来的政府扶持有关，但毕竟不是一种地方行政性社区行为。

② 如《长乐梅花里乡约》十五条规定：“乡内田园屋址，各凭契据管业。如涉他地，不得蒙混欺占。至于风水山场通衢古迹地方，尤不许影射侵占，违者呈究。”《文堂陈氏乡约》十八条规定：“本里宅墓，来龙、朝山、水口，皆祖宗血脉，山川形胜所关。各家宜戒谕。长养林木，以卫形胜，毋得泥为己业，掘损盗砍。犯者，公同重罚理论。”广州村庄规划体系的变迁、特点与创新.转型发展 协同规划——广州村庄规划实践[M]. 北京：中国城市出版社. P37页。

③ 如《黟北宏村编年史卷》记载，当明成化六年（1470年）的特大山洪使村子北半部的水系陷于瘫痪之后，由77世祖伯清公牵头，“议决凡汪门支丁，每人担石四筐，上山压土除砂下落”。成化十三年（1477年），伯清公又“谋划雷岗山按地形高差梯级垒坝数十级，用大卵石方砌”。

④ 传统乡村的基本社会经济特征是耕读，因此乡村设施主要分为农业生产设施（晾晒场地）、礼仪设施（书院、祠堂、寺庙、风水塔等）、交往空间（广场）和市政基础设施（水井、池塘等），各地设施类型略有差异。如始建于清光绪年间的大旗头采用梳式村落布局，村前由老榕树、文塔、砚形石、风水塘，村内有祠堂、家庙、第府、文塔、晒坪、广场等设施，配置石头铺砌、泉眼式的排水系统，池塘起净化生态环境作用，设施配置齐全程度远高于当代乡村。

（3）民间社会规则的约束

民间社会约束一般分为两类：一是建筑引导与约束。风水理论基础上衍伸的建筑风水宜忌对私人建筑空间布局具有一定的影响，进而一定程度影响乡村格局和居民日常行为规范；二是宗教的道德行为约束。宗教道德作为宗教的核心内容之一，倡导普适的社会价值观，同样对居民的建设选择产生作用。

2 我国传统乡村治理特征

（1）乡村权威的主体作用

传统中国乡村地区的秩序维护主要是通过两种途径：自有的族权权威和官化的“保甲”制度。宋以后，两种秩序维护途径同时存在，两者行使的作用各有侧重，一种是自上而下的以伦理伦常为基础的“自治”，另一种是中央权威对乡村地区的权利触角，“一经一纬”保证农村地区的运行。在强弱对比上不同的朝代存在一定的差异，两者之间的矛盾在宗族精英和保甲人员身上体现得淋漓尽致。

我国传统乡村现存的多以族权为纽带形成的关于宗族与村庄的叠合关系，艾米利·埃亨（Emily Ahern）归纳为三种类型：一是单一宗族占统治地位的村庄，即单姓村；二是多宗族村落；第三也是多宗族村落，但是有强弱之分，有属于本姓的完整的宗族网络。除此之外，传统乡村治理中宗教也起到一定的作用，我国一些特殊地区通过宗教形式配合村庄治理，形成“信仰村落”。

乡村治理的领导者是族长，或由族人公举（民主选举），或由前任族长指定（任命），或由族中辈分较高者议定（代表投票）。无论哪种方式，能任族长者多为族内公认的德高望重之人。依照这个标准，只有那些品行端正，家道殷实，受到良好教育的人才有机会出任族长。在族长的领袖权威和以“孝、悌、睦”为核心的“氏族族规”的基础之上通过“舆论、规劝、教化和家族族罚”等方式和各种仪式进行心理上的抚慰与确认，维护乡村地区日常的伦理秩序（如《肖氏族规自治条例》），而宗祠提供了一个寻根序祖，强化同宗意识的场所，各种祭祀活动则增强了宗族血缘网络的内在凝聚力和交往（表2′-2-1）。

乡村权威的特征　　表2′-2-1

	精英标准	精英代表	权威建立合法性	权威象征	权威管理范围
族权权威	齿德并隆品德宏深	族长	熟人社会和“氏族族规”	祠堂，点祖、时祭、清明年祭	乡村地区伦理伦常的维护
保甲制度	具有较好的教育背景	保长和甲长	管制，合法化	公所	保甲制度

（2）乡村社会的伦理体现

我国传统村落分布在全国二十五个省份，主要包括太湖流域的水乡古村落群、皖南古村落群、川黔渝交界古村落群、晋中南古村落群、粤中古村落群。部分传统村落建于中国两晋之间的“永嘉之乱”、唐代“安史之乱”、黄巢大起义和两宋之间的“靖康之乱”，在撼动历史秩序的同时，给世代生活在中原地区的衣冠巨族们一次次沉重打击，迫使他们寻找远离战火的山清水秀之地歇脚喘息。于是选择“枕山、环水、面屏”的天人合一理想风水宝地构建村落，聚族而居，解决衣食之虞，又抵御客地的风险，同时能福荫子孙。

以徽州传统村落为例，因其地理位置和地形地势的缘故，在宋元以前并没有被世人所熟知，在南迁的人口流动过程中逐渐人丁兴旺起来。而且在随迁人口中，向往上升的知识分子居多，所以徽州很好地保留了儒教理学的影响，对教育的重视形成一种习惯。宋元以后特别是明清时期的徽州，既是一个徽民“以贾代耕”“寄命于商”的商贾活跃之区，又是一个“十户之村，不废诵读”的文风昌盛之乡，形成胡姓建村于龙川、西递，汪姓选址于宏村，吴姓卜居于昌溪，罗姓定居于呈坎，曹姓立足于熊村，石姓落户于石家，倪氏扎根于渚口，江姓聚族于江村的空间格局。

这些氏族尊崇孔孟儒学，倡导等级有序的宗法文化传统，尊祖叙谱，敬宗建祠，强化崇文敬教，光宗耀祖的道德激励。各个村落建有宏伟的书院，延请饱学之士谆谆施教，认为读书志在圣贤，文风鼎盛，不废诵读。以才入仕者多，以文垂世者众，经商成功者无数。传统世代的儒化徽商，一方面促进了徽州故地的儒学繁荣，另一方面反过来又借助于儒学对徽商的商业经营活动产生了深刻的历史影响。伦理社区的物化场所即为书院、祠堂、寺庙。民间建祠是明朝中期以后才有的事情，与之相伴随，修谱之风也渐行于民间。建祠和修谱的庶民化，不仅增强了一村镇乃至一州县内族众的聚合力，而且也增强了宗族权力之于族众伦理教化的统治权威。

血缘网络的内聚和交往与因乡镇集市贸易的经济网络而形成的地方性市场空间也不相同：前者主要是精神和文化性的，它所要传承的主要是家族文化的基质，它所要构建的则是宗族伦理性社区；后者是商业性和物质性的，秉承的是公平的交换，构建的是公平的市场环境。传统乡村一般由一个家族或同姓、同族人聚居，由一个先祖建起主要建筑院落，然后逐渐外延，后建院落按照规定的秩序和规制进行建设，少有逾越。

三　中国现代乡村规划建设管理制度

（一）现代乡村组织管理制度演进历程

1　组织管理制度

新中国成立后乡村行政管理分为两个阶段：改革开放前和改革开放后。

（1）新中国成立后到改革开放前：人民公社时期，高度集权

1949～1957年土地改革和合作化时期，村组织行政化。新中国成立初国家首先兑现了土改承诺，农民分得了土地。随后开始进行合作化，先后经过互助组、初级社、高级社、人民公社，到人民公社时乡村已经完全政社合一。在新政权刚刚进入农村地区时，“农会”曾经起到了过渡的“保甲制度”的作用，在以党支部为核心的一元化权利结构之前，“农村协会”作为一种权力机构运行。农会由贫农、雇农、中农和手工业者和贫苦知识分子组成“精英群体”，以甲为单位，成立农协小组，选正副组长各一人；以保为单位，成立农协分会，选举正副主席各一人。农会的主要作用在于清匪反霸、减压退租和土地改革，同时农会还作为平台，培养和运输新兴村庄精英，与保甲制度相比存在很大的差别（表2′-3-1）。

农会与保甲制度对比分析　　表2′-3-1

	农会	保甲制度
精英群体	贫农、雇农、中农和手工业者和贫苦知识分子	任职资格与培训
组织方式	以甲为单位，成立农协小组，选正副组长各一人；以保为单位，成立农协分会，选正副主席各一人	保长、副保长、保国民兵队副保长、文书、保管等职事
主要职能	清匪反霸、减压退租和土地改革	剿匪清乡
其他职能	培养和输送新兴村庄精英	清查户口、联保连坐；征兵、征工、征粮、征税为主

在乡村新秩序建立之后，通过“村组制”改革，设立行政村概念，根据1950年的《乡（行政村）人民政府组织通则》的规定，行政村属于最基层的政权机构，设村长、副村长等职务，村长、副村长均由乡一级政府任命。将基层村庄纳入到官治系统，实现了国家权力对村庄的垂直延伸。同时，对中国农村地区权威和秩序的建立的长远发展起到更为重要作用的是党组织在农村地区的深入，在农村权威中“党支部”成为乡村基层治理真正的核心。中国国家权力在基层政府的延伸，并不仅体现在政治行政的下伸，更多的是体现在“党小组”基础之上发展而来的“党的一元化权力结构”。党组织通过“界定精英”“输送干部”和“组织精英”的方式，完成对农村权威和秩序建立的实际控制。

1958～1980年人民公社时期，实行政社合一，乡政府与人民公社合并。通过政社合一的人民公社，血缘和宗族的组织形式被打破，封建宗教活动禁止，帮会等旧习俗一律取缔，学习文化、参与政治、移风易俗成为乡村公共活动的重要内容。《农村人民公社工作条例修正草案》规定：人民公社组织可以分为两级，即公社和生产队，也可以是三级，即公社、生产大队和生产队；生产队是基本核算单位。生产大队管理委员会在公社管理委员会领导下，管理本大队范围内生产队的生产和行政工作。人民公社的主要工作内容有六个方面：①制定生产计划；②对生产队的生产工作、财务管理和分配工作，进行正确指导、监察督促，帮助改善经营管理；③领导兴办农田基本建设；④在大队范围内督促生产队完成国家规定的粮食和其他农副产品征购、派购任务，帮助安排好社员生活；⑤管理全大队的民政、民兵、治安、文教卫生等项工作；⑥进行思想政治工作，贯彻执行中央的政策法令。这一时期，乡村的所有活动几乎全都是由国家自上而下来安排，此时的乡村自主活动是最少的，此一时期国家的水利设施建设成就最为突出。

（2）改革开放以来：村委会建立，乡村自治力量回归

1978年党的十一届三中全会之后，我国进入改革开放时期，农村地区新秩序的建立从经济领域开始，而改革的核心在于对“人民公社制度”的否定，开始实行生产责任制，特别是联产承包制，实行政社分开。政社

分开意味着政府部门取消了原有的生产组织职能，它专门从事管理，政府退出了生产者角色，使得农民的日常生活渐渐离开了政府处理事务的范围。它标志着20世纪50年代以来、随着新政权建立起来的，个体农民对国家体制的有组织内聚结构正处于变化之中。随着政府引领经济发展的作用消失，“政社合一”的人民公社的权威地位随之消失，而其对乡村秩序的全面控制也不复存在，乡村出现了管理上的“真空期”。

1982年12月4日，第五届全国人民代表大会通过的《中华人民共和国宪法》确定了废除人民公社并规定：乡、民族乡和镇是我国最基层的行政区域，乡镇行政区域内的行政工作由乡镇人民政府负责，乡镇人民政府实行乡长、镇长负责制，乡镇长由乡镇人民政府代表大会选举产生。城市和农村居民居住地区设立的居民委员会或村民委员会是基层群众性自治组织，居民委员会、村民委员会的主任、副主任和委员由居民选举产生。1983年10月12日，中共中央、国务院《关于实行政社分开建立乡政府的通知》提出：“村民委员会要积极办理本村的公共事务和公益事业，协助乡人民政府搞好本村的行政工作和生产建设工作。”按照中央部署，政社合一的人民公社体制被撤销，生产大队、生产队也随之撤销，大多数地区以原人民公社为单位成立乡镇政府，以生产大队为基础建立村民委员会，生产队改为村民小组。

在1982年《宪法》和1983年《通知》颁布之后的一段时期内，村委会的干部基本上还是由乡镇政府指定或者任命，没有实行以民主选举为核心内容的“自治”。直到1987年11月，全国人大通过了《中华人民共和国村民委员会组织法（试行）》，并于1988年6月开始试行，民政部也于1988年2月发出《关于贯彻执行〈中华人民共和国村民委员会组织法〉（试行）的通知》后，将国家行政权力的垂直延伸由村一级收回到乡镇级别，在法律上规定了乡村地区的自治形式和选举方式，各地才真正开始事实意义上的村委会自治建设。“乡政村治”真正成为当时乡村社会秩序建立的基础和基本社会组织方式，其核心体现为在农村管理中的“村民自治”，体现为市场经济背景下对村民个人权利承认和保护，国家权力在农村地区的“全面控制”瓦解，基层生产资源的控制结构在分化，包括乡属机构、乡镇等实力单位的多中心分化和生产资源支配性的中心由县、公社下沉到村庄层次。

"乡政村治"使得乡镇成为国家与社会的边界：乡镇和乡镇以上的各级政权组织直接代表着国家行政权力，属于国家的范畴，而乡镇以下的政权组织或行政区划不具有国家行政组织的性质，属于社会的范畴。在改革开放之后的"乡政村治"制度以及同时期在农村地区起到实际管理作用的"党支部"在权威和秩序方面和民国时期的所实施的"保甲制度"有很多的相似之处，具体体现在"选举方式""与中央权力关系""与村民的关系""行政编制"和"俸禄来源"等五个维度。在一定程度上，在1900～2000年期间，乡村的权威和秩序从以"氏族权威"和保甲制度表现形式的"自治"开始，发展到"政社合一"和"全面控制"的高度集权之后，改革开放"乡政村治"标志着乡村发展又开始回到"自治"的轨迹中。

2 乡村权威变化

中华人民共和国成立后，乡村权威的变化最重要的基础是社会精英的重新界定，也意味着权威的建立。1949年以来，随着国共两党的政治更迭和新的意识形态合法地位的确立，乡村精英的构成发生了根本性的变化，民国前的乡村权威和秩序的建立中，无论是在"族权权威"还是在"保甲制度"中，其都体现了一种对具有知识分子的尊重和"精英治理"的思想：在"族权权威"中体现的是"齿德并隆，品德宏深"，而在"保甲制度"中，能够出任保长的也必然需要是具有一定知识水平之人。但在中华人民共和国成立后"精英评价标准"发生了根本性的变化："按新的标准，富人是剥削者，穷人是被剥削者"，在过渡时期，阶级斗争和政治运动被作为武器，用来剥夺地主和富农等传统精英阶级的精英地位，而乡村精英的评价和遴选标准开始由"注重财富和文化的积累"转为"贫穷与革命"。

（1）界定精英

在传统的乡村精英中，既有体制内的又有体制外的精英，既有政治型的精英，又有经济、宗教和文化型的精英。而在中华人民共和国成立之后到人民公社结束之前，精英的范围被压缩到“体制内的政治精英”一个范围之中，在20世纪50年代的乡村改造中，通过经济、宗教和文化等途径成不可能，而党的体制性吸纳开始成为跻身于乡村精英的唯一途径。根据当时意识形态的评价标准，新兴精英应该是出身贫困者，“因为出身贫苦往往意味着根红苗正，具有革命性与政治的坚定性”，不同阶级成分入党甚至有不同长度的转正期，而党员比普通社员具有更多的参政机会，从而从组织上确保了党的领导权地位。

（2）组织精英

在集体化时期，国家的政令指示常常超越行政途径，直接通过自上而下的党组织系统完成传达和贯彻实施，从而完成了乡村权威和秩序建立由“自治”向“党的一元化权利结构”过渡。在精英重新界定的过程之中，必然带来“历史选择”之下，一些“小人物”的崛起和一些“大人物”的衰落，传统秩序下的精英可能会因为属于新标准下的“劣等阶级”而遭到打压，而同时传统的权威秩序也在“新秩序”的冲击下遭到破坏：象征着“族权权威”的祠堂在这个时期遭到毁灭性的破坏，而“保甲制度”及与其相关之人也受到了严厉的打击。

3 乡村秩序重构

20世纪50～70年代之间，组织的权力核心作用、精英连带机制、乡村权利的全能性特征和乡村精英感恩式忠诚以及压力性政治，是国家全能性权利覆盖和遮蔽村庄权利的几个关键的变量。

（1）政权权利全能型

这一时期，村政权力开始走向“全能性”特征。乡村地区在这一时期经济上的特征表现为“合作化”和“集体化”，其本意在于克服小农经济的落后性，实现农业的现代化，但随后的发展使其超越了经济领域，开始发展到对村民全面控制的阶段。乡村地区经济上的“合作化”和“集体化”尝试起源于“农村互助组”，互助组主要是为了实现季节性“家际互助”，在传统的乡村地区，这种睦邻合作形式便一直存在，中华人民共和国成立后其发展成为一种“常年性”和“正规性”的组织，互助组长成为一级新的组织领导，掌握内部经济权利，在“互助组”基础之上，又出来了扩大范围的“联组”。

互助组和联组的形式仍然体现了小规模的互助性质，但“合作社”的出现，使得乡村地区新的权利结构发展到了一个新的阶段：在互助组和联组中，乡村地区仍然实行小农土地所有制经济，而初级社（合作社的初期）已经将农民的土地、牲畜和大型农具集中起来，实现了最初意义上的集体经济。“由于初级社支配了生产资料、劳动和产品分配，实际上其具备了农业经济的支配权”。在管理组织上，“初级社”由社长、副社长、会计、农业委员、保管等组成，同时初级社之下又设小组，“合作社”横纵两个方面的延伸，使得原有的村政系统的职能被架空。“从村庄内部来看，村干部也多在合作社的框架内活动，所谓政务开始变成了社务”。1958年开始，人民公社制度成立，“政社合一”正式形成，人民公社制度存在公社、大队和生产队三级组织，公社主要体现乡镇政权功能，生产队主要组织农业生产、进行基本核算和产品分配，大队主要是实现上传下达的中间桥梁的作用。公社—大队—生产队体制与传统的农村政务相比来所有很大的不同，传统的村政体现是社区公共权力，行使的是社区公共职能，而对于公社——大队——生产队体制而言，其行使的权力触角深入到村庄生活的经济、政治乃至文化领域，实现了“政务”和“社务”的高度统一，传统的乡村村政系统被破坏，公社化组织将传统的邻里互助关系正式化。

（2）党的一元化权利结构

在大队一级的组织中，核心的管理职位是“大队党支部”和“大队党支部书记”，其主要的职责在于“管政策”和“管党员”，而在其之下，“大队管理委员会”作为权利的下延，实行着对农村秩序的全面控制，大队管理委员会主要成员包括主任、会计、民兵连长、妇女主任和治保主任，分别管理政治、经济、军事、妇女和青年五个方面任务，传统的“族权权威”和民国时期“保甲制度”所管理的范围——治安维护、协调民众关系的职责被极大地扩展了。

（二）现代乡村规划理论、演进与本质特征

1 基本规划理论

学术界对乡村规划建设的研究长期存在盲区，城市规划学科则一直存在着较为明显的“城市中心”偏向，较少涉及乡村腹地。近年来，随着国家对“三农”问题的重视以及城乡矛盾认识的不断深入，城市规划界的研究范围开始拓展到乡村建设领域。由于对乡村地域的陌生导致了农村住区规划编制中缺乏足够的理论准备，只能依照城市规划的经验进行，即以城市规划为参照和发展的起点。目前城市规划的理论与技术方法逐步发展，但乡村规划编制技术仍严重依托城市规划，均处于探索阶段，滞后于城市规划的发展，普遍使用城市规划的理论指导乡村规划，并停留在计划经济条件下的城市规划认识层面。因此功能分区理论、级配理论、规模效益理论等较为广泛地应用到乡村规划的用地空间布局、市政基础设施与公共服务设施配置以及居民点体系规划等方面，主要目的是解决乡村建设盲目分散的混乱状况，提高乡村投入的经济效益。

（1）功能分区理论

功能分区理论来源于1933年的《雅典宪章》，即城市应按居住、工作、游憩进行分区和平衡的布置，建立把三者联系起来的交通网，以保证居住、工作、游憩、交通四大活动的正常进行。城市功能分区是按功能要求将城市中各种物质要素，如工厂、仓库、住宅等进行分区布置，组成一个互相联系、布局合理的有机整体，为城市的各项活动创造良好的环境和条件。村庄规划借鉴城市规划的做法，根据功能分区的原则确定村庄建设用地利用和空间布局形式，主要分为居住区、公建区、生产区等，并成为当前村庄规划的一种重要方法。

（2）级配理论

级配理论是当前我国城市与乡村公共服务设施配置的基本理论，即分等定级的基础上确定公共服务设施配置的等级和规模。目前级配理论已经具有一定的理论延伸，“级”由单纯的行政、规模层级演化为系统和体系，“配”由单方供给转向供需匹配、量体裁衣，因此级配标准的形式也发生变

化，分为刚性标准和弹性的、指导性标准。

（3）规模效益理论

规模效益理论也称规模经济效益理论，是指适度的规模所产生的最佳经济效益，由微观经济学理论中因生产规模扩大而导致的长期平均成本下降的理论衍伸形成，主要应用于乡村地区公共服务配置。即在政府公共投入短缺前提下，公共服务设施配置和公共服务提供的基本原则是效益最大化。该理论未考虑公共服务设施配置的社会效益和环境效益，成本计算过程中仅考虑政府投入，未考虑村民和社会的投入，仅考虑近期效益，忽略远期效益和隐含的社会风险。

2 当代村镇规划编制的历史进程

（1）中华人民共和国成立后到改革开放前：农村温饱生存型阶段

中华人民共和国成立后，1949～1957年，全国乡村地区主要进行恢复生产、重建家园工作，建设了一批新房，大幅度改善了农民的居住条件，农村卫生条件初步好转。1957年之后的20年间，中国乡村以大跃进为开端，开展“人民公社化”和“农业学大寨”运动，农村高级合作化，农业生产由个体转为集体，村庄建设中规划了与集体生产和集体活动相适应的场所和建筑物。村庄规划的原则是适用、安全、卫生、经济、美观①，包括现状研究、总体规划和农民新村规划三部分②。当时国家的战略重点是在城市构筑国家工业体系，乡村建设发展非常缓慢，低矮土坯房是当时中国乡村的缩影，村庄建设仅能满足居民基本生存需要。

（2）改革开放后到80年代末：农村居住条件改善阶段

党的十一届三中全会后，农民开始积极地、自发性建设住宅和集镇，同时带来了农房占用大量耕地大幅度增加的现象③，以至1981年国务院发出《关于制止农村建房侵占耕地的紧急通知》，同年提出了“全面规划、正确引导、依靠群众、自力更生、因地制宜、逐步建设”的农村建房方针，随

① 郝力宁. 对农村规划和建筑的几点意见[J]. 建筑学报，1958（8）.

② 王吉螽. 上海郊区先锋农业社农村规划[J]. 建筑学报，1958（10）.

③ 方明，刘军. 主编. 改革开放以来的农村建设[M]. 北京：中国建筑工业出版社，2006年.

后又颁发了《村镇建房用地管理条例》《村镇规划原则》等对村镇规划做出了原则性的规定，确定村镇规划分为总体规划和建设规划两个阶段。该时期村镇规划基本通过“两图一书”来体现，即村镇现状图村镇整治规划图及说明书。1989年颁布的《城市规划法》缺少对村镇规划的规范和标准，造成该阶段的村镇规划编制不严谨、实施不严肃，新旧规划严重脱节，使规划失去了其应有的现实指导意义。

（3）20世纪90年代初到21世纪初：内部生活条件提升阶段

1993、1994年建设部相继出台了《村庄与集镇规划建设管理条例》《村镇规划标准》GB 50188-93《关于加强小城镇建设的若干意见》《村镇综合评价指标体系研究》《全国重点镇调查与发展促进政策建议》《小城镇建设技术政策》等相关标准文件。2000年发布施行《村镇规划编制办法（试行）》，提出村镇规划的完整成果包括村镇总体规划和村镇建设规划，最终成果体现为“六图及文本、说明书及基础资料汇编”，开始强调近期建设。村镇规划建设整体滞后，形成“城市像欧洲，农村像非洲”的整体景象。

（4）2005年至今：新农村建设村庄全面发展阶段

2005年党的十五届五中全会提出建设社会主义新农村的重大历史任务。2007年建设部出台《镇规划标准》GB 50188-2007，该标准侧重镇区规划，忽视了镇域规划，对周边地域联系的研究深度不够，对镇域空间资源合理配置调控作用较弱。2008年建设部出台了《村庄整治技术规范》GB 50445-2008，突出村庄环境整治，通过“三图、三表一书（村庄现状图、村庄整治规划图和设施图，三表是主要指标表、工程测算表、行动计划表和说明书）”指导村庄建设。全国大部分省、自治区、直辖市纷纷制定适合各自省情的村庄规划技术要求（表2′-3-2）。从我国农村规划的发展历史来看，村镇规划编制具有明显的阶段性，每一次规划编制方法改进和调整都与当时的经济社会发展特点和需求密不可分。村镇编制框架体系逐渐由粗到细、规划编制层次亦由少到多。

部分省、直辖市、自治区村镇规划建设管理主要内容一览表　　表2′-3-2

地名	村庄规划建设指导文件	主要内容
北京市	北京市村庄规划建设管理指导意见	规划的制定：所在地乡镇政府 规划的内容：村域范围、现状分析、各类用地和规划要求。具体包括：住宅、道路、供水、排水、供电、电信、垃圾收集、园林绿化、村委会、卫生室等村庄生活生产设施、市政基础设施和公共服务设施。对基本农田、林地、古树名木、地表水体、地下水等自然资源，地上地下文物、历史文化保护区和古村落等历史文化资源的保护。以及防灾减灾、防止污染、节能减排、产业发展和实施计划等内容 规划的实施与建设工程的管理：土地确权、规划许可、用地审批、施工管理、权属登记
天津市	天津市村镇规划建设管理规定	规划的制定：所在乡（镇）政府负责组织，村民会议讨论同意 规划的内容：防灾、给水、排水、交通、电力、水利、邮电通信、燃气、热力、环境保护、环境卫生；村镇新区开发和旧区改造 规划的实施与建设工程的管理：规划区内建设审批流程；建设工程规划管理
河北省	河北省村镇规划建设管理条例	规划的制定：乡级人民政府组织编制 规划的内容：（没有明确给出） 规划的实施与建设工程的管理；规划区内建设审批流程；村镇建设的设计、施工原则；房屋、公共设施、村镇容貌和环境卫生管理
山西省	山西省村庄和集镇规划建设管理实施办法	规划的制定：乡级人民政府，村民代表议会同意 规划内容：住宅、企业、公共设施、公益事业等各项建设的用地布局、规模和发展方向；道路、防洪、供热、供排水。消防、供电、通信、绿化、环境卫生等安排；有关技术经济指标的确定 规划的实施与建设工程的管理：规划区内建设审批流程；项目开办建设手续
内蒙古自治区	内蒙古自治区村庄和集镇规划建设管理实施办法	规划的制定：苏木乡镇人民政府组织编制，监督实施 规划的内容：（没有明确给出） 规划的实施与建设工程的管理：规划区内建设审批流程；村庄和集镇建设的设计、施工管理：建筑设计标准、项目开办建设手续；房屋、公共设施、村容镇貌和环境卫生管理
辽宁省	辽宁省村庄和集镇规划建设管理办法	规划的制定：市、县人民政府建设行政主管部门和乡级人民政府负责本行政区内的村庄规划 规划的内容：乡级行政区域的村镇体系；村庄和集镇的位置、规划区接线及其建设用地规模；村庄和集镇、交通、供水、排水、供电、通信等公共设施的总体安排；主要非农业生产用地的分布；乡级行政区域内主要公共建筑的配置；防灾、环境保护等专项规划 规划的实施与建设工程的管理：规划区内建设审批手续；建筑的设计标准、项目开办建设手续；房屋、公共设施、村容镇貌和环境卫生管理；村庄和集镇建设资金管理

续表

地名	村庄规划建设指导文件	主要内容
吉林省	吉林省村镇规划建设管理条例	规划的制定：由乡镇人民政府组织编制 规划的内容：乡镇行政区内的村镇体系；村镇的位置、性质、规模与发展方向、村镇交通、供水、供电、邮电、商业、文化教育、医疗卫生等设施的配套；主要非农业生产用地的分布；乡镇行政区域内主要公共建筑的配置；相关防灾、环境保护、绿化等专项规划 规划的实施与建设工程的管理：建住宅的申请审批流程；村镇建设的设计和施工管理、项目开办建设手续；房屋、公共设施、村容镇貌和环境卫生管理
黑龙江省	黑龙江省乡村建设管理办法	规划的制定：由乡镇人民政府组织编制，经村民代表会或者村民大会讨论通过 规划的内容：乡镇行政区域内集镇和村屯的布局、性质、规模、发展方向，交通、供电、邮电等生产、生活服务设施的配置，绿化和主要生产项目的安排 规划的实施与建设工程的管理：建设住宅的审批流程；工程建设管理；建筑设施和村容镇貌管理
上海市	上海市农村村民住房建设管理办法	管理部门：上海市房屋土地资源管理局；上海市城市规划局；上海市建设和交通委员会；区县人民政府和乡镇人民政府 村民建房的方式；用地计划；公开办事制度 个人建房申请审批流程；集体建房的申请审批流程；工程设计标准
江苏省	江苏省村镇规划建设管理条例	规划的制定：乡镇人民政府组织编制，应当先由村民会议讨论同意 规划内容：乡镇行政区域内村镇布点，村镇的位置、性质。规模和发展方向、村镇规划建设用地范围、村镇基础设施以及其他各项生产和生活服务设施的配套 规划的实施与建设工程的管理：规划区内建设审批手续；村镇建设与管理的要求
浙江省	浙江省村镇规划建设管理条例	规划的制定：乡镇人民政府组织编制 规划内容：（没有明确给出） 规划的实施与建设工程的管理：规划区内建设审批手续；村镇建设的设计和工程管理；房屋、公共设施、村容镇貌和环境卫生管理
安徽省	安徽省村镇规划建设管理条例	规划的制定：乡镇人民政府组织编制 规划内容：乡行政区内村庄和集镇的布局、性质、规模、发展方向；交通、供电、供水、邮电、能源、文教卫生等生产和生活服务设施的配置；主要生产项目安排 规划的实施与建设工程的管理：建设申请审批标准；村镇生态环境、污染防治等原则

续表

地名	村庄规划建设指导文件	主要内容
福建省	福建省村镇建设管理条例	规划的制定：乡域总体规划、集镇建设规划有乡镇人民政府组织编制；村庄建设规划由村民委员会编制 规划的内容：居民住宅、公共建筑、生产建筑、道路交通、绿化和其他基础设施等各项建设的布局，人口及用地规模；发展方向和有关的技术经济指标；防灾规划 规划的实施与建设工程的管理：规划区内建设审批手续；建设工程管理技术规定；村镇基础设施建设管理规定；村镇房屋管理
江西省	江西省村镇规划建设管理条例	规划的制定：乡镇人民政府负责组织编制，县级人民政府建设行政主管部门予以指导 规划的内容：乡级行政区内的村庄、集镇布点；村庄、集镇的性质、规模和发展方向；村庄和集镇生产和生活服务设施的配置；实施规划的政策措施 规划的实施与建设工程的管理：规划区内建设审批流程；村镇建筑设施和施工管理规定；村容镇貌和环境卫生管理
山东省	山东省村庄和集镇规划建设管理条例	规划的制定：乡镇人民政府组织编制，须经村民会议讨论同意 规划的内容：乡级行政区域内村庄、集镇布点、村庄、集镇的位置、性质、规模和发展方向，规划建设用地范围，村庄、集镇基础设施以及其他各项生产和生活服务设施的配套 规划的实施与建设工程的管理：规划区内建设审批流程；村镇建筑设施和施工管理规定；房屋、公共设施、村容镇貌和环境卫生管理
河南省	河南省村庄和集镇规划建设管理条例	规划的制定：集镇规划的编制由乡级人民政府负责编制；村委会组织编制村庄建设规划 规划的内容：乡级行政区的村镇布点，村镇的位置、性质、规模和发展方向，村镇的交通、供水。供电、邮电、商业、绿化等生产和生活服务设施 规划的实施与建设工程的管理：规划区内建设审批流程；村镇建筑设施和施工管理规定；房屋、公共设施和环境卫生管理
湖北省	湖北省村庄和集镇规划建设管理办法	规划的编制：乡级人民政府组织编制 规划的内容：（没有明确给出） 规划的实施与建设工程的管理：规划区内建设审批流程；村镇建筑设施和施工管理规定；房屋、公共设施和环境卫生管理
湖南省	湖南省村庄和集镇规划建设管理办法	规划的编制：由乡级人民政府负责组织，委托有相关资质的规划设计单位编制 规划的内容：乡级行政区的村镇体系；村庄和集镇的位置、性质、规模及发展方向、规划区范围，相互交通、供水、供电、通信等设施安排，确定主要非农生产企业用地分布；乡级行政区域内主要公共建筑的配置，综合协调防灾、环境保护规划区内建设审批流程；村庄和集镇建设的设计、施工管理等专业规划 村镇和集镇规划的审批流程

续表

地名	村庄规划建设指导文件	主要内容
广东省	广东省乡（镇）村规划建设管理规定	规划的编制：乡镇政府 规划的内容：按照生产发展的需要和建设的可行性，确定乡镇、村的性质，发展方向，人口和用地规模。乡镇、村的位置，交通、电力、电讯线路走向，主要公共建筑物和生产用用地布局，分期建设目标 规划的实施和建设工程的管理：规划区内建设审批流程；村庄和集镇建设的设计、施工管理
广西壮族自治区	广西壮族自治区村庄和集镇规划建设管理条例	规划的编制：由乡镇政府组织，由具有设计资格的村庄、集镇规划设计单位承担 规划的内容：（没有明确规定） 规划的实施和建设工程管理：规划区内建设审批流程；村庄和集镇建设的设计、施工管理；房屋、公共设施、村容镇貌和环境卫生管理
海南省	海南省村镇规划建设管理条例	规划的编制：乡镇政府组织 规划的内容：规划区范围，住宅、道路、供水、排水、供电、垃圾收集、禽畜养殖场所等农村生产、生活服务设施、公益事业等各项建设的用地布局、建设要求以及对耕地等自然资源和历史文化遗产保护、防灾减灾等具体的安排 规划的实施与建设工程的管理：村镇建设的管理（规划区内建设审批流程、建设的设计、施工管理）；村镇房屋管理（权属登记）；监督检查
重庆市	重庆市村镇规划建设管理条例	规划的编制：乡镇人民政府负责编制 规划的内容：根据不同地区特点和经济发展水平，各项建设的用地布局、规模、发展方向和有关技术经济指标，道路、能源、邮电、给排水、绿化、防灾、环卫、环保以及生产配套设施做出具体安排。 规划的实施和建设工程管理：规划区内建设审批流程、村镇建设的设计、施工管理、村镇房屋、公共设施、村容镇貌和环境卫生管理
四川省	四川省村镇规划建设管理条例	规划的编制：乡镇人民政府组织 规划的内容：村镇总体规划和村建设规划。村镇总体规划内容：乡级行政区域内集镇、村的布点、性质、规模和发展方向；村镇生产生活设施的配之，主要工副业生产基地分布和主要公共建筑设施的配置。村建设规划内容：住宅和给排水、供电、道路、绿化、环卫以及生产配套设施 规划的审批流程：村镇房屋实行产权登记管理制度
贵州省	贵州省村庄和集镇规划建设管理条例	规划的编制：乡镇人民政府组织 规划的内容：住宅布局和建筑风格，道路走向、宽度，养殖和加工等产业发展用地，供水、排水、供电、通信及其他工程管线和绿化、环境卫生等生产生活设施的具体安排，本村企业和教育、卫生、体育、文化等各项建设的用地布局和规模 规划的实施和建设工程管理：村庄建设；村民住宅建设；村庄管理

续表

地名	村庄规划建设指导文件	主要内容
云南省	云南省村庄和建设管理实施办法	规划的编制：乡级人民政府负责组织 规划的内容：村镇整体规划和村镇建设规划。居民住宅和生产设施、乡镇村企业、乡镇村公共设施和公益事业等建设 规划的实施和建设工程管理：管理村镇各项建设活动，核发选址意见书，审批村镇工业、民用建筑设计，审核设计、施工单位资质，监督。检查村镇建设工程质量和安全生产；检查村镇的房屋、公共设施、村容镇貌和环境卫生的管理工作
西藏自治区	西藏自治区村庄规划建设指导性意见	规划的编制：乡镇政府委托具有规划编制资质的规划设计单位 规划的内容：村庄的布点，村庄规模和发展方向，村庄和农牧民住宅的总体风格，村庄的交通、供水、排水、通信、绿化、环境卫生等生产生活设施的具体安排，以及本村企业、公益事业等各项建设的用地布局和规模 规划的实施和建设工程管理：规划实施过程的管理工作；对自然环境的保护要求；村庄建筑设计原则；村镇饮水水源的保护要求
陕西省	陕西省农村村庄规划建设条例	规划的编制：村庄总体规划由乡镇政府组织编制；村镇建设规划由村民委员会组织编制 规划的内容：村庄整体规划（乡镇行政区内的村庄布点，村庄规模和发展方向，村庄和村民住宅的总体分割，村庄的道路交通、供水、排水、供电、通信、绿化、企业和教育、卫生、体育、文化、广播电视等设施的配置。）村庄建设规划（住宅布局和建筑风格，道路走向、宽度，养殖和加工等产业发展用地，生产生活设施的具体安排，各项建设的用地布局和规模） 规划的实施和建设工程管理：村庄建设、村民住宅建设、村庄管理
甘肃省	甘肃省村庄和集镇规划建设管理条例	规划的编制：乡镇政府组织编制 规划的内容：确定乡级行政区域内的村庄、集镇布点；确定村庄和集镇的规划区域范围、位置、性质、建设用地规模、人口规模和发展方向；确定从村庄与村庄之间的交通联系网、给排水方案、供电和邮电通信线路及设备的布局、走向名乡镇企业和主要公共建筑、公益事业设施的配置及商业网点等生产和生活服务设施的合理布局；确定乡级区域内非农业用地的配置和开发；综合编制防灾、环境保护规划 规划的实施和建设工程管理：规划区内建设审批流程；村镇建筑设施和施工管理规定；房屋、公共设施和环境卫生管理
宁夏回族自治区	宁夏回族自治区村庄和集镇规划管理实施办法	规划的编制：由乡级人民政府负责组织编制，并监督实施 规划的内容：村镇总体规划和村镇建设规划。（没有具体明确） 规划的实施和建设工程管理：规划区内建设审批流程；村镇建设的设计、施工管理；房屋、公共设施、村容镇貌和环境卫生管理

3 村庄规划本质特征

从新中国成立后不同时期的规划（图2′-3-1、图2′-3-2、图2′-3-3、图2′-3-4）可以总结我国乡村规划的基本特征。

（1）蓝图式规划

乡村规划沿袭我国计划经济时期“城市规划工作是国家经济工作的继续和具体化”[①]思想，较少考量乡村是否有准确计划和投资项目来源不确定

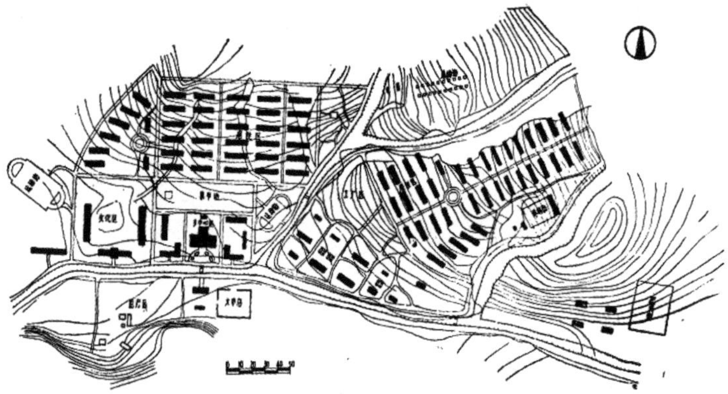

图2′-3-1　20世纪50年代兴城县旧门乡村规划

图片来源：张树贵，于清林．辽宁省兴城县旧门乡村规划[J]．建筑学报，1958（8）．

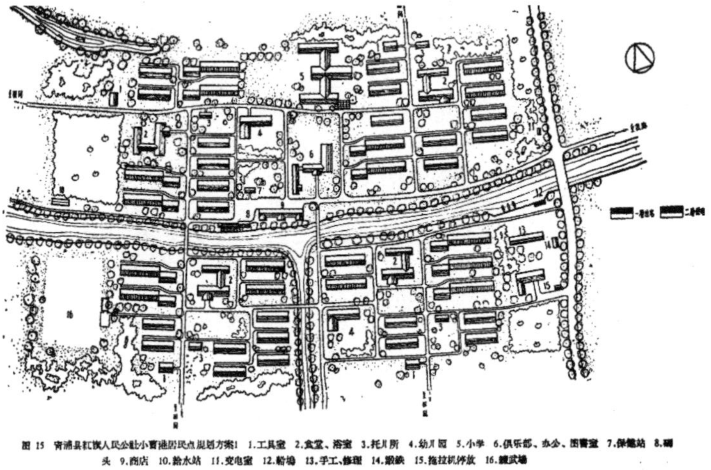

图 15 青浦县红旗人民公社小曹港居民点规划方案1 1.工具室 2.食堂、浴室 3.托儿所 4.幼儿园 5.小学 6.俱乐部、办公、图书室 7.保健站 8.码头 9.商店 10.给水站 11.变电室 12.船坞 13.手工、修理 14.锻铁 15.拖拉机停放 16.练武场

图2′-3-2　20世纪60年代青浦县红旗人民公社规划

图片来源：李德华，等．青浦县及红旗人民公社规划[J]．建筑学报，1958（10）．

① 国家城市建设总局副局长　孙敬文．适应工业建设需要加强城市建设工作[N]．人民日报，1954年8月12日．

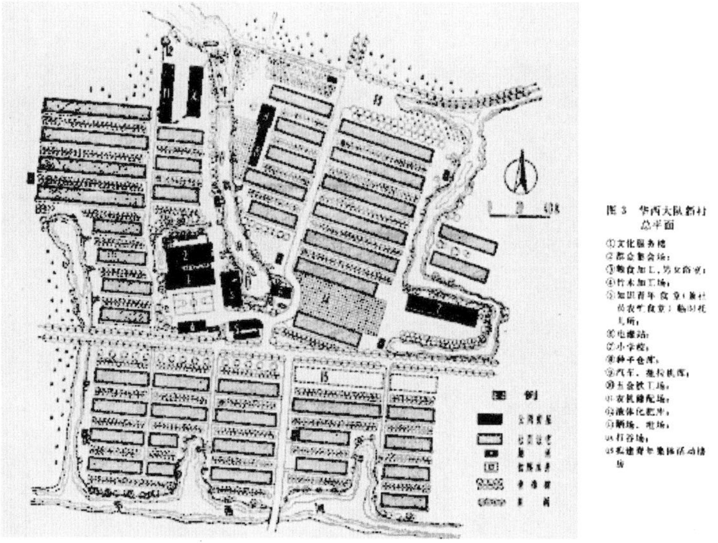

图2′-3-3 20世纪70年代江阴市华西大队规划

图片来源：江苏省江阴县革命委员会调查组. 华西大队新村的规划建设[J]. 建筑学报，1975（3）.

图2′-3-4 21世纪初期枣庄市大宗村规划

图片来源：“十一五”科技支撑计划课题（2008baj08b01）试点村庄

性的前提，规划是乡村建设项目在空间上的落实，是物质性规划。蓝图式规划的重要限制因素是土地指标的计划性和建设用地规模的限定性，存在如下悖论：与土地利用规划协调，则限制在土规范围之内，缺少腾挪的空间，规划科学性受到质疑；与土地利用规划不协调，则规划无法实施。

（2）自上而下式规划

乡村规划建设的公共服务投入仅考虑国家层面的教育、医疗、文化、体育等方面，侧重国家投入的建设成本收益最大化，普遍以经济效益作为衡量标准，以政府为核心的成本计算方式和部门项目的运作方式使得规划决策思维是自上而下的，因此乡村规划的编制普遍采用自上而下的“标准规范决策+专家理性分析”的决策方式，相关规划规范及文件主要从编制指导思想、原则、内容角度阐述。

（3）精英式规划

乡村规划及实施过程中涉及多个层面：村民、村集体、企业和政府，也包括参与治理过程的规划师，不同参与方在乡村治理决策中的话语权是有差异的。我国当前的乡村规划主要是精英式规划，这主要取决于政府、企业和规划师在乡村治理过程中占据政策、资金、智力等权威优势，思维观念中农民是落后、愚昧的代名字，出于政绩和对农村、农业、农民的了解甚少等方面的原因而采取运动式、一次性、单方面决策的项目形式，进行自上而下的价值输出，并以显性的精英价值取向和技术权威价值强行植入等方式体现。村民的意愿并未得到体现，话语权被精英阶层所取代。

（三）现代乡村规划建设管理制度现状与问题

我国乡村规划建设管理制度包括用地规划、工程规划、建设产权、建设资金管理四个方面。

1　当代乡村规划建设管理制度现状

（1）用地规划管理制度

1）土地使用合法性获得

村庄的土地供应是非市场化的，代表性政策是“一户一宅”，具有福利化特征。即除了在城镇商品房市场上购买住房外，农民有权利在其所在的村集体范围内获得一块一定面积的宅基地用于住宅建设。这种制度设计的缺欠在于：既没有考虑到住宅建设用地的供应很难跟上农村人口的增长和代际累加速度的加快，也没有考虑退出机制。村庄空间秩序的维护仅仅通过国土部门的宅基地管理原则界定，赋予村委会极大的管理权限，政府层面无论是直接管理还是间接监管都是严重缺失的，村庄建设用地的获得极不规范且是随意的，这也是我国很多乡村地区宅基地一户多宅现象多发的根本原因。

在当前建设用地的严格管理制度背景下，建设用地的获取需要合法性途径。目前国土部门的土地利用管理是当前村庄土地利用最主要的管控手段，国土部门基层机构为镇乡国土所，以层级式管理为主。2000年之后，土地管理的重要调整就是土地审批权限的上移，将区、县一级的新增建设用地审批权限统一上移至中央和省两级。目前，以管控为主的土地管理方式，对于基本农田保护具有重要的作用，但对于村集体土地开发和建设管制不足。由于土地利用指标需要层层分配获得，难度极大，以至于调研的江苏江阴、广东广州等地2000年以后再未增加宅基地的供应。有限的新增村庄建设用地在众多的村庄分配，需要统筹多方面需求，一般由国土部门的土地利用规划和城乡规划部门的村庄体系规划进行控制和分配。由于原有村庄体系规划缺乏与土地利用总体规划的协调，因此无法有效指导村庄规划的编制，不能从根本上解决土地合法性问题。同时由于用地的退出机制和流转机制没有建立，村与村之间的用地统筹无法实现，村庄用地紧缺和用地浪费现象同时存在。

2）土地使用合理性判别

用地合法性基础上，通过规划许可进行用地类型具有空间秩序的合理性审核。由于传统农业社会村庄自我构建和空间秩序的能力随着市场经济的冲击变得支离破碎，加之当代乡村空间管理的严重缺位，乡村空间秩序的合理性缺乏有效判别。1993～2007年，村庄建设的管理法规是建设部颁布的《村庄和集镇建设管理办法》，乡村规划建设管理工作实施双重管理①，但缺乏具体的管理手段。2008年《中华人民共和国城乡规划法》（以下简称《城乡规划法》）实施，将村庄规划正式确定为政府的职能，并规定了乡村规划许可证制度。与城镇规划建设管理“两证一书”相比，乡村“一证”实际上为地方政府提供的简易化管理手段。村庄建设规划行政许可的基本要件是许可依据、许可部门和许可申请。按照法定规划体系，行政许

① 《村庄和集镇建设管理办法》第6条规定：国务院建设行政主管部门主管全国的村庄、集镇规划建设管理工作。县级以上地方人民政府建设行政主管部门主管本行政区域的村庄、集镇规划建设管理工作。乡级人民政府负责本行政区域的村庄、集镇规划建设管理工作。

可依据应为村规划，与城镇规划管理的行政许可依据类比，村庄规划应至少达到控制性详细规划的深度方可作为依据进行行政许可。在原有村庄底数不清、产权不明、需求多变、政策多样、依据多元、标准缺失的基础上编制的村庄规划，很难达到规划本身的技术价值和行政许可的准确性、唯一性和科学性要求，使得事权依据和土地使用合理性判别存在基础性障碍。

（2）工程规划管理制度

《城乡规划法》将乡村工程规划管理面向具体的建设分为三类工程：居民建设、乡镇企业和公共设施建设[①]，目前乡镇企业和公共设施建设的乡村建设规划行政许可运转基本正常，但居民住宅的规划建设许可处于极为尴尬的境地，行政许可管理方式名存实亡，主要原因如下：

一是缺乏适应性管理机构和人员。村庄规划管理缺乏与之相适应的行政资源，规划管理的基层部门只在县级政府设立，乡规划行政主管部门人员编制有限，难以承担大量乡村规划许可任务。而村庄规划建设管理具有实时性和程序简易化要求，需要乡村建设管理的权限下行，由于县级城市乡镇级政府未设相应机构，不能承担乡村规划许可任务。即使在乡镇设立了相应的机构，由于农村收费制度的全面取消，在乡镇政府吃饭财政状况下，许可证[②]发放没有财政资金保障；

二是技术审查标准的适用性不足。以广州市为例，从日照和防火标准层面，广州村民住宅的建设大部分不满足建设标准的规定[③]，若不满足规范审批则属违法行政，且确实存在大量安全隐患。若严格按照规范审批，则需要规划建设主管部门和消防部门共同研究制定适合本地的防火规范和解决办法；

三是适应性规划审查技术不足。随着城镇化推进，原本差异不大的村

① 《城乡规划法》第41条规定：在乡、村庄规划区内进行乡镇企业、乡村公共设施和公益事业建设的，建设单位或者个人应当向乡、镇人民政府提出申请，由乡、镇人民政府报城市、县人民政府城乡规划主管部门核发乡村建设规划许可证。在乡、村庄规划区内使用原有宅基地进行农村村民住宅建设的规划管理办法，由省、自治区、直辖市制定。

② 每证成本费2元。

③ 如《建筑设计防火规范》（GB 50016-2012）的防火间距（5.2.2强制性条文）、消防通道（7.1.8、7.1.9）等多项规定。

庄开发分化，土地开发的动机和收益也产生明显差异，而传统村庄中的土地政策和村规民约难以对市场驱动下的建设行为进行有效管制①，而基于城市的规划管理制度更符合大规模制造业、交通设施、居住和商业的整体性开发，而对小规模、渐进式村庄建设则缺乏适用的规划技术、手段、流程和技术人员，这就造成实际上的管理真空区域；

四是村民缺乏申领意愿。在土地流转制度尚未推进，农民缺少农村住宅产权合法化保护的需求，即便乡村规划许可相对于城镇规划“两证一书”管理方式已经实现了简易化处理，但对村民而言因为无用而缺乏申请意愿。

（3）建设产权管理制度

1）产权分异

农村地区集体建设用地按照开发权亦主要分为宅基地、集体产业用地、集体公共用地三类用地，按照相关法律规定，虽然土地权属属于村集体所有，但是在具体的土地使用、收益分配、转让和补偿方式上等方面则存在较大差异。而在实施过程中，政府法律法规条文和村庄实际执行的习惯做法之间亦存在较大差异，具体体现在以下三个方面：

一是土地性质发生变化。“一户一宅”的宅基地分配和土地用途使用背景下，已逐渐偏离其福利性原则，宅基地在土地价值不断市场化过程中实际上转变为私有财产；

二是土地空间所有权分异。村集体内建设用地资源随着城市扩张而愈发稀缺，很多地区宅基地分配方式也由无偿划拨转为有限交易的地方运行规则，即缴纳一定费用，甚至在一定范围内（行政村或自然村内）拍卖取得，这使得宅基地成为村内具有合法身份的富裕村民的投资产品，并形成村庄内既有父子几户人共用一块宅基地，与一户家庭同时拥有多块宅基地的差异，也使得大多数农村地区村民所占用的宅基地面积整体而言均超过标准；

①《广东省城乡规划条例》第51条规定：在村庄规划确定的宅基地范围内建设农村村民住宅的，应当持村民委员会签署的书面同意意见、土地使用证明、住宅设计图件等材料，向镇人民政府提出申请，由镇人民政府报城市、县人民政府城乡规划主管部门核发乡村建设规划许可证。城市、县人民政府城乡规划主管部门可以委托镇人民政府核发本条规定的乡村建设规划许可证。

三是土地开发的动机和收益差异。随着城镇化推进，原本差异不大的村庄开发分化，土地开发的动机和收益也产生明显差异，距离城市距离较近的村庄已逐步由非商品化的自住房转变为商品化的出租房屋，宅基地的市场价值得以体现。在此情况下，村民宅基地取得动机除满足自住需要外，部分富裕村民对宅基地的需求更大程度是用于投资，基于福利为主的宅基地分配制度与基于家庭私有产权的市场交易制度交织，导致村民家庭之间宅基地面积差异增加的同时，住宅建筑面积差异性很大，公平性和效益性的界限已经极为模糊。

2）法律缺失

按照《建筑法》的规定，农民自建低层住宅建设行为不受法律约束①，即农民住宅建设未能实现依法管理。虽然部分省市出台《农村村民住宅建设管理办法》，但仍然不能弥补我国国家层面依法管理的缺失。同时，我国针对城市房地产开发、交易有《城市房地产法》作为法律依据和准绳，限于土地制度和宅基地制度，农村住宅的依法建设和交易管理同样存在法律空白。

（4）建设资金管理制度

2002年开始的税费改革②取消了乡统筹、村提留和农村义务工等收费和摊派项目，只对农民收取较原来税率有所提高的农业税和农业税附加（分别占常年亩产的7%和1.4%），2005年全面取消农业税，公用经费的安排由“县乡两级”转变为完全由县级政府安排，支出实施包干制，每一项均有明确的用途，致使乡镇政府无法实现乡层面的统筹。税费改革将摊派的公共建设收费转变为由村民大会通过的“一事一议”制度，由于乡村的建设和运营维护资金投入缺乏可靠的预算以及基层缺钱，乡镇对上级产生强烈的资金依赖，上下级组织之间以获得资金为目的经济关系加速形成③。乡村公共服务更多依靠专项资金来提供，项目资金也称“部门资金”，在体

① 《建筑法》（2011修正）第83条规定：抢险救灾及其他临时性房屋建筑和农民自建低层住宅的建筑活动，不适用本法。

② 《国务院办公厅关于做好2002年扩大农村税费改革试点工作的通知》（国办[2002]25号）[Z].

③ 张静. 政府财政与公共利益——国家政权建设视角. 引自“周雪光、刘世定、折晓叶主编. 国家建设与政府行为[M]. 北京：中国社会科学出版社，2012：217-237”.

制外循环[①]。既有着地域分配的自由度，也试图严格体现资金拨付部门的意志，导致乡村建设投入存在极强的目的性和选择性，政绩工程由城市走向乡村，越来越趋向于做表面文章[②]。

2 现代乡村规划理论与建设管理制度问题

（1）理论基础与管理制度脱节

与传统乡村建设理论思想基础不同的是，现代乡村仅有城市规划理论的借鉴，缺乏建设理论，思想基础是技术至上。从规划编制角度，当前乡村规划主要应用规模效益理论进行村庄布点规划，应用城市规划的功能分区理论进行用地布局，运用级配理论进行公共服务设施的配置。从规划管理角度，2008年前，政府对村庄的空间干预主要是国土部门的土地利用规划，主要起到保障农田不被非法侵占和建设用地的新增，建设用地范围内的各类建筑和设施的空间秩序维护缺乏制度的保障，政府对公共利益的维护采取的行政干预手段极其薄弱。即便遵守了相关的规划理论进行村庄规划编制，在规划本身的质量受到质疑的情况下，由于维持村庄基本的空间秩序规则尚未建立，规划很难实施。因此，从现代乡村规划理论与规划管理制度的承接关系而言，二者是脱节的。

（2）缺乏乡村保护的制度安排

我国一直奉行城市为中心的选择偏好，因此管理制度体系也是完全基于城市发展角度，无论是征地拆迁，还是规划建设管理。即便是对农民最有利的包产到户作为一种制度安排，也是当时为急于摆脱财政危机，政府在农业相对于城市工业而言显得不经济的条件下，通过向村社集体和农民在土地和其他农业生产资料所有权的让步，甩出农村集体管理和农民福利保障以及公共积累的一项制度交易。目前针对农村主要是关注农产品的输出功能，因此侧重农业现代化，未有农村和农民现代化的整体制度设计，缺乏对乡村的全面保护的制度安排。

① 周飞舟．财政资金的专项化及其问题：兼论项目治国．引自“周雪光、刘世定、折晓叶主编．国家建设与政府行为[M]．北京：中国社会科学出版社，2012：183-216”．

② 如统一粉刷、沿街造假、缺乏排水管道的旱厕改水厕等。

（3）参与主体矛盾的行为选择

乡村编制主体和实施主体不明确，规划工作推动困难重重。《城乡规划法》、《村镇规划编制办法（试行）》均规定村镇规划由乡（镇）人民政府负责组织编制，但村和镇的规划编制主体没有区分。在实际工作中容易忽视村庄规划。村庄规划的实施主体应是村集体，但由于村民认识问题，新农村规划涉及的土地权属、土地流转问题难解决，导致农民对村庄规划的实施持怀疑态度，主体地位难以体现①。忽视公共参与，没有充分调动农民的积极性。以往的村镇规划往往是由政府自上而下编制的“见物不见人”的物质规划，忽视了居民的主体性。规划编制者又缺乏对农村的深入了解，规划成果常常不被农民了解或接受。受市场力和行政管理制度影响，乡村建设的参与主体——政府、村集体和村民由于发展目标的不同，是否接受或执行乡村规划管理制度的选择呈矛盾状态。

1）村委会的选择——管与不管

乡村地区土地利用实质性管理形成村、社两级制，对于村民宅基地和房屋日常建设和管理主要由村党委和村民委员会执行：一方面村委会作为村民选举形成的农村基层群众性自治组织，如果严重背离村民的加建意愿严格按照现有相关政府规定严格执法，势必会得罪大部分村民家庭，有可能在下次村委会选举中落选，因此对于村民宅基地上加建改建行为持纵容甚至认同的态度，并且为保证村集体利益，本身进行违法建设，以支撑集体资产的经营；另一方面，随着发展阶段的变化，传统集体经济的经营模式同样面临转型升级的挑战，高标准建设、规范化运营、法制化管理逐步成为发展共识。因此从长远发展和行政约束角度，村委会亦存在规范管理的意愿，会配合国土、规划、城管部门对于严重违反相关法律、法规的行为进行举报和制止。

2）村民的选择——法外与法内

中国乡村社会秩序在现代化和时局变乱中所呈现出来的不断坍塌与边缘化的状况，迎合了传统农民在世道变迁中无所适从和无所依凭的需要。

① 吴志东，周素红．基于土地产权制度的新农村规划探析[J]．规划师，2008（3）．

经济社会发展的快速推进使得村民社会呈现极端自立性和强烈的对抗性特征：一方面，由于土地管制政策逐渐加强，现有土地管制更多着重于新增建设用地，而对既往的违法建设用地行为实际上并未追溯，原始资本的逐利思想使得村民个体性加建行为逐步演变成为违章建设的群体化行动。另一方面，违法建设引发的公地悲剧凸显，整体治理与品质提升成为农村地区未来财富增值的唯一路径，村民对规范化管理和财富合法化的诉求也在增加。

3）政府的选择——放与不放

一直以来的重城轻乡的发展思路导致政府管理的城市偏向，城市政府一般从城市利益出发，重点保障城市的重大项目和重点地区建设，增建挂钩的土地管理制度使得村集体经济发展和村民住房建设需求受到抑制。尤其城中村和城边村，面临村庄规划的法律地位以及与城市控规的不协调问题。其根源在于收益的获取和分配，一旦按照村庄规划实施，土地收益将由村民和村集体获得，而按照控规管理，预示着土地的收益大部分归政府所有。因此对政府而言实质面临两难的抉择：经济效益的过度专注抑或经济效益、社会效益和生态效益的均衡。

（4）村庄规划编制存在的问题

1）规划编制体系问题

村庄规划编制体系存在如下问题：一是重镇规划，轻村庄规划。《村镇规划编制办法（试行）》没有明确规定镇层面和村层面要解决的内容。实际编制工作往往重视的是镇层面的问题，缺少对村层面规划编制的相关法规指导，并且忽视了村庄体系规划的问题；二是各层位的规划衔接不够，村镇缺失上位规划指导。目前，村镇规划一方面与上层规划的衔接不足，另一方面村级规划缺少上位规划的指导，导致村庄规划难以落实或失效；三是缺乏分类指导，规划的针对性和可操作性较弱。《村镇规划编制办法（试行）》对地区差异性考虑不足，而各地特别是县市一级缺乏专门的村镇规划编制细则，导致村镇规划难以有效指导村镇建设而流于形式。

2）规划编制标准问题

村庄规划编制标准存在如下问题：一是村镇规模标准。《村镇规划编制办法（试行）》对村镇规划实行同一标准。《村镇规划标准》GB 50188-2007按常住人口把镇村分为小型、中型、大型、特大型四级；也有按人口规模划分为基层村和中心村，一般镇和中心镇四级（表2′-3-3、表2′-3-4），但这种分级很难解释规划的中心村和基层村的区别。村庄规模的划分上仅以人口为判定标准是不全面的。

村镇的等级划分标准　　表2′-3-3

规模分级		村庄		集镇	
		基层村	中心村	一般镇	中心镇
常住人口数量（人）	大型	>300	>1000	>3000	>10000
	中型	100～300	300～1000	1000～3000	3000～10000
	小型	<100	<300	<1000	<3000

《村镇规划标准》划分镇村规模等级　　表2′-3-4

规划人口规模分级	镇区	村庄
特大型	>50000	>1000
大型	30001～50000	601～1000
中型	10001～30000	201～600
小型	≤10000	≤200

二是建设用地标准。现有村镇规划用地标准适用范围虽覆盖全国的村庄、集镇和县城以外的建制镇，但全国村镇存在地域和建设水平上的差异，致使无论是人均建设用地规模，还是建设用地比例均缺乏实际指导意义。以北京市为例，按照《村镇规划标准》，村庄人均建设用地指标的高限为150平方米/人，而2008年北京农村现状人均建设用地约280平方米/人，有些村庄现状人均建设用地甚至达到了1000平方米/人以上。如果按照国家统一标准编制村庄规划，村庄建设用地将大为减少，村庄本身缺乏编制规划的内在动力。

三是基础设施和公共服务设施的配置标准。目前，村镇基础设施配置仅考虑了道路、供水、排水、供电、邮电等工程设施，忽略了村民生活燃料、供热采暖、有线电视等设施的规划配置，致使村镇在建设过程中所需要的规划指导远超出村镇规划规范所涉及的内容。即便考虑到的内容也仅是原则性意见，其强制性有待加强。以道路交通为例，随着农村交通运输业的发展，有必要对村镇道路的宽度、等级配置进行深入研究论证和加以调整。对公共设施配置标准缺乏从规模等级角度对中心镇、一般镇、中心村和基层村进行分类，很少考虑到公共设施的共建共享问题，公共设施的配置也没有作为强制性指标纳入规划体系。

3）规划编制内容问题

村庄规划编制内容主要存在如下问题：一是缺少村庄分类研究。现有的规划编制内容缺乏对村庄分类的系统研究，无法有针对性地对村庄规划建设进行分类指导。二是缺乏村庄产业发展规划研究。当前村庄规划忽视了乡村产业规划研究。村庄自主产业发展的类型比较单一，造成产业发展方向雷同。村庄规划需要在空间资源配置、功能布局等方面对产业发展进行统筹考虑①。三是忽视村域土地利用规划。现有的村庄规划忽略了对所有农田、林地、草场、牧场、山林进行整体性规划，以适应机械化耕种要求的现代种植业发展需求。四是忽略对农民住房建设的引导。《建筑法》第7条规定，国务院建设行政主管部门确定的限额以下的小型工程可以不必申请领取施工许可证，使农村住宅这样的小型工程建设既缺乏设计，又缺少施工监督管理。导致农村住宅质量较差，农民因为住房造成返贫现象。五是缺少生态保护规定。《村镇规划编制办法（试行）》没有关于乡村地区生态环境的规定，而要实现乡村的可持续发展要考虑加强对环境保护和资源利用的规划。

4）规划编制基础问题

规划编制的基础问题主要体现在以下几个方面：一是规划年限较长，没有突出体现乡村规划的特点和发展需要；二是编制基础条件缺乏，缺少规划编制时需要的地形图等基础条件，规划编制难以开展；三是规划编制单位资质不明确，编制成果缺乏灵活性和强制性的统一，编制质量不高，规划难以实施。

① 朱铁华，倪锋．北京村庄规划实践中的反思与追问[J]．北京规划建设，2006（3）.

（5）村庄规划实施的现实困境

1）制度困境

规划实施法律支持不足。在现有的法律框架下，即便按规划要求村民集中建房，但村民不一定能取得该规划居民点的土地使用权；农村建设项目管理未形成一套完整的规划实施管理体系，导致新农村规划实施困难。农村村民在申请住宅建设项目的一般审批程序是：通过村民会议讨论，经乡级人民政府批准，并领取《住宅建筑施工许可证》后才能建设，而且只有通过有关部门（通常是乡级人民政府）的竣工验收后才能交付使用。但是，该程序中并未把相应的规划作为项目审批的依据，使得村镇规划在实施中缺乏制度保障，具体体现在三个方面的管理制度缺失：

一是乡村建设许可证制度。出于技术基础不足、管理人才缺乏等原因，《城乡规划法》确定的乡村建设许可制度并未得到有效的实施，乡村建设未能实施有效的空间管制、技术引导和政策调控，乡村建设混乱状况频现。

二是公共建设用地管理制度。乡村公共服务制度的调整并未依据乡村固有的空间、文化特征和地域特点进行，更多的是考量公共财政的投入效益，较少考量相应居民的获得公共服务支出的增加，相应的公共建设用地管理混乱，缺乏适宜性标准，受制于部门利益，缺乏共建共享的考量和新的公共服务需求的供给。

三是乡村产业用地规划管理制度。乡村产业模式随着农业现代化、农村信息化、农民城市化发生巨大的变化，相应的产业用地逐渐多样化和复杂化，适应现代农业生产方式的产业用地管理制度缺失将可能使得乡村建设的混乱化、破碎化加剧。

2）社会困境

社会困境存在三个方面：

一是精神困境。维系传统乡村社区关系的血脉、精神、场所不复存在。居住的复杂性导致自立性，传统乡村居民必须唇齿相依才能生存下去的背景不复存在。在新制度经济学看来，任何人都是利己的经济人。人们只具有有限理性。人具有机会主义行为倾向。因此，人们通常会追求眼前的利益最大化，且往往忽视长远的利益；

二是秩序困境。从乡村治理的三个核心“精英界定——权威——秩序”之间有一个强烈的“三位一体”线性关系，对于中国农村来说，其权威与秩序的建立在一定程度都仅仅是其在特定时代“精英界定”的表现形式。但对于今天的中国乡村而言，当传统“氏族权威”下的精英标准消失，当代中国所营造的“贫穷、革命”等政治精英标准的撤离。当农村地区开始受到前所未有“市场化”和西化宗教信仰的冲击的时候，以财富为标准的“经济精英”和以信仰号召力为标准的“文化精英”能否成为当代农村精英的新标准需要继续研究和考察。

三是理想困境。传统居住模式的颠覆。尽管每个民族都有自己的理想居住模式，但还没有一个民族像中华民族一样形成了一整套基于风水学的理想居住模式和墓葬吉凶意识和操作理论，这是中国独有的文化，是基于人与自然关系形成的土地伦理和对待自然和土地的态度。但这个产生于前科学时代的文化遗产和文化景观——即藏风聚气的理想风水模式非但不能解决当代中国严峻的人地关系危机，而且成为时代发展的障碍。

3）资金困境

一般市场经济国家多由国家财政主导来提供农村的公共品的开支[①]。由于宏观的发展环境并未给国家增强其对乡村的整合与控驭能力提供足够的时间和资源，相反，构建中国重工业体系的大量资本的需求以国家单向度地加大对乡村的攫取为特征，在传统的生产方式、保障体系和收入状况不变的状况下，城乡建设用地增减挂钩、不尊重农民意愿、政府主导和缺乏市场机制、土地补偿较低、就业服务社会保障缺位的背景下，乡村撤村并点的土地空间调整方式使得乡村居民失去了田园生活方式、微型种养空间、可居住房屋以及部分宅基地，公共服务缺失，人居环境与规划产生很大偏差，新增大量债务，乡村凋敝，导致了国家与农民的对立，民间财富严重不足。目前我国村镇各级政府在村庄建设上缺乏稳定的资金保障，大部分村庄规划编制费用都难以筹集，更谈不上规划实施的建设费用。

① 温铁军. 如何建设新农村[J]. 经济管理文摘，2007（22）.

4）实施困境

近10年来，大规模推进的村庄规划大致包括三大类型：

一是整治型规划。规划内容不涉及村庄搬迁和建设用地流转，重点在村容村貌整治、基础设施和公共服务设施的建设等，目的是通过整治改善村庄人居环境和生产条件，促进村庄经济发展与社会进步。整治性规划通常受到村庄的欢迎，但是也存在着自上而下的规划，项目选择、地块选址以及建设规模不符合村庄发展需求，或者建设资金不到位，缺乏相应政策配套等问题，造成许多规划难以实施。

二是保护型规划。保护型村庄规划是指对历史文化名村以及传统村落开展的专项保护规划。我国的历史文化名镇名村保护始于20世纪80年代。1982年以来，国务院先后公布了国家历史文化名村276个，各省、自治区、直辖市人民政府公布的省级历史文化名村已达529个。2012年4月，由国家住房和城乡建设部、文化部、中国传统村落、国家文物局、财政部联合启动了中国传统村落的调查。通过各省政府相关部门组织专家的调研与审评工作初步完成，全国汇总的数字表明中国现存的具有传统性质的村落近12000个，从而形成了全国历史文化名村和传统村落两条并行的保护体系。历史文化名城名镇名村保护已受到普遍重视，各地相继组织开展了历史文化名村保护规划的编制工作。在保护型规划中，最突出的问题是如何处理好保护与发展的关系。目前编制的许多规划，可以在技术上很好地保护历史建筑和古村落文脉，以及非物质文化遗产。但是，在保护的同时如何满足村庄居民生活现代化发展的需要是没有完全解决的规划难题。正因为如此，许多自上而下的技术性村庄保护规划实施困难。

三是搬迁型规划。搬迁型规划是近10年来数量上占多数的村庄规划。绝大部分搬迁型规划都与城乡增减用地挂钩项目相结合，冠之以统筹城乡发展的目标。同时搬迁型规划，在不同地区内容和结果千差万别，大致可以概括为三种类型：①系统推进型。这种模式的乡村规划不仅在新建村庄配套完整的基础设施和公共服务，大幅度改善农村人居环境，而且配套改革城乡社会保障一体化、就业培训、中小学师资建设等制度和政策体系，并通过市场化手段建立起城乡通融的发展机制。真正在城乡之间建立起良性循环。这种模式可以在5～10年取得巨大成就，扭转城乡对立的利益格局，实现城乡居民共创共享的新型城乡关系，使广大农民得以分享城市发展的成果。2003年以来，成都是全国在全市域范围内有效探索系统推进模式的城市，并取得系统性成就。不仅淡化了城乡二元结构，还同时大幅提升了城市的竞争力，证明统筹城乡发展的科学性和可操作性；②新村建设型。这种模式通过农村建设用地的整理和新农村聚居点的建设，实现了农村的集中居住。在改进农民居住条件的同时，政府利用建设用地指标流转的资金改善了农村的公共服务设施，使农村的基础设施得到了巨大的改善。但是，在此过程中，农村并没有建立起促进城乡统筹发展的机制，农村的公共服务“软件”没有跟上，使得城乡割裂和城乡对立的局面没有得到根本改善，农村依然落后；③土地掠夺型。在这种模式下，地方政府以获取建设用地为主要目标，强行推进城乡建设用地增减挂钩项目，甚至违背村民意愿进行拆村并点，掠夺农村土地为城市建设所用。这种模式强行剥夺了农民的土地发展权利，新村建设质量参差不齐，甚至于基本的公共服务和基础设施建设没有保障，农民被迫集中居住，还不得不大额度贷款建设新居，搬迁的过程意味着农民返贫的过程，在很大程度上激化了社会矛盾，并扩大城乡居民生活质量差距，加深了城乡二元结构，使农村失去了发展的活力。

在上述三大类规划中，地方政府推进搬迁型村庄规划的动力最强劲，其实施程度也最高。遗憾的是在依托城乡建设用地增减挂钩开展的搬迁型村庄规划中，又以不同程度的土地掠夺性规划数量最多，这样的村庄规划实施的后果就是广泛地激化了城乡矛盾，甚至成为新时期城乡冲突的主要原因。由于城乡土地增减挂钩导致的“强拆”和农民搬迁是近10年农村上访和群体性事件的第一原因。可见，近10年来，中国村庄规划工作得到了前所未有的推进，但村庄规划质量不高，实施效果总体上不够好，不能满足农村现代化发展和城乡一体化发展的需要。

（6）当前村庄规划问题的原因

中国当前村庄规划问题产生的原因，以下三个方面值得思考：

1）村庄规划理论建设滞后。中国城市规划理论先后从欧美引进，逐渐在探索中，结合中国国情，不断完善，初步形成具有中国特色的城市规划理论体系。但是，村庄规划实践刚刚开始起步，理论引进和构建都相对滞后，各地政府在摸索中前进，付出许多重复的成本。

2）整体上村庄规划存在理念偏差。虽然是进行村庄规划，但是如前所述，许多地方政府仍然是“带着发展城市的目的开展村庄规划”，这种在“以城市为中心、以增长为导向”的理念下推进的村庄规划，无疑会产生严重的问题，除了可实施性较差以外，无视村庄发展诉求，甚至一些地方政府通过村庄规划严重剥夺了村庄发展的利益和空间，产生了严重的消极影响，乃至社会对抗情绪；

3）在规划技术和规划方法上存在三大不足。第一，仍然沿用城市自上而下的终极蓝图式规划，不能满足农村地区多样化的个性需求。村庄不同于城市，规模小，村庄规划涉及每个人的看得见的切身利益。村庄规划中每一处细微的利益增加或者利益剥夺，都会及时被村民发现，并产生放大的社会反应。与城市居民相比，村庄居民更加容易、也更加迫切地希望参与到规划当中，村庄规划比城市规划更加需要协商式规划，乃至合作式规划。但是当前的村庄规划，大部分在实质上是自上而下的，不能很好地倾听村集体和居民的意见，也没有很好将村庄发展的利益诉求纳入规划之中，规划得不到民众的理解和支持，在规划实施中遇到强大的阻力和障碍。第二，土地规划与村庄规划不衔接。土地规划以保护耕地为主要目标，采取逆向规模控制的规划原则，在土地规划中，大量现存的村庄居民点和建筑覆盖区域被规划为农田。这些村庄在现实中都有各自的发展诉求。反映村庄发展诉求的村庄规划与土地规划存在大量的冲突，在规划编制过程中又缺乏两部门的有效沟通，导致规划实施过程中，项目在土地审批环节停滞和不通过，规划项目不能实施。第三，信息不对称。在中国大部分地区还没有建立完整的村庄规划基础信息平台。村庄空间结构虽然比城市简单，但是，村庄的建筑分散，碎片化，产权个体化，与工厂、公共服务设施、农田、山林相互交织，任意空间的规划调整都可能引起超乎预料的社会反响。村庄规划的信息对称对于降低信息获取成本、与村庄博弈的交易成本、管理成本，乃至对居民的教育与培训成本，都起到至关重要的作用。一些村庄信息不准确，不对称，降低了村庄布点规划时区域用地平衡的技术难度，以及规划实施管理的难度。

建构村庄规划理论，树立以人为本的村庄规划理念，改进和完善村庄规划方法和技术，是城乡一体化时代中国村庄规划发展的基本方向和内容。

四　国际乡村规划治理的经验与教训

（一）规划立法体系极为完备

各国在乡村规划过程中，都很重视法制建设[①]：美国通过《宅地法》向私人出售土地，促进了西部地区的大开发。法国通过设立“地区发展奖金”“手工业企业装备奖金”“农业方向奖金”加速了农业现代化进程。1960年法国颁布了《农业教育指导法案》，建立农业教育培训体系，以法律确保了法国推行农业教育，培训了农村人才，有效地促进了新农村建设。

各国根据自身的行政体制，对应不同层级的政府管理机构形成一套规划立法体系，从而在具体规划编制办法上形成了具有指导意义的上位法律法规体系。美国因为联邦政府在制定土地政策上采取回避的态度，更多地把社区建设的任务放在州政府和地方政府中，因此，在规划立法体系上较为松散。

1　英国

英国规划法规体系起步较早，被公认为城乡规划立法最为成熟、规划体系最为完善的国家之一。以《城乡规划法》（The Town and Country Planning Act）为核心，有学者将英国城市规划方面的法律性文件概括为以下几类（郝娟，1994）：城乡规划规则（Town and Country Planning Orders）、城乡规划通告（Town and Country Planning Circulars）、城乡规划条例（Town and Country Planning Regulations）、城乡规划指令（Town and Country Planning Directions）、规划政策指导书（Planning Policy Guidance）、战略规划指导书（Stratage Planning Guidance）。

① 周金堂，黄国勤．国外新农村建设的特点、经验及启示[J]．现代农业科技．2007（17）：204-208.

规划立法与行政体制紧密相连，英国城乡规划控制管理主要分为三级（图2′-4-1）：中央政府（central government）、郡政府（county council）和区政府（district council）。立法体制上采用中央集权，城市规划审批的依据是国家统一制定的《城乡规划法》和其他城市规划辅助性的法律法规（表2′-4-1）。

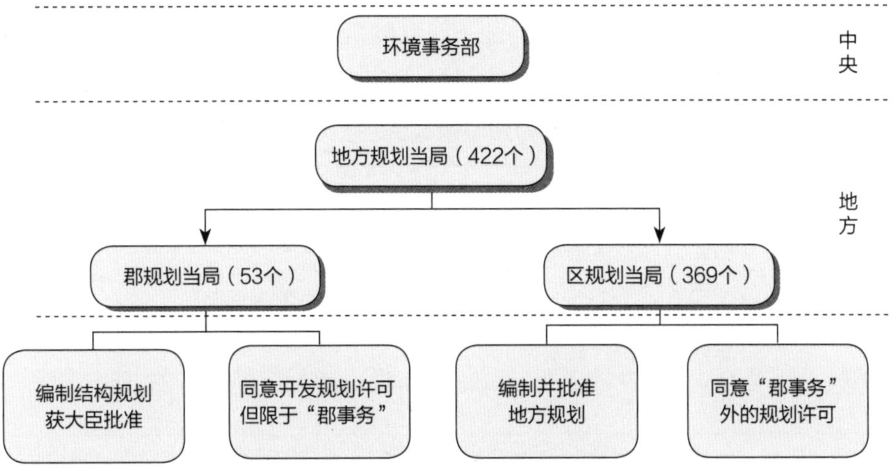

图2′-4-1 英国城乡规划控制管理结构

英国规划法的现行体系 表2′-4-1

核心法	《城乡规划法》	1990年
从属法规	《城乡规划（用途类别）条例》	1987年
	《城乡规划（环境影响评价）条例》	1988年
	《城乡规划（发展规划）条例》	1991年
	《城乡规划（听证程序）条例》	1992年
	《城乡规划上诉（监察员决定）（听证程序）条例》	1992年
	《城乡规划（一般许可开发）条例》	1995年
	《城乡规划（一般开发程序）条例》	1995年
	《城乡规划（环境评价和许可开发）条例》	1995年
	《城乡规划（建筑物拆除）条令》	1995年
专项法	《规划（历史保护建筑和地区）法》	1990年
相关法	《环境法》	1995年
	《保护（自然栖息地）条例》	1994年

英国现行规划法体系中乡村建设管理遵循的法规主要有《城乡规划法》(1990)、《规划政策条例7：乡村地区的可持续发展》(2004)、《乡村法》(1968)、《规划与强制性购买法》(2004)，乡村建设管理的主要规定见表2′-4-2。乡村管理依据的政策主要有中心居民点政策、乡村住宅政策。其中，《城乡规划法》具有纲领性和原则性的特征，实施细则是由规划主管部门所制定的各项从属法规，特定的规划议题则以专项法为依据。

英国乡村建设管理的主要规定　　表2′-4-2

法规名称	涉及乡村建设管理事权的内容	作用
城乡规划法	规定了全国范围内规划的制定与行政事权对等	规定地方层面上的各项规划由地方政府制定，但须符合区域层面结构规划的指导原则
乡村法	基础设施和公共设施的供给；规划建设地方乡村公园，保护自然景观和人文景观	完善乡村建设系统的各个方面
规划政策条例7：乡村地区的可持续发展	乡村环境质量、经济及社会发展。这些政策是应用于乡村地区，包括村镇及更宽广范围内相对不发达的乡村及大城市边缘地区	规定了乡村可持续发展的原则，较好反映了英国最近时期乡村法规所关注的重点及时代特色，具有很强的代表性
规划与强制性购买法	改变规划许可期限、允许地方规划机构通过地方发展条例实现在地方上允许的发展等诸多举措	加快了主要基础设施项目的进行过程，增加了社会参与效力和质量，并使规划援助得到资金保障

1968年《乡村法》赋予乡村委员会以下任务：①对三个方面的乡村问题进行长期研究和评估：提供和完善乡村基础设施和公共服务设施；保护并改善乡村景观和人文景观；保证满足人们到乡村休闲娱乐的需要，并与地方政府规划局及相关政府部门共同处理过程中产生的不同利益机构之间的冲突；②支持、鼓励并提倡个人或机构提出不同的解决方案；③给中央政府各个部门提供有关乡村各种事务的咨询意见；④及时向地方政府部门传达任何个人或社会团体提出的意见；⑤保障地方政府部门执行法律赋予他们的权利；⑥积极开展针对乡村问题的调查和研究；⑦向中央政府部门提出解决乡村问题的建议；⑧主持和设计乡村建设实验，制定相关乡村建设管理规范，并借以处理乡村发展中的问题；⑨通过合法手续，委员会可按照协议或强制方式购买土地，利用这些土地进行乡村建设。

2 德国

德国城乡规划的行政体系和立法体系分为联邦级（Bund）、州级（Land）和社区级（Gemeinde）三个层次（图2′-4-2）。社区是德国最低一级政府，社区有权在法律规定的范围内自行管理本地事务。社区的自制法规主要包括城镇内的公共交通、道路建设、供电、供水、供气、城镇建设规划，还包括学校、剧院、博物馆、医院、运动场及游泳池等设施的建设和维护。超过小城镇能力的工作，可以由上级行政机构县来完成。较大的城市不属于任何县，成为“县外市”。各社区有权自行征税，包括土地税和工商税，可增收当地的消费税和附加税①。

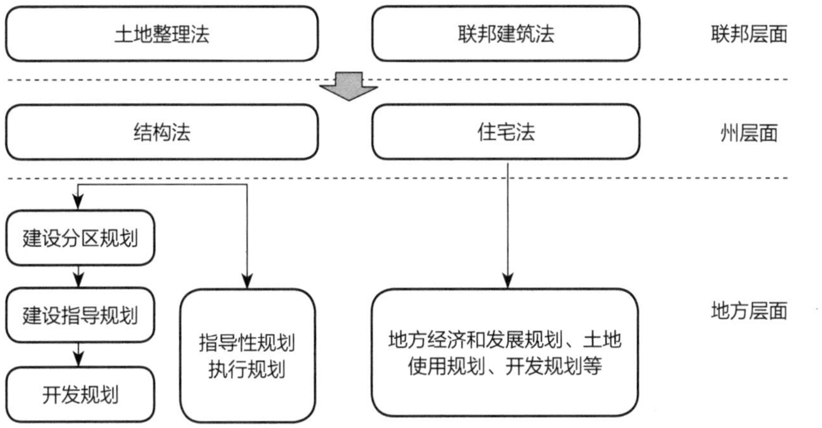

图2′-4-2　德国城乡规划体系

影响德国乡村发展有两部重要的法律：《土地整理法》和《联邦建筑法》②。1953年的德国《土地整理法》提出改变乡村居民点的布局是改善乡村居民基本生活条件的重要措施。从“建成区”意义上来说，德国村庄与城市中心一样，都是建成区，只是在土地使用规则上有所不同。因此村庄的开发建设也要服从德国最重要的综合性城乡规划建设法规《联邦建筑法》，该法律在1986年、2004年和2006年分别做了修订。它最大的意义在于“村庄更新”被确定为一个极重要的规划工作，该阶段的目标是完全改

① 吴志强．德国城市规划的编制过程[J]．国外城市规划，1998（2）：30-34.

② 叶齐茂，编著．发达国家乡村建设考察与政策研究[M]．北京：中国建筑工业出版社，2008.7.

善村庄的基础设施和公共服务设施。

支撑村庄更新的还有一系列建设法规，如1946年的《住宅法》，1950年的有关土地使用的《结构法》及其制定各类土地使用规划的政策、规划和程序：联邦政府要求每一个州制定各自的土地使用《结构法》（Structure Law），这个法律要求每个地方政府决定它们地区的土地使用分区，制定《建设分区规划》，然后制定出有关土地和空间开发与建设的《建设指导规划》和《建设执行规划》。对《建设分区规划》进一步细化即形成《建设指导规划》，其目标是协调被更新村庄的所有建设项目，以保护居住环境和自然环境，在它的约束之下需要制定一个《执行规划》用来完成村庄更新过程中建成区内部用地和建筑环境的调整。同时地方政府还必须按照《住宅法》负责制定地方经济和发展规划、土地使用规划、开发规划等。州政府负责协调地方政府的这些规划。另外，《建筑使用规定》[The Building Use Regulation（BauNVO）]规定了允许村庄建设的建筑物类型，包括居住建筑、小园林、商店等，不允许商业性办公建筑、多层停车场、工厂和公交中转站建设，娱乐设施则需要立项批准。

在德国村庄更新的过程中，1954年德国颁布《联邦土地整理法》，联邦各州根据实际情况也相应制定了州土地整理法规及相关的法律条文，例如巴伐利亚州土地整理法规、巴伐利亚州村庄更新条例等。《联邦建筑法》对村庄更新起着举足轻重的作用，1965年德国政府对建筑法典进行修订时，德国议会要求德国政府就城市规划在农村发展和改善农村基本生活条件方面的作用作出明确的阐述，从此，有关村庄更新的条款成为建筑法典内容之一。除此之外，联邦国土规划法、州国土规划法和州发展规划通过区域规划手段对村庄更新起到控制作用。村庄发展规划和村庄更新规划的制定不得与上述法律相悖。其他相关法律如联邦自然保护法、景观保护法、林业法、土地保护法、大气保护法、水保护法、垃圾处理法、遗产法、文物保护法等也是制定村庄更新规划必须遵守的法律和法规[①]。

① 时玉阁. 国外农村发展经验比较研究[D]. 郑州：郑州大学，2007.

3 法国

法国城乡规划法规体系由国家、区域（含大区和跨大区）和地方（含市镇和跨市镇）三个层面的城市规划法律法规以及与城市规划相关的其他法律法规所组成（表2′-4-3），其中，低层次的法律法规必须符合较高层次的法律法规规定。从空间的使用范围来看，法国的城市规划法并非仅仅局限于城市化地区本身，恰恰相反的是，作为有关物质空间环境开发的通法，城市规划法的适用范围覆盖了法国的全部国土：即不仅适用于城市化地区，同时也适用于乡村地区。

法国城市规划立法体系①　　表2′-4-3

<table>
<tr><th colspan="2">地域范围</th><th>城市规划法律法规</th><th>与城市规划相关的法律法规</th></tr>
<tr><td colspan="2">国家</td><td>城市规划基本原则
针对山区和滨水地区的规定
城市规划基本规定</td><td>公共服务纲要</td></tr>
<tr><td colspan="2">区域、跨大区和大区</td><td>国土规划整治指令
具有同等效力的指导纲要</td><td>跨大区规划政治与国土开发指导纲要
大区规划政治与国土开发指导纲要</td></tr>
<tr><td rowspan="2">地方</td><td>跨市镇、城市化地区城市化密集区、其他特定区域</td><td>国土协调纲要</td><td>地区自然公园宪章
特定区域发展宪章
城市化密集区计划
城市交通规划、地方住宅计划、商业发展纲要</td></tr>
<tr><td>市镇或跨市镇</td><td>地方城市规划或市镇地图</td><td>影响土地利用的土地公共用途规定</td></tr>
</table>

从整体层面上说，法国的城市规划体系中，开发规划分成四类四个等级，即国家规划（National Plan）、行政区规划（Regional Plan）加上双层体制结构的规划，即城市地区（City Region）范围内的长期战略开发规划和市镇级的城市土地利用分区规划。其中最为重要的是长期战略开发规划（SDAU）和城市土地利用规划（POS）两个层次。前者是对城市地区、城市周边的郊区和农村地区，以及城市周围各类开发区的战略性用地发展规划。城市土地利用规划则用于指导城市的日常建设，即作为建设许可证

① 刘健. 20世纪法国城市规划立法及其启发[J]. 国外城市规划，2004（5）：16-21.

的审批依据。二者的编制是不同步的，战略规划是对今后几十年城市发展的预测及计划，而在此期间，城市土地利用规划可能不断修改以适应新出现的问题。

4 日本

日本新农村建设从1961年开始，至今已经40多年了。在新农村建设过程中，日本政府特别重视法制建设，以法制确保新农村建设正常进行。从1961年开始，日本政府颁布了《农业基本法》《农业现代化资金筹措法》等一系列法律，并修订了《农地法》和《农振法》等法律；从1999年起，日本又出台了《食品、农业、农村基本法》《山区振兴法》等配套法律，并制定了具体的实施计划；之后，日本政府又制定了《农村地区引入工业促进法》《新事业创新促进法》《地区中心小城镇建设及产业设施重新布局促进法》等，使新农村建设有序进行。韩国根据村落特点制定了《农渔村整修法》《山林基本法》《有关促进林业及山村振兴之法律》《地方小城镇培育支援法》，而这一切，都是与"全综规划"紧密相关的。

自1962年日本国会批准第一次全国综合开发规划至今，日本先后制定了5次全综规划（表2′-4-4）。日本《日本国土综合开发法》规定国土综合开发规划应包含五个方面的内容：①关于土地、水和其他自然资源的利用；②关于火灾、风灾以及其他灾害的防除；③关于调整城市和农村的规划以及布局；④关于产业的合理布局；⑤关于电力、运输、通信和其他重要公共基础设施的规模和配置，以及文化、福利、旅游相关资源的保护和设施的规模及配置。根据其实施的年代与特点可以划分为三个阶段：第一阶段为1960～1977年，包括一全综和二全综，该阶段为日本经济高速增长时期，规划更多地重视大的基础设施项目的建设和区域间的均衡发展。第二阶段为1977～2000年，包括三全综和四全综，该阶段为日本经济稳定增长时期，规划重视抑制产业和人口的过度集中，构筑多极、分散型的国土开发网络。第三阶段为2000年至今，在全新的时代背景下，新规划的内容更多地强调人与自然环境的和谐、经济结构的高度化、防灾与资源环境保护、区际的协调发展等。

日本五次全国综合开发规划　　表2′-4-4

阶段	规划时期	规划目标	计划及主要内容	乡村建设发展特点
第一阶段	一全综：1962～1970	资源开发、产业振兴、均衡发展	防止城市规模盲目扩大，缩小城乡差距；开发利用自然资源	农业产业机械化；电源开发；道路，河流的整治与扩充；粮食增产
	二全综：1969～1985	追求高福利社会，创造以人为本的宽裕环境	人与自然关系的和谐、协调发展，以及自然资源的永续利用；基础设施建设；创造和保护安全、舒适、继承传统文化的环境	道路整治，电源的开发；国土保全整治，农业生产基础的扩充与加强；农村文化，卫生，福利，劳动设旅的完备等
第二阶段	三全综：1977～1987	建设使人安心、健康型的、文化型的、具有人情味的综合环境	居住环境的综合整治；保护和有效地利用国土	农林水产业的现代化，国土保全和水利推进；社会生活环境设施的完备扩充，产业技术开发；技术教育和训练的强化
	四全综：1987～2000	构建多极分散型的国土开发框架	改善定居条件，充实产业振兴；充实安全而又高质量的国土环境	农、渔、山村环境整治
第三阶段	五全综：2000～今	为追求多轴型国土结构的形成和实现打好基础	创造一个促进自立和值得骄傲的地域；确保国土的安全和生活的安定；自然环境可持续利用；构筑具有活力的经济社会结构；形成向世界开放的格局	高质量的乡村交通、信息、通信网络的形成；安全、宽裕的区域乡村社会的形成

日本国内乡村建设措施的要求均体现在町村改造核心战略中。町村改造核心战略在于实现山水田林路的综合整治以改变农村的面貌，保持山川优美的农村特色，追寻有魅力而又可持续发展的乡村生活。为了破解这一改造的核心战略，日本乡村建设者通过制定若干战略包一一实现（图2′-4-3、表2′-4-5）。

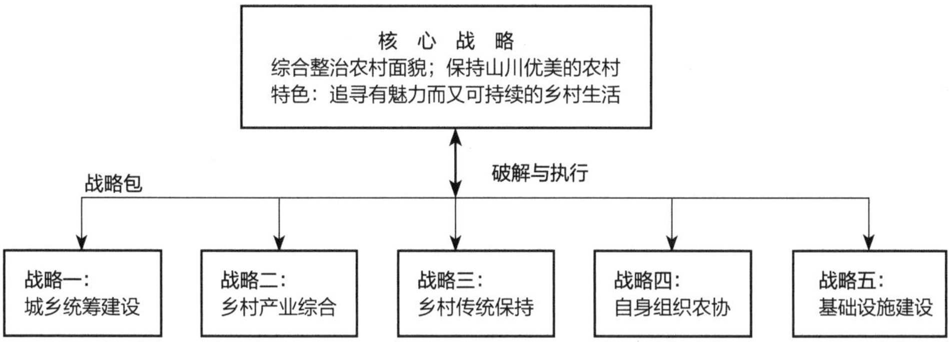

图2′-4-3　日本町村改造战略层次分解

日本町村改造战略内容分解表　　表2′-4-5

分解战略	战略主要内容
城乡统筹建设	城市商业、娱乐业的布局和建设规模按照城市对农村的合理辐射确定
乡村产业综合	鼓励乡村地区多种产业形态，提高村民的兼业化
乡村传统保持	农村坚持及富有民族特色的、风貌精致且讲究乡村生活情趣
自身组织农协	建立技术指导、产业服务、村庄建设的自主的农民基础组织
基础设施建设	市政基础建设、提升村庄发展能力

（二）规划编制技术标准齐全

在发达的工业化国家，改善和提高乡村居住质量成为他们乡村建设的长期核心任务。“居住”的内涵涉及整个居住社区及其社区设施，国内在谈论居住时常常只考虑到住宅本身，而在国外看来，“居住质量”既包括改善住宅，也包括通过规划设计和建设来改善和提高乡村居住区的质量。

由于在发达工业化国家，乡村住宅及其宅基地都是商品，参与市场交换。除了住宅本身的质量外，整个居住社区及其社区设施是决定乡村住宅的市场价值的重要因素。政府的公共资金不可能直接用于私人的乡村住宅，但是可以用于引导乡村住宅的健康发展，尤其可以指导乡村居住的规划设计和建设。因此，各国政府住宅部门都在不断地修正他们的住宅指南，从住宅及其住宅组团的形体和获得社会服务方面，制定了一系列详细的居住参数，一方面用以推动乡村居民点的更新和开发建设，同时，其中某些条款逐步成为约束乡村住宅质量的强制性标准①。

在具体的约束形式上，不同国家根据各自情况分为导则式和指标体系式，如：①澳大利亚维多利亚州采取地方政府使用规划设计规范约束乡村建设形式。澳大利亚是由六个联邦和两个特别行政区组成的国家，国家没有统一的规划法。各州议会为自己州的土地使用规划和环境保护立法，由州政府来执行。《优秀设计指南》是维多利亚州规划法规中一个关于住宅开发的特

① 叶齐茂，编著．发达国家乡村建设考察与政策研究[M]．北京：中国建筑工业出版社，2008.

别条款，目的是求得地方居民与开发商利益之间的协调。它将居住开发的所有方面归纳为十二个设计要素。②英国英格兰采取地方政府使用居住质量指标体系引导乡村建设形式。20世纪90年代以来，英国政府制定并数次修改了一个称作《居住质量指标》的文件。虽然，这个指标体系并不具有强制性，而是一个判断乡村居住质量的工具，但是它引导人们从居住质量上来估价居住建筑，而不是从居住建筑的费用来估价建筑（表2′-4-6）。

《优秀设计指南》和《居住质量指标》主要内容比较　　表2′-4-6

<table>
<tr><th colspan="2">《优秀设计指南》（澳大利亚）</th><th colspan="2">《居住质量指标》（英国）</th></tr>
<tr><th>主要指标</th><th>相关内容</th><th>主要指标</th><th>相关内容</th></tr>
<tr><td>住宅与街道</td><td>确认设计照顾了现存邻里特征或有正面影响</td><td>位置</td><td>规定在所评估住宅一定距离内，必须能够达到的各项服务设施</td></tr>
<tr><td>建筑规模与高度</td><td>从街上和邻近建筑的角度，考察规划中建筑的视觉效果</td><td>视觉影响</td><td>是否与周边环境、建筑物、道路模式等配合恰当，现存自然、人文景观是否得到保护</td></tr>
<tr><td>用地覆盖</td><td>待开发用地上的建筑用地面积不应超出分区规划规定的最大建筑用地面积</td><td>布局</td><td>与相邻道路的关系、噪声、日照、私人公共空间等</td></tr>
<tr><td>保持能量效率</td><td>确认规划中建筑的朝向和布局可以减少对不可再生能源的使用</td><td>景观</td><td>是否具有生物多样性、公共空间中的绿化和水景等</td></tr>
<tr><td>车辆停泊</td><td>要求每个住户应拥有两个停车位，并规定了车位的具体设计参数</td><td>开放空间</td><td>私人和公共空间之间是否具有明确的分界、公共开发空间的安全性</td></tr>
<tr><td>对舒适的影响</td><td>针对建筑高度严格规定的退红线距离，以减少对现存住宅的影响</td><td>道路和交通</td><td>方便和安全是居住区车行和人行道路、交通规划的目标</td></tr>
<tr><td>开放空间的阴影</td><td>保证现有住宅私人开放空间的75%至少应该从早上9点到下午3点得到5个小时的日照</td><td colspan="2" rowspan="4">其他：住宅规模、住宅布局、噪声控制、采光和服务、住宅的出入路径、建筑的能量消耗、绿色和可持续性、居住的舒适度</td></tr>
<tr><td>俯视</td><td>避免对现有住宅私人开放空间和我市窗户的俯视</td></tr>
<tr><td>私人开放空间</td><td>一个住宅应有80平方米或待开发用地20%的私人开放空间</td></tr>
<tr><td colspan="2">其他：雨水渗透、重要树木保护、边界墙、已有窗口的采光、院前篱笆</td></tr>
</table>

从发达国家关于乡村居住建设的规划标准和内容上，我们能够清晰地看到国外乡村建设的导向，把住宅与位置、布局、景观、视觉影响等周边

环境联系起来，与居住的舒适度联系起来，就是把住宅建设与村庄建设联系起来了。20世纪90年代以来，西方发达国家也逐步形成一套判断乡村发展健康与否的标准，共有6个方面，24条（表2′-4-7）。另一方面，除了上述规划法规本身必须具备一定限制性以外，这些标准也从引导市场向改善和提高乡村居住质量的方向上转变，以便借助市场和当地居民的力量共同来改善和提高乡村居住质量。

发达国家乡村健康发展标准　　表2′-4-7

经济的可持续发展	社区公共设施与服务
功能混合与土地使用的多样性	道路系统：以公共交通为导向，适合于步行的道路设施
适合于不同教育背景的多样性的工作机会	公共设施：人人可以分享的医疗、教育、零售和娱乐设施
适合于不同经济部门和经营规模进入的产业结构	建筑空间：适合于不同收入水平的多样化的住宅；适合于不同商业和社会机构的用房
独立的地方经济	开放空间：易于接近的街头公园，公园和休闲场所
社区的可持续发展	社区环境
社区：不同社会群体混合居住	美观：步行尺度的景观小品
卫生：良好的自然环境，丰富的自产农副产品，健康的精神生活	公共场所：有吸引力的公共空间
社区安全：交通安全的街道，邻里和睦并相互关照	文化遗产：挖掘与保持地方文化特色
平等和选择：不同收入水平的人有适当的住所	社区意识：每个人视那里为他的家
自然资源	生态状态
空气：减少交通拥堵，减少私人机动车辆在居民区内的出现	交通能源：尽可能减少人们的出行距离，同时，以公共交通为主导；方便安全的步行（包括自行车）交通系统
水：控制对地方水资源的使用，完整的污水处理和回用	建筑能源：节能型建材，有效节约能源的建筑布局；尽可能在社区范围内共同使用可再生能源
土地：比较高的容积率，以减少村镇建筑用地的使用	生物多样性：给野生动物和植物留下生存空间
土壤：垃圾特别是有机垃圾在当地的回收	生态循环：尽可能把村庄与周围环境间的循环圈封闭起来，如水、能量、食品、资源

（三）规划编制主体明确程序规范

由于很多发达国家城镇化水平已经超过了50%，即实现了“乡村的普遍城镇化”，从非农业人口向主要中心城镇集中转变为非农业人口在广袤的乡村地区分散开来，其直接形成的结果就是城镇与乡村的规划边界日益模糊，因此一般没有专门针对农村的规划编制主体和编制程序。换句话说，发达国家城与乡的规划编制主体和编制程序是一致的。而西方发达国家由于政治体制也不尽相同，因此在乡村规划建设过程中表现出来的特点也有所差别。

1　英国——在乡村建设中突出地方自治决策管理

1968年《乡村法》把过去中央政府的乡村代理机构变成“乡村委员会”，由它来负责英国乡村规划编制与实施。乡村委员会独立于政府部门之外，并独立执行它的职责。同时，乡村委员会的组成人员能反映各社会利益集团的利益并更具社会权威性。同时，乡村委员会有权要求地方政府（即县政府或区政府，包括伦敦市政府和其自治政府）考虑两件主要乡村事务：①参考城镇或建成区位置来确定乡村位置；②考虑现有基础设施和公共设施是否能够满足人们享受乡村环境的需求。

2　法国——由集中的国家管理走向分散的公社管理

法国的政治体制是共和制，地方政府没有制宪权，这种制度决定了中央政府集中领导的政治传统。再加上法国的基层政府单元有36000个，如果在规划上没有省、区域、中央的控制，将会产生严重的社会经济和环境问题。因此从1945年到1985年整整40年间，法国采取了国家集中管理城镇规划的制度。

法国行政管理主要分为四级：中央、区域、省和公社（市镇），法国向各省派出它的地方行政长官，仅在公社层面采取普选产生市政议会和市政议会推选市长的制度。这些中央派驻的地方行政长官的一般工作包括：空间规划和经济发展、乡村建设、城市更新、公共卫生等，区域的地方行政长官负责协调和指导派驻省里的地方行政长官的工作（表2′-4-8）。

法国城镇规划管理体制　　表2′-4-8

管理层级	行政主体	与乡村建设有关的内容
公社（市镇）	市政议会、市长	制定城市规划，颁发建筑许可证
省	省议会、省长	维护和建设省级公路，组织乡村公共交通，包括学校的校车、开发和管理商业的渔业港口；对乡村地区公社的道路、公共卫生、供电、建筑基础设施，如给水排水和消防、环境保护、土地开发等，提供财政补贴
区域	区域议会、区域首长	制定区域的空间规划和发展规划，制定和签署区域与中央政府的发展合同，组织区域的铁路交通
中央	书记处	协调区域工作，协调制定符合中央政府计划的区域计划等

在很长的一段时间里，《建设规划》都是法国集中管理规划建设的唯一的规划文件，它保证了地方受中央政府的直接规划指导。但随着战后经济复苏，城市经济进入高速发展阶段，城乡建设规模逐渐扩大，法国逐渐认识到仅仅依靠《建设规划》是不够的，因此法国逐渐将乡村的规划和开发权从中央政府集中管理过渡到地方政府。1983年1月7日和7月2日颁布的地方分权法律把公社的规划和开发权利以法律的形式确定下来。

这个法律严格规定，一个公社不能改变国家原先已经制定的土地使用规划的基本原则，只能在这个基础上制定他们的规划。每一个公社可以获得自己的规划权的前提是，它已经有了国家制定的土地使用规划。这样可以尽可能地减少因为规划和开发权的分散而引起的环境生态问题和社会矛盾。实际上，规划和开发权分散到地方成为中央推行它的发展规则的工具，同时，以法律的形式建立起一个发展管理的机制，即地方规划必须遵循它的上级规划的原则，作为最终法律文件的地方规划仍然受到中央规划部门的管理。它同时要求地方政府与地方利益集团和居民形成一种合作关系，共同处理地方事务。

3　德国——以“村庄发展规划”为主的村庄更新

德国村庄更新是从土地整理和土地改革的工作范围内衍生出来的一项

关于农村地区可持续发展的任务。在德国农村社会转型的过程中，村庄更新逐渐被纳入国家整体规划体系之中。根据国家整体规划，德国先后制定一系列相应的具体项目实施计划。这些项目的完成，一方面推进了农村地区产业结构的改善和村庄的城市化发展，保护了农村地区的自然环境、人文环境和文物古迹；另一方面巩固了村庄作为居住和生活空间的可持续发展①。从村庄更新详细规划制定的过程可以看出，村庄发展规划是针对村庄综合发展的概念性规划，具体的实施则通过以项目为主的村庄更新规划来实现，一般由地方政府编制。对于上一级规划中所提出的村庄更新目标，将确定不同的项目并制定相应的详细规划（表2′-4-9）。

村庄更新详细规划制定流程　　表2′-4-9

步骤	流程
主体	社区政府/专业机构/专业协会/居民团体/居民
基础研究	自然环境、基础设施、村落发展、休闲与休憩、文化、教育、社会、农业、工业、第三产业、旅游
侧重点	村庄优势—劣势分析、村庄发展蓝图、村庄发展规划的讨论
规划重点	环境保护规划、文化规划、村庄发展概念性规划、交通规划、通信规划
规划实施	实施—村庄更新规划（实施计划/组织/资金/项目管理/项目咨询）
具体项目	文化项目、旅游发展项目、公共服务项目、基础设施项目、自然保护项目、环境保护、村庄建筑改造项目、文化保护项目

（四）建立有效的公共参与机制

以政府为主导、以农民为主体是众多发达国家乡村建设成功的关键。有学者指出：政府、非政府和私营（以赢利为目的）机构在促进农村发展方面各自都存在局限性，这意味着在改善农村生计和农民生活质量上，它们无法充当唯一的依靠。农村发展必须基于农村居民自身的观念和决心，

① 时玉阁．国外农村发展经验比较研究[D]．郑州：郑州大学，2007.

使他们达至政治上自决、经济上自救和生活上自助的良好结果，才是新农村建设成功的关键。与中国类似，欧洲国家在近几十年以内逐渐认识到乡村社会问题日趋复杂化，大多经历了一个从垂直管理、直接干预向事权下放、公共参与的过程。

1 法国——《土地定位法》和“对话”机制

二战后40年间，战略规划和建设规划是指导法国城市规划建设的两个主要法律文件，其中战略规划是中央层面的指导性规划，建设规划则是为了适应城市化高速发展阶段敏感区域在详细规划之前的先期控制性规划。但是，法国人很快发现，战略规划常常难以做到高度的预见性，经常要进行调整，似乎难以维持它在法律上的权威性。因此，1967年的《土地定位法》确定，战略规划只是一个远景规划，具有预测性，而不具有法律效力；而建设规划是关于地面建筑物建设的形体规划，尺度小，时间短，具有法律效力。建设规划受到战略规划的指导，但是，战略规划只是政府的一种导向，不是法律文件。不仅如此，1967年的《土地定位法》在法律上要求，中央政府应当与地方公社一起建立一个由中央政府的代表和地方公社的代表共同组成的“对话机构”，就战略规划和建设规划进行协调。当时，要求这个机构的组成人员都是官员，因为他们认为，有关空间布局的权利完全属于公共权利，不能与私人利益集团分享。从那时起，经过了近20年的努力，直到1985年，法国城镇发展的管理进入“分散化”管理时期，地方利益集团才有了参与地方规划的权利①。

2 德国——农民全程参与乡村规划

在20世纪70～80年代，德国政府普遍采用直接干预，通过垂直方式推进乡村地区土地整理和村庄更新；政府使用法律和财政的手段来消除不确定因素，从而保证一切都是静态的和可以预计的。这样，政府主导，个人受制，规划以政府认定的存在的问题为出发点，而这些政府认定的问题可

① 叶齐茂，编著．发达国家乡村建设考察与政策研究[M]．北京：中国建筑工业出版社，2008.

以通过政府提供的项目及其资金来得以解决，决策以权力为基础，因此决策的内容需要宣布，然后由受制方去执行，土地整理和村庄更新决策和执行都是线形的①。

到了20世纪90年代，德国政府开始认识到，乡村社会问题的解决不完全是政府的责任，社会的发展和复杂程度不再允许使用垂直方式。于是，在土地管理和村庄更新上，政府管理从垂直方式走向水平方式，其特征是：①从层次导向转变为网络导向，由直接干预转变成国家作为乡村建设的一方参与其中；②任何乡村发展目标的实现在很大程度上依赖于参与乡村建设的各方，包括政府、利益集团，市场和个人，大家共同负责。乡村发展的决策也就具有不确定性。政府不是通过规则和程序来实施管理，而是通过地方利益集团和个人的协商来实施管理；③政府与之协商的对象是根据当地存在的问题确定的，他们既是协商对象，也是决策者。在水平管理状态下，包括政府在内的各方甚至应当认识到它们之间是利益攸关的，它们既希望从参与的其他方那里获得，也要准备为其他方付出，以便双赢；④参与各方都是志愿的，任一方可以进入或退出决策过程，因此，管理是动态的，不一定完全可以预测；⑤决策依赖于参与各方的利益；⑥决策过程循环往复，政府通过对话后作出决定，然后把决定送达到利益各方；⑦规划过程不是项目导向而是管理导向。

根据《联邦建筑法典》，公民在规划制定过程中有权参与整个过程，提出自己的建议和利益要求②。在法律的保障下，德国村民积极参与到新型农村的各项建设之中。通过平等参与和协商，缩短社区政府、专业机构、专业协会和村民的距离，加强相互之间的沟通与交流，调动村民参与村庄更新的积极性。社区政府通过讲座、集会、媒体以及网络等平台，将有关信息及时传递给村民，广泛向村民征询意见，针对村庄更新提出具体措施（图2′-4-4）。

① 叶齐茂，编著. 发达国家乡村建设考察与政策研究[M]. 北京：中国建筑工业出版社，2008.

② 时玉阁. 国外农村发展经验比较研究[D]. 郑州：郑州大学，2007.

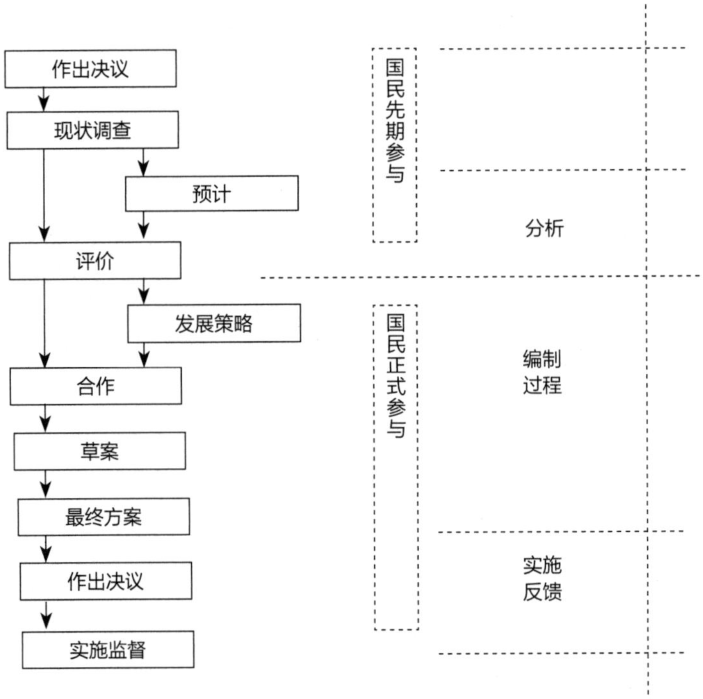

图2′-4-4　德国乡村规划中的公民参与

（五）形成全方位的制度保障体系

乡村是一个复杂的系统，除了规划建设部门和规划法律法规的建设和制约以外，在横向上需要其他部门提供协助指导乡村规划建设的法律文件，共同形成良好的制度基础。这同时也涉及与乡村建设有关的多个部门之间的利益协调，保证其他部门在乡村建设中给予规划建设部门以支持。美国城乡规划体系在这一方面对我国有一定借鉴意义，现对美国在金融、生态保护和基础设施等方面的制度建设作一简要介绍。

1　美国金融制度保障

战后，美国联邦政府在继续执行《国家住宅法》的同时，通过联邦住宅局（FHA）的住宅贷款担保制度来影响城乡发展方向。联邦住宅局建立伊始，其主要任务就是通过振兴住宅工业，推进就业。它主要依赖于私人企业而不是直接依赖于政府的资助。因此联邦住宅局既不建房也不提供住宅信贷，它所做的是为购房者的长期借贷向私人银行提供担保。事实上，联邦住宅局推进了今天我们所熟悉的住宅贷款制度，这个制度使成千上万的中产阶级家庭在过去的乡村地区拥有自己的独门独院的住宅。另一方面，这个住宅贷款担保制度不只是一个金融制度，也是一个政府贯彻它的发展导向的机制。政府的住宅贷款担保事实上成为政府贯彻它的意志的手段，在战后这个特定时期，它以多种形式鼓励人们到乡村居住（表2′-4-10）。

住宅贷款担保制度鼓励条款与内容　　表2′-4-10

鼓励条款	主要内容和影响
鼓励独门独院的住宅	20世纪50年代期间，联邦住宅局提供的独门独院住宅和公寓楼其住宅贷款担保比例为7：1；制定专门条款，允许专门为白人中产阶级在乡村地区购房而提供贷款的机构运行
鼓励到乡村去	联邦住宅局使用一套特殊的标准来决定它可以给什么人在什么地方提供什么样的贷款担保
设定住宅和街区建设标准	设立新住宅建设最低标准，包括宅基地规模、退红线和住宅宽度等。按照这个标准，只有乡村地区才可以建设联邦住宅局认可的住宅
住宅建设引导的经济发展	联邦政府仅仅对住宅建设进行干预，许多事情交由市场解决。从土地价值上讲，住宅开发更有经济价值；同时，建筑业的工业化也带动了其他产业的快速发展
购物中心的建立	为了改善第一次郊区化浪潮下的“卧城”社区，大型百货店、商业街、郊区购物中心以及后来盛行的全封闭购物广场逐渐进入郊区
工业向乡村地区转移	公路和货运的发展加速了工业从市中心向乡村迁移的过程，它从根本上改变了城市经济的运行方式和城市经济的规模，随之带来的就是就业人口的外迁。到1963年，美国工业就业人口的50%以上在郊区
公司总部向乡村地区的迁移	随着通信和道路网络发生了巨大变化，很多公司开始分散经营部门，越来越多的就业者居住在郊区，而郊区的土地较为低廉，税收也相对比市中心低。随着大公司向郊区迁移，为大公司服务的整个系统，如会计、律师、工程师、股票交易、银行等也迁往郊区

2　美国生态制度保障

环境问题从20世纪60年代开始就是美国社会的一个关注点，公众的压力最终导致了20世纪70年代美国国家环保局（NEPA）的宣言和相关法律的出台。其中《清洁空气法》《清洁水法》和《濒临物种法》从根本上影响了美国乡村城镇化的进程，它们从区位和形体上把城镇化的规模限制在生态环境可以允许的范围内。《清洁空气法》发布于1970年，要求州政府要么制定出自己的实施规划满足新的空气质量标准，要么面临联邦政府的基金撤销的结果。《清洁水法》发布于1972年，限制了对湿地的覆盖，鼓励在全国范围内清理河道。随着工业搬迁，按照《清洁水法》恢复水体，许多旧城镇的河湖海的岸边成了公园和混合使用的场所。《濒危物种法》发布于1973年，制止了许多大型公共工程，如纽约市的濒水高速公路项目，降低了城镇化给生态系统带来的影响。

3 美国基础设施制度保障

1956年的《州际公路法》是第一部导致美国采取蔓延或郊区化模式发展的基本法律，它从空间上决定了那些乡村部分将成为城市或城市的一部分，它甚至于改变了传统的城市概念和规划技术本身。这条法律的初衷在很大程度上是满足防务要求，特别是防空疏散的要求，因此联邦政府承诺承担道路建设费用的90%，州政府仅承担10%。后来许多城市正是利用这笔基金建设了大量放射和环城的公路。虽然这些道路大规模的建设改变城市原有格局，但同时它们也改善了城市与郊区间的联系，推动了郊区化的进程。另一方面，环状公路形成了开发大型多功能中心包括办公园区、旅馆、购物中心在内的机会。从本质上说，高速公路系统导致城市核心商业区以外开发活动的蔓延。

4 德国土地政策保障

土地不论对哪个国家来说，都是稀缺资源，如果把土地全权交给市场，由开发商运作，必然很快就会导致土地流失等严重后果。因此即使是西方土地私有制的国家，政府仍然对土地使用、买卖和开发采取严格控制的政策，并不断完善、整理、更新政策以适应形势走向。德国的乡村规划建设政策中“土地整理”和“乡村建设”是两个最为重要的方面。德国的第一部乡村规划法律文件即《土地合并法》，要求所有的省必须改善乡村生活条件。1965年《联邦空间调整法》同样贯彻了这一要求。1953年的《土地整理法》奠定了以后乡村规划的核心原则：村庄更新的主要任务是土地整理、改善地方交通，保护和控制乡村居民点的建设。这部法律把土地整理规定为乡村更新的主要内容，把优先发展土地整理规定为核心政策。另一方面，从公共事业的发展目标出发，政府有权通过规划的方式和法律手段强制征购私人房地产业以建设公共道路、公共建筑、公共给水排水和生态环境保护等工程。

5 乡村居民点与住宅政策保障

发达国家的居住模式相对于我国而言分散得多，而且其城镇化水平相对较高，因此在很大程度上，乡村居民点布局政策主要是针对过于分散的居住模式制定相应的对策，以控制对自然区域的侵蚀。欧洲国家的做法往往是通过建设乡村中心居民点，改善乡村居住质量，建设完善的基础设施和公共服务设施，使乡村居民点在经济、社会和教育机会上与城镇相同，保证生活在乡村与住在城镇相差无几；同时，在满足安全卫生的前提下，推行紧凑型居民点规划模式，对选定为中心居民点的原乡村居民点实施填充式开发，而不允许再扩大他们的规划边界。欧洲的城乡均衡发展模式有效避免了美国式的郊区蔓延，值得我国在城市快速发展时期乡村居民点的改造建设借鉴学习。对于所有国外发达国家来讲，有关住宅的政策始终是乡村发展中的一个永恒主题，因为它涉及最基本的民生问题，它涉及政府如何投入与住宅相连接的基础设施和公共服务设施，如道路、给排水、公共卫生、垃圾处理和收集等，这就涉及对土地和环境的保护，也涉及不同社会利益集团在住宅建设和使用上如何合理公平分配各方利益的问题。

在英国，中央政府制订国家的宏观住宅政策（即农村居民点布局政策），地方政府则制定各个地方的住宅政策。50年来英国的住宅政策可以分为两个时期：第一个时期的目标是实现每个乡村家庭有一所“适宜居住的住宅”；到了20世纪80年代，英国住宅政策进入实现每一个乡村家庭有一所“可以负担得起的住宅”的阶段。总结英国住宅政策的内容主要包括以下四个方面：①规划应当先行。乡村规划应是鼓励可持续发展的规划，应是集社会、经济和环境为一体的规划。②政府补贴随后。乡村住宅政策中总有一组关于政府财政支持的政策，英国多年来在乡村经济住房建设上采取的是合作制，即中央政府与地方政府合作，政府和非政府组织合作。

③整理村庄土地。到了20世纪80年代，真正可供住宅开发的大规模土地已经凤毛麟角，因此对已有村庄建设用地进行整理势在必行。④善待限制住宅。英国住宅政策鼓励充分利用乡村中的闲置住宅，如肯特郡建立了一个称之为“别闲着”的项目，采取地方政府与房主进行合作的方式把闲置房改造成为经济用房。总之，住宅政策不是一个仅仅关于“住宅”的政策，它的出发点是住宅，但落脚点却是整个乡村建设。

（六）规划编制侧重点具有极强针对性

国外村镇规划建设大多经过了几十年的理论探索和实践检验，除了以上总结的与规划编制直接相关的几个方面以外，还可以看到国外发达国家在乡村规划建设中的一些明显的侧重方面，比如住宅政策、生态保护等等。这些政策很多都是在战后快速发展时期提出的。我国目前正处于快速城镇化时期，一些譬如环境污染之类的发展问题已经初步显现，因此吸取国外发达国家的教训，学习其理论和经验，对我国未来村镇规划编制的工作有很大的指导意义。

1 城乡统筹

西方乡村地区由于存在高度城镇化的情况，因此更多的乡村规划是兼顾城市和乡村地区的区域规划。以英国最乡村化的西南英格兰地区为例，它的规划就是把乡村地区作为重点研究内容，同时兼顾城市地区的区域发展规划。

西南英格兰乡村规划是目标导向型规划（图2′-4-5），它将建设可持续发展的乡村社区（包括集镇、村庄以及散落的居民点）作为规划的目标与任务。根据人口、经济、社会等相关方面的基础数据，分析乡村地区的运作方式、功能特点以及发展的内在需求，研究城乡以及不同乡村地区的功能联系与差异，这是规划的重点内容；然后在功能分析的基础上将区域划分为若干次区域，制定区域空间规划以及交通发展战略；最后整合其他规划的相关观点，并据区域空间与交通规划制定次区域发展策略，其中主要包括住房、就业、旅游、交通、基础设施、休闲娱乐、农业、矿物、垃圾处理等几个方面。

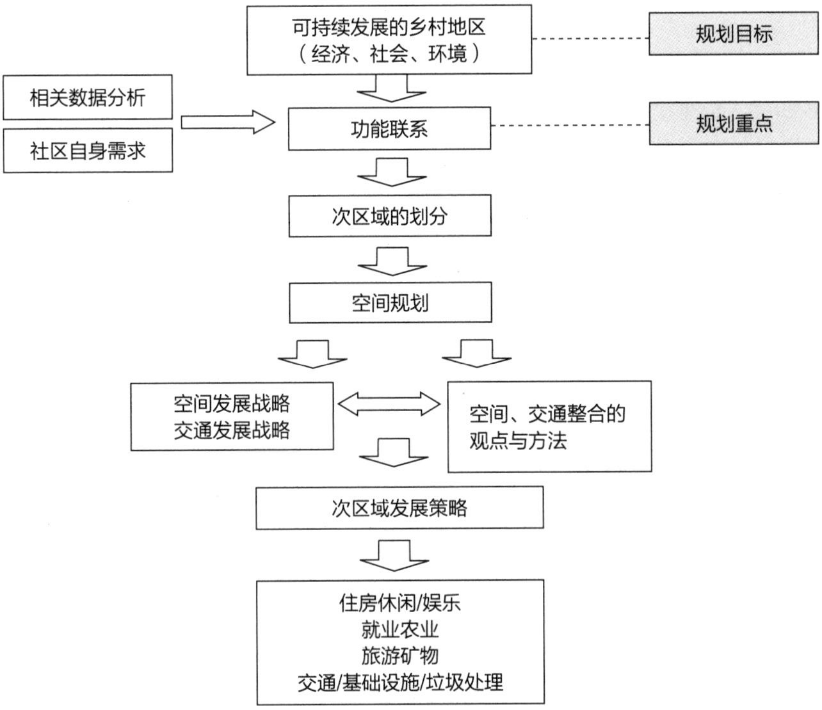

图2′-4-5　西南英格兰乡村规划的思想与框架①

目前，城乡统筹已经成为我国规划编制的重点内容之一，尽管我国城乡统筹规划以及城市化进程所处的发展阶段与西方发达国家有较大差别，但其对乡村地区的研究，特别是成熟的规划方法对我国城乡统筹规划仍具有一定的启示与借鉴意义：①重新认识乡村地区规划意义的重要性，强调乡村空间的完整性和合理界定，在规划内容上除了乡村居住空间，生产、旅游、设施等空间类型也要统筹考虑。②功能分析是城乡统筹的基础，合理的城乡联系是建立在一定的功能分工基础上的，其中城乡产业之间的协调是重点。③明确不同规划层次城乡统筹规划的内容与任务，西南英格兰乡村规划对乡村地区的规划主要在三个层面上进行——区域、次区域以及当地的层面。规划范围不同，规划的任务和深度也会有所差别。

西方发达国家打破行政边界的做法在我国很难推行。目前而言，县（市）域空间是我国城乡结合最为直接的地域空间，是城乡统筹规划的最佳

① 胡娟，朱喜钢．西南英格兰乡村规划对我国城乡统筹规划的启示[J]．城市问题．2006，3（131）：94-98.

空间单元，可以考虑在县域层面加强村镇规划编制技术体系的研究。

2 乡村人居环境与可持续发展

“二战”以后，西方发达国家相继进入城市快速发展与高速城镇化时期，特别是在大城市周围住房和贫民窟问题亟待解决，因此为了防止城市大规模无序蔓延，各国相继出台了一系列阻止城市蔓延、保护乡村生态环境政策。比如英国的绿带政策，与我国的绿化隔离带政策相似，即在城市周边建立大规模的绿带，给城市发展划定一个形体的界限。到目前为止，英国共有14个大规模绿带地区。从土地利用角度讲，只要是“建成区”，包括我们所说的“村庄居住区”英国都称为“城市”。因此不仅是大城市，其他城镇、甚至村落都有自己的绿带，这些绿带不仅建立在公共土地上，还建立在私人土地上。

英国政府制定的《21世纪地方发展纲要》从四个方面考虑可持续发展的乡村规划：①在可持续发展的规划设计中，应当采取生态学的方式去考察社区，重新研究社区与它的背景的关系，如自然景观、生态系统、水和能源等；②在可持续发展的规划设计中，应当尽可能强化地方社区独立的和综合的功能。一个地方对汽车的依赖会产生环境污染、交通设施使用的不平等、过量使用土地和能源，因此避免地方社区在区域中的功能的衰退，减少对汽车的依赖，是用可持续发展的方式去规划设计社区重要内容；③在可持续发展的规划设计中，采用人的尺度、土地与空间的混合使用、人群的混合居住、维护地方的社会资本等基本准则；④应当调动各方面积极参与社区可持续发展的规划设计，使每个人都能负起尽可能减少对生态系统干扰的责任。

美国除了出台上述生态保护的政策之外，在规划管理上认识到必须对城镇发展加以限制，以保护日益恶化的资源环境。从20世纪开始逐渐提出了“发展管理”和“精明增长”等管理理念和技术。其中包括类似英国绿带政策的“楔形开放空间和走廊”规划，要求沿交通走廊进行新开发，而在交通走廊之间保留楔形开放空间（农田和森林）。“精明增长”的意义可以概括为以下七个方面：①保护开放空间；②划定边界以限制发展向外扩张；③紧凑式开发和土地的混合使用，适于步行和公共交通；④更新旧城镇中心、近邻区和濒临倒闭的商业区；⑤发展可靠的公共交通以减少对私家车的依赖和支持其他开发模式；⑥区域的规划协调（特别是交通和土地使用）；⑦公平分配公共财政和公平负担税赋，包括大都市区域内的经济住宅。

（七）乡村建设主导方式明确

村庄建设开展较早和较好的国家基本是有着较长农业发展历史的传统农业国。在工业化开始后，一些发达国家不同程度地存在着农业人口的大量流失和农村社会的凋敝，但随着工业化的实现和经济的发展，几乎所有的先进国家都走上了一条“工业反哺农业，城市带动乡村”的村庄建设之路。综观世界各国的村庄建设实践，一般具有两个阶段：政府主导阶段与民间推动阶段，而在这两个阶段中，又有几个比较明显的建设演变规律，即前期以政府主导为多，后期以民间推动为多（图2′-4-6）。“政府主导”即政府在农业产业发展和村庄建设过程中居于主导地位，如韩国、日本，其模式可概括为综合农协模式。“民间推动”即各种非政府组织在农业产业组织和村庄建设等过程中居于主导地位。如在欧盟各国具有广泛影响的农业互助组织、农业合作社和农村信贷合作社。非政府组织虽然取代了部分政府的职能，但政府的监管、引导和扶持必不可少。随着村庄建设和农村社会的发展，非政府组织扮演着越来越重要的角色，甚至在某些政府不便出面的场合具有不可替代的作用。

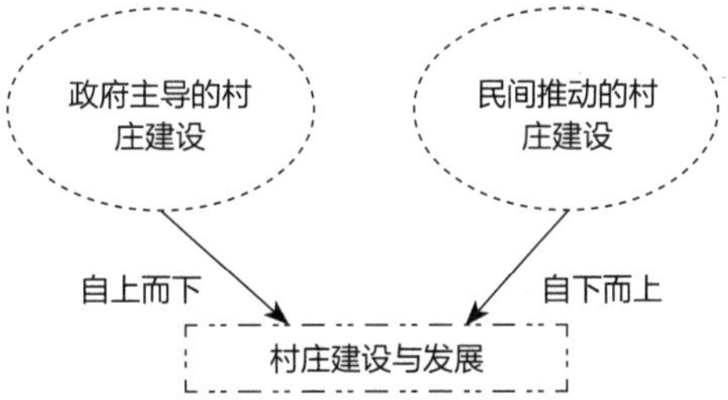

图2′-4-6　国外村庄建设的双向途径

五　中国新时代乡村规划建设管理趋势

（一）新时代乡村建设理论基础与本质特征

1　新时代乡村建设理论基础

新时代乡村规划从实施角度应依托公共政策理论、协商式规划理论、公共产品理论、公众参与理论、生活圈理论五个方面的基础性理论，实现三个方面的理论与实践探索：一是逐步厘清了乡村规划的时代本质，跳出了我国传统物质性、蓝图式规划的羁绊，是过程性规划、参与性规划和政策性规划，是典型的公共政策；二是将乡村基础设施和公共服务设施作为公共产品进行规划，明确了乡村发展的公共产品的基本属性和分类，按照生活圈理论，强调以民为本，为乡村建设多元投入提供理论支撑和建设实施提供了制度化的解决方案；三是应用协商式规划理论和公共参与理论，探索部门协同、社会协同的村民全过程参与的规划编制及实施的系统性方法。

（1）公共政策理论

针对村庄规划我国官方并未如城市规划[①]一样明确提出公共政策理论界定。公共政策是多元主体参与下经由政府做权威性的价值分配的动态过程和动态博弈，其制定、实施和评估实际上是一种政治过程。当前部分村庄规划制定和实施过程已经具有公共政策特征：①乡村规划的制定主体及其合法性；②乡村规划形成一致的公共目标；③乡村规划的核心作用与功能在于解决公共问题，协调与引导政府、村集体、村民以及企业等各利益主体的行为；④乡村规划是准则、指南、策略和计划；⑤乡村规划是一种乡村公共管理的活动过程。

①《城市规划编制办法》第3条规定：城市规划是政府调控城市空间资源、指导城乡发展与建设、维护社会公平、保障公共安全和公众利益的重要公共政策之一。

（2）协商式规划理论

协商式规划是协商式民主理论基础在城乡规划领域的具体体现，是基于“规划是对社会各项利益的平衡，是在协商和妥协基础上形成的社会共识”认识下形成，强调规划要充分反映不同利益群体的社会诉求，通过充分的沟通和协商达成一致的认识，在维护公共利益的前提下实现各方利益平衡。协商式规划是契约式的自下而上的规划，重视公共利益的维护、规划制度的构建、民生需求的表达、规划政务的公开和规划实施的权威，通过法定程序将成果转化为法定文件和乡规民约，成为社会共同遵守的行为准则。协商式规划在中国应具有多规协调的部门协商、供给需求平衡的社会协商、目标协同的层级协商、高度参与的共同协商特征。

（3）公众参与理论

《城乡规划法》明确规定了城乡规划的公众参与基本原则，公众参与是一种具有功能意义的合法化程序①，是一项公民权利②，是“政府—公众—开发商—规划师”的多边合作。公众参与的乡村规划可以反映民意，将利益诉求在规划编制中得到体现，通过权力救济弥补乡村规划中的政府失灵，有助于提升村庄规划的科学性和可接受性，化解村庄规划所面临的合法性危机，为村庄规划提供合法性的基础，一般包括制定、选择、实施和反馈四个阶段。

（4）公共产品理论

公共产品理论可以从马克思公共产品理论与西方公共产品理论两个角度来讨论。马克思公共产品理论从以人为本、整体和供给角度，围绕着社会存在和发展的共同利益需要研究公共产品、公共服务的本质及其供求问题，市场只是当作供给公共产品的手段。西方公共产品理论以个人或消费占有为研究出发点，认为公共产品是弥补市场失灵的产物，围绕着消费偏好以市场需求为导向研究其供求问题。我国党的十八大报告、2014和2015年度中央1号文件、《国民经济和社会发展第十二个五年规划纲要》以及

① 陈镇宇. 城市规划中的公众参与程序研究[M]. 北京：法律出版社，2009.

② Sherry Arnstein. A Ladder of Citizen Participation [J]. Journal of American Institute of Planners, 1969(35): 216.

《国家基本公共服务体系“十二五”规划》均提出城乡基本公共服务均等化的战略目标，即从国家层面认同了农村基本公共服务设施的公共产品属性。根据人们需求的公益性程度及其需求满足中对政府的依赖程度的不同，可以将乡村公共服务分为“基本公共服务”“准基本公共服务”和“非基本公共服务”三类（表2′-5-1）。政府是基本社会公共服务提供者，是非基本社会公共服务的倡导者和参与者，是准公共服务的部分提供者和倡导者，同时又是整个社会公共服务的规划者和管理者①。

乡村基础设施与公共服务设施的经济属性与分类　　表2′-5-1

行业	项目	竞争性	排他性	自然垄断性	物品属性
供热燃气电力设施	热能生产和传输	高	高	低	私人物品
	燃气生产和输送	高	高	低	私人物品
	输电	低	高	高	公共物品
	配电	中	低	高	公共物品
水资源供水排水设施	制水	高	高	中	私人物品
	供水管道	中	高	高	准公共物品
	私人终端设备	高	高	低	私人物品
	排水管道	低	高	高	准公共物品
交通基础设施	公共交通	高	高	高	公共物品
	农村道路	低	低	高	公共物品
	交通标志、信号	低	低	低	公共物品
环境基础设施	固体废弃物收集	中	中	中	准公共物品
	固体废弃物运输	高	高	中	准公共物品
	固体废弃物处理	低	中	中	准公共物品
	固体废弃物利用	高	高	中	准公共物品
	固体废弃物填埋场	低	高	高	公共物品
	公园、休闲地	低	中	中	公共物品

① 杜弋鹏．北京市发布“十一五”时期社会公共服务发展规划——让发展成果惠及首都市民[N]．光明日报，2006年10月31日．

续表

行业	项目	竞争性	排他性	自然垄断性	物品属性
环境基础设施	绿化、绿地	低	低	高	公共物品
	基本卫生设施	低	低	低	公共物品
公共服务设施	教育场所、设施	低	低	高	公共物品
	医疗场所、设施	高	高	中	准公共物品
	商业场所、设施	高	高	低	私人物品
	文体场所、设施	低	低	中	公共物品

（5）生活圈理论

生活圈理论来源于日本，是某一特定地理的、社会的乡村范围人们的日常性生活、生产的诸活动，具有平面上的分布、拥有集团的方向性与地域的领域性等重叠属性的特征。根据一定人口的村落、一定距离圈域作为基准，按照聚落—基层村落圈—第一次生活圈—第二次生活圈（市镇村）—第三次生活圈进行层次划分（表2′-5-2），但各地具体空间范围存在一定的差异。设施配置规划以居民的设施利用行为作为基准，并将掌握的圈域作为基础组建生活服务系统。

生活圈基本特征一览表　　表2′-5-2

生活圈	参考交通方式	参考出行时间（min）	等效服务半径（km）	最大服务面积（km^2）	服务单元	设施类型
基本生活圈	步行	20	0.5～1	3	村镇社区/行政村	幼儿园、卫生室、文化站小型休闲活动广场、小商店、垃圾收集站、公共厕所、污水处理站
一次生活圈	步行	30～60	2～4	50	中心村/镇	小学、科技站、小超市
二次生活圈	自行车	30	4～8	300	中心村/镇	中学、中心卫生院、大中型超市
三次生活圈	机动车	30	20～25	2000	中心镇/县城	高中、职业中学、中心医院、商场

资料来源：根据广州市部分村庄规划成果整理，各地差异较大，需根据实际情况确定。

2　现代乡村规划的本质特征

（1）乡村规划是综合性规划

乡村规划是特殊类型的规划，生产与生活结合[①]。当前乡村规划多部门项目规划，少地区全域规划，运行规则差异较大，如财政部门管一事一议，环保部门管环境集中整治，农业部门管农田水利，交通部门管公路建设，建设部门管居民点撤并等。因此乡村规划应强调多学科协调、交叉，需要规划、建筑、景观、生态、产业、社会等各个相关学科的综合引入。

（2）乡村规划是制度性规划

2011年我国的城市人口历史性的超过农村人口，但非完全城镇化背景下，乡村规划与管理的复杂性凸显：①产业收益的不确定性导致的村民收入的不稳定性；②乡村建设资金来源的多元性；③部门建设资金的项目管理转向综合管理。乡村规划与管理的表征是对农村地区土地开发和房屋建设的管制，实质是对土地开发权及其收益在政府、市场主体、村集体和村民的制度化分配与管理。与此相悖，我国的现代乡村规划是建立在制度影响为零的假设之上，制度的忽略使得规划远离了现实[②]。因此乡村规划与管理重心、管理方法和管理工具需要不断调整，实施制度的重要性凸显。

（3）乡村规划是服务型规划

乡村规划是对乡村体形和空间环境方面的整体构思和安排，既包括乡村居民点生活的整体设计，体现乡土化特征，也涵盖村域农牧业生产性基础设施和公共服务设施的有效配置。同时乡村规划不是一般的商品和产品，实施的主体是广大的村民、村集体乃至政府、企业等多方利益群体，在现阶段基层技术管理人才不足状况下，需要规划编制单位在较长时间内提供技术型服务。

（4）乡村规划是契约式规划

乡村规划的制定是政府、企业、村民和村集体对乡村未来发展和建设达成的共识，形成有关资源配置和利益分配的方案，缔结起政府、市场和

① 张尚武．城镇化与规划体系转型——基于乡村视角的认识[J]．城市规划学刊，2013,(6):19-25.

② 赵燕菁．制度经济学视角下的城市规划（上）[J]．城市规划，2005(6):40-47.

社会共同遵守和执行的"公共契约"。《城乡规划法》规定乡村规划需经村民会议讨论同意、由县级人民政府批准和不得随意修改等原则要求，显示村庄规划具有私权民间属性，属于没有立法权的行政机关制定的行政规范性文不同于纯粹的抽象行政行为的公权行政属性，具有"公共契约"的本质特征。

（二）乡村发展的三个趋势

1　城乡一体化是城市化的终极目标

（1）城乡一体化内容

中国城市化基本问题已经经过了极其激烈的讨论，但是迄今为止，仍然在理论上和实践上有不少人将城乡一体化看作是消灭农村，或者实现就地农村城市化。城乡一体化作为现代化的合理内涵，她是城市化的终极目标，其内容不仅不是消灭农村，而是更好地发展农村，实现农村现代化，是城乡高度协调发展的结果。城乡一体化的内容包括四个方面：①经济一体化。促进城乡之间生产要素有序流动，发展以农业现代化为核心的农村经济，缩小城乡产业效率差距；②社会一体化。提高乡村居民收入水平，缩小城乡居民的收入差距；③制度一体化。为农村地区提供均等化的公共服务，缩小城乡居民享受公共服务水平的差距；④城市内部二元结构一体化。农民工市民化是中国新型城镇化阶段最为严峻和迫切的任务。

（2）城乡一体化内涵

在正常情况下，前三大内涵就包含了城乡一体化的基本内容。但是，在中国以及众多发展中国家，没有很好地解决流动人口问题，导致流动人口长期不能融入城市，作为边缘者阶层长期缺乏正规的就业、居住和生活机会，缺乏基本上升的通道，导致城市内部出现本地人和流动人口之间二元结构，城市规模越大，城市内部二元结构的矛盾和冲突就越激烈，进而成为城市现代化发展重大障碍。

中国存在双重二元结构，应该说中国的城市与空间上已经有比较充分的研究和解决问题的机制，但是面对激烈的城市内部二元结构冲突，中国还没有一个城市给出有效的探索。中国完成了许多区域性的城乡一体化规划，或者叫统筹城乡发展规划，但是没有一个城市完成城市内部二元结构一体化规划。这是中国新型城市化亟待研究和解决的最大理论与实践问题。

因此，城乡一体化不是消灭农村，也不是谋求空间形态上的城市与乡村的一致性。实际上，城市与乡村的空间形态是完全不同的，城市是高度密集的、高效的、以非农产业为主的空间；乡村则是低密度的、绿色的、环保的、以农业及其延伸产业为主的空间。但是，城乡一体时期，城乡又是高度一致的，其产业效率趋于一致，居民收入水平和生活质量趋于一致，基本公共服务和人居环境质量趋于一致。

城乡一体化指的是城市与乡村经济、社会和制度内涵与发展水平趋于一致的过程。与此相对应的是实现农村现代化，包括农村人居环境现代化、农民生活质量现代化和农业现代化。农村现代化与城市现代化共同构成国家现代化。城乡一体化水平越高，农村现代化的重要性越突出，农村地区需要通过多样性功能建设来保障农村现代化的实现。

2　乡村管理走向乡村治理

（1）乡村主体发生转变

我国乡村居住的主体人口在未来乡村发展中将逐步被城市发展稀释，需要重构乡村主体。而未来的乡村主体包括三部分：原有的种田能手、衣锦还乡的农村年轻人、告老还乡的中产阶层。他们的共同特点是受过良好教育、有思想追求、有能力达到发展的需求、有个性化的追求，但需要培养认同感。乡村参与主体的利益需求需要参与性决策表达，因此由单纯政府决策和建设主导的单一规划管理模式，需要向公众参与的多元决策和以新主体为主导建设和受益的治理模式转变。

（2）乡村功能全面转型

在中国城市化发展过程中，乡村的功能长期被定位在为城市提供健康和丰富的农产品。农村发展的目标被定位为“农业现代化”。我们认为，农村现代化比农业现代化更加全面，更加重要。农村现代化不仅是农村自身发展的必然要求，而且也同时构成城市现代化发展的外部环境与条件。为此，在城乡一体化发展时期，乡村功能必须体现农村现代化的全部要求，包括四大功能：

1）生态保护和建设功能

城市化时代，人口高度聚集，人们健康的居住和生活对外部环境的依赖性加强，生态环境恶化和自然灾害给城市社会造成的破坏性要远大于分散居住的传统农业社会。城乡一体化对广大农村区域的生态环境建设与保护的功能性要求大为提高，农村生态建设成为城乡可持续发展的核心和关键。

2）文化传承和发展功能

中国是由农业文明演化和发展而来，农业文明和中华传统文化在农村地区体现得更加具体而细致，特别是地方性建筑文化、历史文化、饮食文化、行为文化、风土人情、地方艺术、语言文学等非物质文化遗产，广布于农村地区，其丰富性和文化魅力将构成中国后工业化社会中国文化传承和发展的重要载体，也是新型城市化时期农村旅游业发展的主要资源依托。

3）农村居民的健康居住与发展功能

20世纪90年代以来，以政府主导和资本运作形式体现的快速城镇化、市场化模式下，乡村的人才、资源、资金不断被抽空，乡村生产、生活、生态和文化日益脆弱，城乡差距不断扩大，乡村越来越不宜居。中国是个人口大国，即使我国在2030年达到70%的城市化率，仍将有约4.5亿左右人口居住农村，接近于欧盟人口的总和。如此巨大规模的农村人口，其健康居住和生活永远都是国家的现代化的重要组成部分，也是真正实现城乡一体化、建立和谐城乡关系的基础性条件。既要保证该部分群体生活质量和利益诉求，还要实现国家粮食的供给和生态安全，都需要将乡村作为人口空间载体的重要组成部分来维系和发展，其中首要的是乡村生活功能的发挥。

4）绿色农产品的生产与供应功能

农产品生产与供应，作为农村地区的传统功能，在城乡一体化发展时期，其重要性更加凸显。乡村地区的绿色农产品的生产体系和供应体系不仅是农村居民的主要收入来源，还是保障城市所有居民健康生活的基础，其国计民生的基础功能的性质将得到前所未有的强化。城乡规划是经济社会发展的龙头。进入21世纪以来，中国农村规划整体上能不能很好地与时俱进，满足农村现代化发展的需要，是城乡一体化发展时期首先需要解决的最大战略问题。

其重要性体现在：①城市形态如若出现问题会导致严重的生态问题，因此必须重视农村生态功能；②游憩功能是工业化后期城市居民由物质消费转向精神消费的组成部分，与城市中由技术支撑的生态享受同样重要；③城市消费者对食品安全的关注和反思是乡村农业发展的契机和驱动力，因为健康农产品供给决定所有居民生活质量；④保持良好风景和保持文化传统等乡村景观文化功能的发挥。

（3）乡村治理基础已然存在

乡村治理的经济基础有三个：①农村温饱问题已经基本解决；②国家具有强大的财政转移支付能力，通过国家财政转移支付，为农民合作提供外部资源黏合剂；③乡村公共服务供给多元化趋势已然出现。

（4）乡村治理时机基本成熟

当前乡村治理的时机已然出现，具体体现在：①城乡空间秩序重组的关键时期。基于乡村发展重要性的认识已经成为社会共识；②乡村社会秩序重构的关键时期。需要重新回归乡村治理的本源和常态，建立基于信任的文化和环境自信的乡村社会网络系统；③乡村生产规则重建的关键时期。城市消费者对食品安全的关注和反思是乡村农业发展的契机和驱动力。

（5）乡村治理回归常态

乡村问题错综复杂，归结根源是传统秩序崩溃，而新的乡村秩序尚未建立。新中国成立以后，农村集体化运动彻底破坏了原有的乡村秩序，依靠国家政权深入阶层建立的政治秩序仍然以行政指令的形式实施乡村管制，无法有效回应乡村生活的全面需求，党委领导下的村民自治未能建立良好的乡村秩序，需要重新回归乡村治理的本源和常态，明晰城乡社区的差异（表2′-5-3），建立基于信任的文化和环境自信的乡村社会网络系统。

乡村社区与城市社区规划建设管理差异对比一览表　　表2′-5-3

对比内容		城市社区规划建设管理	乡村社区规划建设管理
本质特征	基本功能	生活与生产分离	生产与生活紧密结合
	社会类型	陌生人社会、法制社会，独立个体	熟人社会、伦理社会，集体意识
本质特征	价值判断	公正	舆论导向
	决策特征	个性化、独立，有长远考量	攀比、从众，重私利
	空间特征	封闭	开放
	人口特征	开放	封闭（成员权隐含经济利益）
	土地房产	土地国有，产权单一，可买卖，边界完整	集体所有制，不可买卖，可继承，边界细碎、权属复杂
	生态景观	人工为主	自然为主
	生长方式	植入、拼贴	内生、渐进
规划特征	上位规划	总体规划	镇村体系规划（可能没有）
	基础信息	充分、透明	不充分、不透明
	服务主体	政府、企业（落实意图）	村民（体现意图）
	规模界定	用地规模固定	人口、用地规模均相对固定
	意愿调查	通过市场，趋势判断，相对稳定	个体调查，频繁变更
	规划编制	可能有，大部分没有具体的使用对象	有具体的使用对象和使用要求
	规划标准	有标准可依，按照市场定位	村民和集体经济条件决定
	控制手段	空间条件控制	土地控制，一宅一基地
	规划重点	整个地块	基础设施与公共服务设施
	基础设施	高技术	适宜技术
	考虑因素	拆迁安置，可以忽略自然条件	整治，少拆迁，尽可能少改变自然
实施特征	实施主体	地方政府	居民自建住宅，政府或集体提供公共服务
	建设行为	地产商商业行为，购买	非商业行为，福利形式获得宅基地
	实施特征	大规模开发	小规模改造
	实施方式	合同	共识，乡规民约
	实施速度	项目时间短，建设时限取决于政府计划和企业决策	较长，循序渐进，建设时限取决于居民收入水平和原有建筑质量
	建设投资	多元投资	居民为主，需要探索权责划分
运营特征	运营时间	定期维护	随时维护
	运营费用	花钱买服务，高成本运营和管理	不花钱或少花钱，尽量自给自足，低成本运营和管理
	运营费用	城市建设维护费，固定的资金支撑	投工投劳，集体收入或集资，政府投入不稳定

3 乡村规划走向乡村建设

（1）乡村建设过程管理

1）规划编制管理

乡村规划理论的生态化、人文化理念体现四个回归：①物质空间规划尊重自然生态理念的回归；②空间布局技术生活圈理论尊重人本理念的回归；③景观环境技术营建尊重人文理念的回归；④对接主体目标为了人民理念的回归。乡村规划的核心是对接主体目标，重点解决村庄空间结构、空间布局及边界，通过空间规划基本原则清晰初步规划，通过规划导则明确规划指标，结合地区一般性要求进行微调。

2）规划实施管理

乡村规划实施主要解决农村最为关心的村庄宅基地等建设，推动乡村规划中两规合一的实现，通过乡村规划师指导，村民参与贯穿始终，规划实施中的“放权”：抓两头放中间（抓规划编制和规划监督，下放规划实施）。

基于我国农村管理实际，现行行政管理资源与农村数量的不对等，造成乡村建设规划许可证发放不及时甚至不发放。管理实践中，审查主管部门一般为县一级，但迫于乡数量太多，乡镇一级缺乏主管部门，县级部门统一审查同样出现行政资源与管理现实的矛盾。因此需要通过降低管理层级解决行政资源与农村数量的冲突。

按照现行《城乡规划法》第20条规定，乡、镇人民政府组织编制乡规划、村庄规划，报上一级人民政府审批。村庄规划在报送审批前，应当经村民会议或者村民代表会议讨论同意。由于没有明确界定经费来源，实际操作中由于规划经费等原因常出现行政村自己或委托上级管理部门编制简单规划，以应付规划检查。按照《村民委员会自治法》规定，村民委员会是村民自我管理、自我教育、自我服务的基层群众性自治组织，办理本村的公共事务和公益事业。村庄规划属于公益事业，因此村庄规划是否需要村民授权委托是目前法理尚未完全解决的问题，需要明确乡村规划委托主体至乡一级，乡村规划审查主体明确至“县审批（一站式管理）—乡镇颁证—乡镇监督”。

3）规划监督管理

管理实践中由于监督主体模糊造成规划监管缺位，乡村规划编制、实施过程均难以体现最广大村民实际利益，因此需要重视乡村规划的监督机制构建：①构建多元监督主体。包括村民、社会力量（人大、政协中设规划专业委员会）、乡村规划师、乡镇设稽查执法队伍、县市规划局（解决行政复议）等；②明确监督管理流程。明确向谁举报（首查部门）—确定行政处理期限—以何种方式回应—如何反馈并评价（监督信箱、回应期限等措施）等系列流程。

4）规划实施评估与规划调整管理

建立第三方评估队伍，成立由村民参与的规划实施评估中心，明确村庄规划评估量表（做什么）、乡村规划导则（怎么做）。明确规定没有规划评估不能进行规划调整。

5）规划运营管理

探索投工投劳制度和常态化的乡村运营投入与管理机制，确定政府、集体、个人的责任。

（2）乡村建设的村民地位

1）采用乡村协作式规划，村民参与贯穿始终

乡村发展定位要切实反映村民对于乡村发展的了解，避免村民反对的“透支性发展”；规划编制环节反复与村民座谈磋商，避免村民不情愿的“行政性规划”；规划实施环节及时与村民沟通，反映村民意见，避免“差异性实施”；规划监督环节发挥村民主体作用，避免不公平的“临时性规划”；规划实施评估与规划调整环节反映村民想法，避免村民不知情的“突发式调整”。

2）简化规划管理流程

建立简单易行、又富刚性的流程（参考乡村中口诀式村规民约），主要内容包括时间、地点、谁做、怎么做、时间限定。

（3）处理好三个关系

1）处理好与城市规划管理的关系

城市规划管理具有相对较为清晰的委托-代理主体、审批监督流程，同

时有具备约束性的“一书两证”。而乡村规划管理则相对的主体不清，审批层级偏高，不适应大数量乡村的实际，规划监督流于形式，“一书一证”中乡村建设规划许可证制度不仅代表规划审批，还体现建设许可，两证融合，但由于实际反而难以操作。

2）处理好与乡村现有规划管理体系的关系

乡村现有规划管理体系中仍沿袭城市规划管理特性，与乡村规划实际产生矛盾，其原因主要是与村庄土地利用规划衔接，因此乡村规划首先实现两规合一，避免“规划不落地”的情况。

3）处理好与乡村治理结构的关系

乡村治理结构中精英治理、宗族影响的特征仍存在，乡村规划在整个实施环节中都应将乡村治理的影响涵盖进来，乡村规划的形式和内容适应本地需求，避免变成脱离地区实际的乡村规划。

六　以人为本的乡村规划治理理论框架与制度创新

（一）中国乡村治理的理论框架

解决乡村治理谁来做、做什么、怎么做、谁受益的根本问题。

1　治理理念

我国乡村治理是一个只有开始没有结束的庞大工程，乡村治理的表象是让乡村凌乱的生活更具品质，实质是增加乡村活力，积聚人力资本，促进居民富裕，重塑乡村秩序。在乡村治理过程中，农民是最终实施和决策的主体，农民被动接受两种不同的模式转换的基础是对待乡村规划规划建设管理的态度转变（表2′-6-1）。

乡村治理基本态度的转变　　　　表2′-6-1

当前乡村治理态度		本原乡村治理认知	
总体特征	具体体现	总体特征	具体体现
乡村城治	用对待城市的规划理念和方法规划本质与运行机制截然不同的乡村	乡村乡治	尊重乡村自身发展规律，体现尊重自然、尊重当地文化的乡村规划理论与方法
乡村逆治	夷平重建、盲目撤村并点，政策变化频繁	乡村顺治	有机更新改造，政策连贯性、一致性
乡村快治	跃进、跨越式、短期行为	乡村善治	逐步、渐进式、长效机制
乡村乱治	缺乏规划建设管理	乡村法治	将乡村规划建设管理纳入法制轨道
乡村府治	以政府行政管制作为主要手段	乡村自治	在整体科学框架约束和政府引导监管下的自管理、自运行
乡村失治	缺少社会约束和社会治理投入不足	乡村礼治	重构乡村社会秩序，增加乡村运行投入

乡村治理的基本态度反映在各参与方，体现为政府的治理理念、规划师的规划理念、农民和集体的乡村自治理念、涉农企业的经营理念，也包括某些乡村第三方（社会团体、非营利组织、宗教机构等）的参与。乡村治理过程中的不同参与方角色、工作方式随之发生变化，既体现在国家层面的政策引导和资金帮扶以及地方政府配套政策、基础设施和公共服务设施的提供和广泛的教育培训，也体现在企业产业运作模式和适当的帮扶，更体现在规划师提供整体规划及进行长期的技术咨询，还体现在第三方社会力量广泛参与乡村资金供给、社会监督、公正价值观培育和居民素质提高，具体不同参与主体理念与角色见表2′-6-2。

乡村治理不同参与主体的理念与角色　　表2′-6-2

<table>
<tr><th colspan="2">参与主体</th><th>理念</th><th>角色</th><th>工作方式</th></tr>
<tr><td rowspan="2">政府</td><td>中央政府
省级政府</td><td rowspan="2">治理理念（城乡分治转变为城乡合治）</td><td>项目投入转为目标控制</td><td>适当放权，事权财权匹配出台乡村发展法和配套法律法规，制定标准，提供相应资金</td></tr>
<tr><td>地方政府</td><td>建设主体转变为调控主体</td><td>制定具体标准，管理制度创新，提供基础设施和公共服务设施</td></tr>
<tr><td colspan="2">农民及村集体</td><td>自治理念</td><td>成为决策主体、建设主体</td><td>被动受益转为主动参与方案制定和乡村建设及运营管理</td></tr>
<tr><td colspan="2">规划师</td><td>规划理念</td><td>尊重自然、尊重传统、尊重居民</td><td>联络式规划，商业规划转变为服务规划，物质性规划转变为公共政策</td></tr>
<tr><td colspan="2">涉农企业</td><td>经营理念</td><td>让利于民，共同发展</td><td>参与乡村产业化体系建设</td></tr>
</table>

2　治理模式

（1）“官本”模式解释

乡村治理过程涉及多个层面：村民（村集体）、涉农企业、地方政府和国家，也包括参与治理过程的规划师，不同参与方在乡村治理决策中的话语权是有差异的。我国当前的乡村治理大部分采用“官本”的治理模式，这主要取决于政府、企业和规划师在乡村治理过程中占据政策、资金、智力等权威优势，思维观念中农民是落后、愚昧的代名字，出于政绩和对农村、农业、农民的了解甚少等方面的原因而采取运动式、一次性、单方面决策的项目形式，进行自上而下的价值输出，并以显性表达的授之以“鱼”的方式体现。

这一过程中村民的意愿并未得到体现，话语权被政府、企业、规划师所取代，在政府、企业、规划师以为村民满意的情况下成为目前主流的乡村治理模式。为形象表达政策效果和简化模型，将政府或企业投入与村民之间的连线形成的半径代表乡村公共服务的实际水平。“官本”模式下单一政府投入的政策效果：政府内部部门分制的特征使得政府总投入由于政策分散导致的政府实际投入下降，使得乡村公共服务水平降低（图2′-6-1）。“官本”模式下多元投入情况下，虽然总投入增加，但由于缺少系统性政策设计，导致项目重复、设施整合不足或与居民需求不符等，并未起到促进乡村公共服务水平的提高的政策效果（图2′-6-2）。

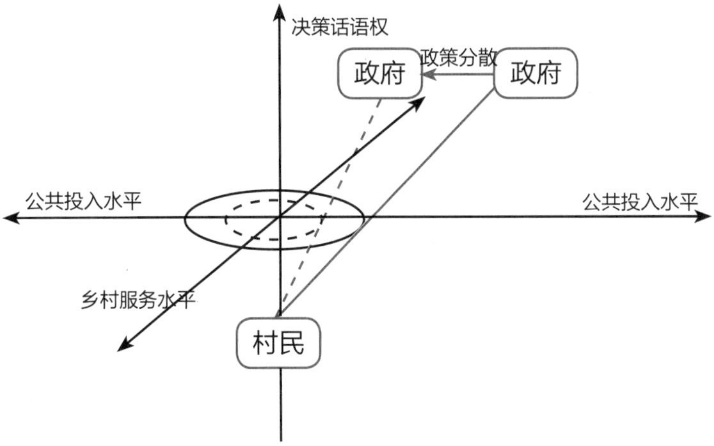

图2′-6-1 “官本”模式下政府投入效益解释

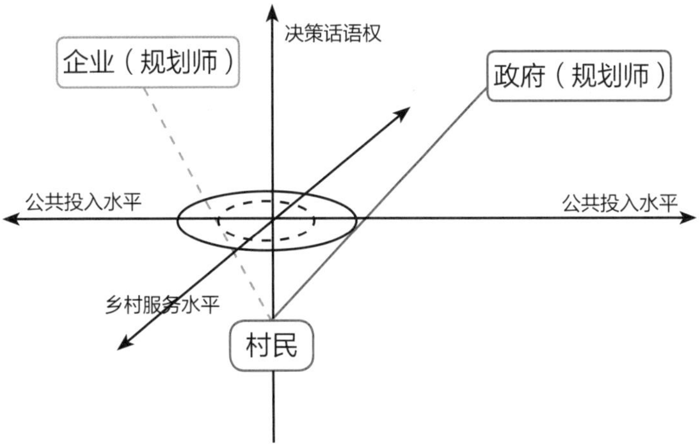

图2′-6-2 “官本”模式下多元投入效益解释

（2）“民本”模式的逻辑转换

当然现实整治过程中不乏居民、政府、企业、规划师多赢的案例，但其中的决策过程一个关键的显性特征是居民决策话语权的提升，即“民本”的本原模式，是乡村治理采取常态化、长远性、协商式等系统性决策形式，并以“授之以鱼”的显性表达和“授之以渔”的隐形显示两种方式并存体现。这一过程中村民的意愿得到最大体现，村民的积极性得到极大调动，成为乡村建设和运营管理的主体，政府、企业、规划师在决策过程中以原则界定、政策约束、标准制定、意识引导、资金投入等形式参与乡村治理过程。

实现乡村治理模式由当前的“官本”向本原的“民本”模式的转换过程中将促进乡村公共服务水平的边际效益提高。从图2′-6-3可以看到“官本”向“民本”模式转换过程中，由于政府治理理念发生的变化，政府在乡村治理决策过程中的话语权让位给村民，决策地位由①转变至②，所有政府部门由于全部以满足村民需求为目的而达到的系统性整合使得政府公共投入达到了1+1>2的效果，形成政府合力，政府公共服务投入水平增加③，这一过程中由于农民的主体地位提升，使得其从乡村治理的旁观者、被动受益者变为主动参与者、建设者和主动受益者，村民投入增加④，从而使得乡村服务公共水平的边际效益显著增加。图2′-6-4解释了在政府、企业和规划师等乡村治理的参与方治理理念均以农民利益为最根本目的状态下，各方乡村治理投入力量形成政策合力，引导居民参与治理，促进公共服务水平的极大提高。

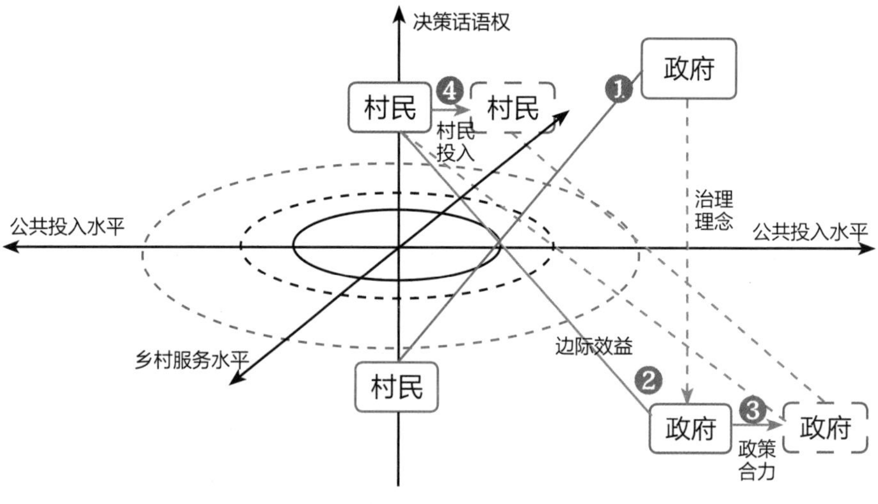

图2′-6-3　治理模式转换的政府投入效益解释

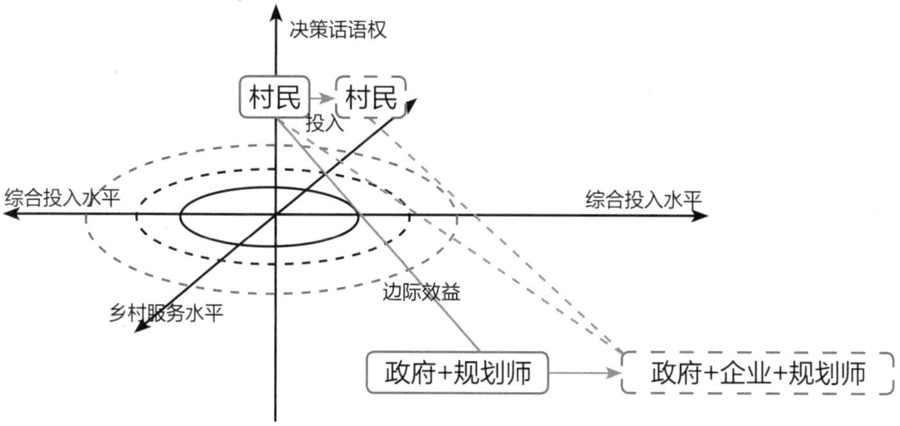

图2′-6-4 “民本”模式下多元投入效益解释

3 治理内容

（1）乡村规划编制和实施

乡村规划是乡村治理的切入点，协商式规划将有助于规划方案真正反映村民的需求，真正付诸实践，真正促进乡村生活的全面改善，真正实现乡村自治。

（2）公共服务设施建设

基本公共服务均等化是乡村治理的物质支撑基础。基本服务均等化既考虑了代际的公平，又兼顾了投入效益产出的基本合理性，是未来一段时间政府公共投入的基本原则和立脚点。

（3）宅基地管理

宅基地的科学化、规范化管理是乡村治理的核心手段，乡村建设的重点是广大居民生活的住宅的规范化建设和有效管理。宅基地管理是住宅建设的平面基础，住宅的设计管理是立体控制手段。

（4）公共秩序建立

当前乡村社会处于失序和无序状态，传统乡村治理的乡村精英已不复存在，非正式的治理制度已然瓦解，广泛的教育培训和第三方参与是重构乡村秩序的基本方法，以此带动村民回归理性、质朴和本原。

4 治理路径

以人为本的乡村治理框架体系包括动力、主体、理念、路径、体制机制、结果，即通过人文人本的治理动力基础、还权赋能的治理动力方式和有序共赢的治理动力构架，在乡村治理各参与主体相应理念变化的基础上，通过制度机制创新实现切合乡村实际利益、实现村民自我管理、规范政府协同治理和提高企业运营效益的目标，最终实现重构乡村新秩序的目标（图2′-6-5）。

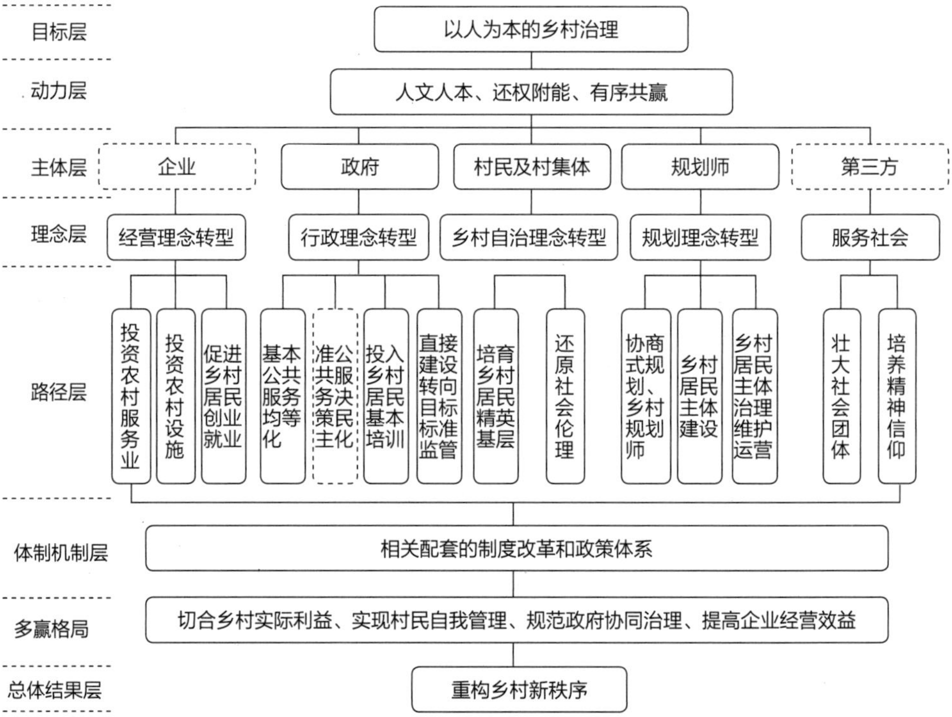

图2′-6-5　乡村治理模式的变革路径示意图

乡村治理从公共政策程序性角度依靠规划方案能够充分表达居民意见和意愿，依靠技术决策能够保证计划的实施，依靠项目设置符合居民实际生产生活需要，依靠建设程序适应国家政策和居民发展诉求，依靠配套制度设计满足长远发展需求，依靠不同参与方切实变革参与路径（表2′-6-3）。

不同乡村治理参与方变革路径　　表2′-6-3

主体	既有路径	变革路径
居民	缺乏乡村治理参与意识，趋利意思明显，唯我独尊	培育乡村居民精英阶层，还原社会伦理，构建新型乡村秩序
政府	按照经济效益决策乡村公共服务设施配置；重视项目建设，缺乏对乡村固定维护运营费用的投入；缺乏对乡村居民的教育培训；乡村农业基础设施投入不足	基本公共服务均等化；准公共服务民主化；广泛投入居民基本培训；制定目标和标准、进行有效监管；制定政策，引导和鼓励企业和居民的乡村建设投入
规划师	精英价值取向（技术权威价值强行植入）复杂、超现实规划、物质性规划	民主价值取向（技术引导社会公平）简单、实用、公共政策性规划
涉农企业	注重企业生产和销售环节，对于村民的生产环节引导和投入不够，缺乏利益分配协调机制	投资农村服务业；投资农村设施；促进乡村居民创业、就业；农业生态化、产业化
第三方	社会力量主要参与城市治理	社会力量参与乡村治理，提供乡村发展技术指导和参与乡村社会秩序构建

（二）中国乡村治理制度创新

我国乡村治理制度体现在乡村立法、乡村发展、秩序构建、系统管理和关系协调五个方面。

1　乡村立法是乡村治理的基本法律保障

（1）切实推进乡村立法，完善配套乡村规划建设法律法规体系

西方发达国家已经建立了系统性的乡村规划建设的政策和法规体系。我国目前《城乡规划法》（2008）以城为主，对乡村规划的规定原则性较强，缺乏可操作性，应借鉴国外乡村建设的宝贵经验，奉行依法治国理念，加强乡村立法和配套的乡村规划建设法律法规体系，制定《乡村发展法》，切实保护农村、农民、农业，实现乡村依法治理，逐步促进乡村规划建设管理法制化、制度化。《建筑法》（2011）将农民自建低层住宅的建筑活动排除在基本法之外，导致乡村村民住宅建设无法可依。因此，乡村住宅建设管理除了宅基地管理制度之外，应随着《建筑法》的修订，将乡村居民住宅建设纳入法律框架体系，确保农房建设合法性。

（2）完善乡村居民点体系规划，制定配套实施连贯性政策

国家和省级层面应制定居民点体系调整连贯性政策，按照县域范围落实具体实施方案，即县域统筹制定乡村居民点体系规划方案；全国乡村整治各地都有不同模式的探索，制定分类指导意见。探索建立省内跨市（县）的宅基地置换调整配套制度，如宅基地退出可享受省内城市的保障性住房政策等。

2 乡村发展是乡村治理的基础经济保障

（1）完善农业补偿奖励机制

促进现代农业产业升级，转变农村经济发展方式，促进农民增收致富，继续提高国家粮农补贴，建立全方位的涉农企业激励机制。各类加工、流通、服务等涉农企业和经济组织是带动农民致富、解决农村就业的关键要素之一，除农业生产环节企业外，应增加对储运、保鲜和深加工环节的涉农企业激励办法，形成建立从种养、加工、销售环节全程渗透激励机制，为企业投资农业提供税收、贷款及吸纳农村户籍劳动力提供政策补贴等相关政策鼓励。

（2）建立乡村人才引进和财富回流机制

通过实现乡村基本公共服务均等化促进乡村吸引力的提升，同时地方根据实际情况建立乡村人才引进和财富回流的相关制度，如本地迁出居民从事农业生产、回报家乡的农村户籍恢复制度，涉农企业征用集体土地投资农业基础设施和相关产业服务设施的相关产权确权制度和配套的相关贷款抵押制度等。

3 乡村秩序是乡村治理的基本社会保障

（1）重构乡村社会秩序的制度创新

乡村治理（规划实施）的居民要素的关键是乡村权威的再树立和乡规民约制度的再强化。在当前制度框架下，由村民推选出来的村委会代表在乡村治理过程中起到的统领、引导、教化作用，是农民主体的更高层次的体现，代表农民的共同利益。我国村集体的力量强弱参差不齐，更多的优

秀案例（江苏省江阴周庄镇、山东省枣庄大宗村）无一不是依靠村集体经济的强大和乡村领袖的奉献精神，因此各级政府应加大力量培育乡村精英，加强人力资本培育，通过各种手段还原社会伦理秩序，鼓励乡村仪式、认同感的培育，为构建新型乡村秩序奠定基础。

（2）重构乡村管理秩序的制度创新

1）乡村长效运营管理制度

建立乡村长效运营管理制度应侧重两个方面：①各级政府提供基本公共服务保障制度，设立相对稳定的乡村建设维护投入资金；②投工投劳机制的恢复（民间），建立资金使用制度、乡规民约的约束制度、各项设施运营管理制度、鼓励奖惩制度、公示公开制度、监督制约机制等。

2）宅基地、集体土地使用制度

地方政府应根据地方实际调整宅基地、集体土地使用政策，按照县域范围制定统一政策：①针对空置宅基地、缺房户和分房户制定宅基地置换政策，应允许宅基地的产权交易，或制定相应的征收程序收归集体所有用于公共设施的建设；②针对企业占用的集体土地的使用政策；③针对宅基地换保障性住房的配套政策。

3）乡村规划建设引导制度

地方政府和规划师应制定符合农村实际和农民意愿的规划方案，现阶段规划实施的乡村建设法制化和行政许可难以实施的前提下（人力、机构缺乏），建立乡村自约束、自管理和引导管理机制，确定乡村规划实施的农民建设、运营主体制度，推荐适宜技术，推广乡村规划师、建筑师制度。

七　中国乡村规划治理区域性差异及治理模式

（一）治理模式分类与标准

1　模式分类

根据政府、市场和公民社会各方利益主体在处理公共事务过程中的力量大小和关系，可以区分出不同类型的治理模式。其中，Driessen（2012）根据参与主体、制度特点和政策层级，将治理模式总结为五种基本类型：集中治理、分权治理、公私合作治理、协同治理和社区自治。在此基础上，结合中国乡村治理中，村集体组织的重要性①，Lin（2014）等将中国城中村改造治理模式分为七种：政府集中治理、分权治理、公私合作治理、协同治理、社区自治、政府集体市场三方合作治理以及集体与市场合作治理。根据参与主体、制度特点和政策层级，将治理模式按照治理主体的参与程度总结为六种基本类型：①政府主导治理模式。包括集中治理和分权治理，无论是中央或地方政府牵头，市场和公民社会是接受政府的激励。这种治理模式的特点是自上而下的，具有强制性和计划性，经常会不计成本地推倒重建，村民的参与度低，属于被动适应，如上海庙镇。②公私合作治理模式。其主要特点是政府和私营部门联合行动的所结成的合作伙伴关系。这种治理结构往往更加注重物质更新，但却忽略社会责任，造成村民的利益受损，如张壁古堡村。③协同治理模式。指政府、企业与村民平等互动，形成各司其职，各取所需的合作关系，如后兴隆地村。④合作治理模式。指地方政府、集体企业和开发商之间的伙伴关系，如猎德

① 集体组织是一个重要的组织成分。在城中村改造中，村集体更是至关重要的一环，也是实施改造工程的主体。在城中村改造过程中，村集体负责改造所需要的融资、拆迁补偿安置、回迁和基础公共设施建设等，可以说村集体的能力是城中村改造的成败关键。因此，研究中国的治理模式不能忽视集体组织的力量。

村。⑤集体主导模式。指集体企业主导下与政府、村民和市场间形成的伙伴关系，如西湖村。⑥政府、村民合作治理模式。指政府和村民之间的合作关系，如炉坪村。

2 判定标准

从字面意思很好理解，其中公私合作治理模式和协作治理模式并不显见，具体对比见表2′-7-1。

治理模式判定标准　　表2′-7-1

	公私合作模式	协同治理模式
参与者特征		
发起者	政府	政府
参与者	政府、市场	政府、市场、村集体、居民
权力基础	行政权力、市场竞争	行政权力、市场竞争和社会习惯
各方资源	土地开发权、房地产开发技术和资金	土地开发权、房地产开发技术和资金、社会资源
制度特征		
治理	政府权威、市场交换	政府权威、市场交换、伙伴关系
政策沟通模式	正式和非正式的市场利益谈判	市场、社会多种正规和非正规制度考量
社会互动机制	政府主导、市场选择	政府主导、市场选择、居民参与
治理目标		
目标	经济发展导向为主	目标综合，涉及经济发展、社会公平和环境保护
治理环境		
政策工具	行政命令	行政命令、谈判协议、讨论共识
政策整合程度	部门分隔、层级之间割裂	各层级、各方面政策整合
知识获取方式	政府企业双向模式、专家主导	政府、市场、社会多方互动多学科、合作式、网络化

资料来源：Driessen，2012；Lin，2014.

（二）政府主导治理模式——鄂托克前旗上海庙镇

1　案例背景

（1）区位条件

上海庙能源化工基地位于蒙、陕、宁交界处的鄂托克前旗上海庙镇境内，东至井田东边界，南、西达蒙宁交界，北接鄂托克旗，南北长约60公里，东西宽30多公里，总面积1800平方公里，包括16个井田，1个16.38平方公里的化工园区，1个25平方公里的生活园区及长远生产区。

（2）产业发展

1）煤炭与矿产资源

上海庙镇域内上海庙煤田与宁夏回族自治区宁东煤田地质同缘、禀赋相近，煤炭资源分布面积约4000平方公里。上海庙煤田矿区总面积约935平方公里，其中规划区面积870平方公里，煤炭资源储量124.4亿吨，是一个储量大、煤质好、地质构造简单的大型整装煤田。煤质具有低硫、低瓦斯、特低磷、高发热量等特点，是优质的化工和动力用煤。该地区还有丰富的天然气、煤层气、石油等资源。世界级整装天然气田苏里格气田，面积60%以上分布在鄂托克前旗境内，已探明储量2500亿立方米。多种资源同处一地，开发潜力巨大。而首轮总体规划中的建设用地布局既避开了煤气田，又使新建地区和其保持便利的交通联系，从而实现经济和环境效益的统一。

2）旅游资源

上海庙镇旅游资源独具特色，东部城川镇的大沟湾是“河套人”的发祥地，又是伊西革命根据地之一。既有唐代宥州古城遗址和大量的汉代古墓群及萨拉乌素化石群，又有延安民族学院城川纪念馆及王震井等革命遗址。镇西与宁夏交界处有明长城遗址。深厚的历史底蕴，绚丽多姿的草原大漠风光、革命古迹、古城遗址和浓郁的鄂尔多斯民族风情，共同构成了这片神奇土地的诱人魅力。

3）整合条件

上海庙地区原有的经济基础和产业条件也在首轮规划的空间结构布局的背景中扮演了重要角色。首先，上海庙地区资源总量较为充足，后发力量强劲，毗邻宁东化工基地，未来可以通过产业联动助推地区经济。其次，在鄂尔多斯市总体规划中，上海庙镇地处能源产业带与旅游产业带的交汇点（图2′-7-1），因此协调好能源产业用地和旅游产业用地的空间布局显得至关重要。最后，上海庙地区在首轮规划中就明确了国家级能源基地发展定位，是沿黄工业发展带上的重点，因此在空间结构布局上要为日后的能源产业发展提供最大的便利。

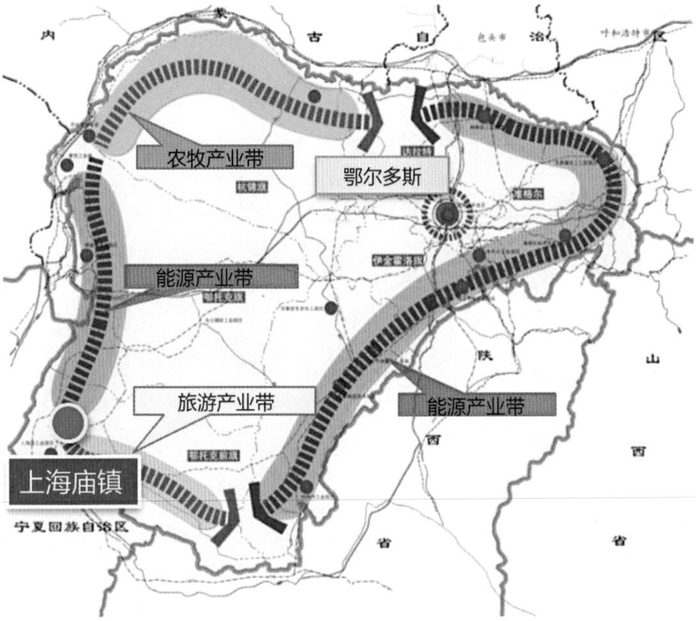

图2′-7-1　上海庙镇在鄂尔多斯产业带中的位置

2　规划实施过程

（1）规划编制

1）产业规划先导

上海庙城镇规划的基础是上海庙矿区总体规划，2001年12月，上海庙镇经自治区人民政府批准，设为自治区经济技术开发区。2006年6月，自治区主席办公会提出建设大型煤化工基地的构想，同年鄂托克前旗人民政府委托煤炭工业西安设计研究院编制了《内蒙古自治区鄂尔多斯上海庙矿区总体规划》。

2007年2月，内蒙古自治区地质勘查有限责任公司编制了《上海庙矿区麻黄井田煤炭勘探报告》。2007年5月，为配合能源化工区的顺利建设，需要对配套生活基地进行选址与建设。由于上海庙原镇区压资源，现有地上建筑简陋，搬迁成本相对较小，结合上海庙能源化工区、煤炭开采配套生活居住区建设综合考虑设置上海庙新镇区，统一开发建设，通过集中的城市化发展战略促进区域人口的快速集聚，建设一个设施完备、生态良好、特色突出的现代化一流绿色城镇，满足区域经济、社会、环境可持续发展的需求。2007年9月，内蒙古自治区和宁夏回族自治区签署了合作开发建设宁东——上海庙能源化工基地会谈纪要，提出两区合作建设宁东——上海庙能源化工基地的一体化思路，有利于集两区之力，向国家有关部委争取将其列入国家主体功能区范围，使之建设成为西部大型能源化工基地，并就水、电、路等达成一致意见。2007年11月，自治区发改委组织专家对《上海庙能源化工基地总体规划》和《上海庙能源化工区规划》进行了评审。2008年2月陕西省核工业地质调查院编制了《内蒙古鄂尔多斯上海庙矿区芒哈图井田煤炭详查报告》。

2008年4月，国家发改委对鄂尔多斯上海庙矿区总体规划进行正式批复（国家发改能源[2007]3168号）。2008年6月，陕西省核工业地质调查院编制了《内蒙古自治区鄂托克前旗长城煤矿煤炭资源勘探（补充）报告》。

2009年11月，宁夏煤炭勘察工程公司开始编制《内蒙古自治区鄂托克前旗上海庙西部矿区煤炭详查报告》，2010年1月，提交最终成果。2011年国家发改委下发《关于批复内蒙古自治区上海庙基地总体规划的通知》（发改能源[2011]65号），正式批准并支持上海庙基地建设成为具有国际先进水平、环保型的大型现代化能源化工基地。

从2007～2012年，上海庙能源化工基地开工建设以来，共实施的重点项目达到30多个，总投资400亿元，已完成投资额115.21亿元，其中基础设施建设完成投资54.18亿元，工业项目建设完成投资61.03亿元。新矿内蒙古能源有限责任公司总规模200万吨/年焦化项目已开工建设，其中130万吨/年捣固焦联产1.2亿立方米/年焦炉气制LNG项目已建成试产；60万吨煤制烯烃项目正在做前期工作；长城一号60万吨/年煤矿已于2007年建成投产，长城二号300万吨/年煤矿于2010年初完成建井，榆树井300万吨/年煤矿实现联合运转，新上海庙一号400万吨/年煤矿井筒工程已经完工，地面工程完成了总量的40%，2012年下半年建成投产。同时基础设施水平不断提升，上海庙能源化工基地横贯东西、连接南北的交通网络已初步形成，三北羊场至新上海庙铁路已建成通车；上海庙至陶利铁路可行性调研报告已通过审查，正在进行土地预审、地质灾害评价等前期工作，将于近期开工建设；新上海庙至陕西定边铁路已列入国家铁路建设规划；上海庙至棋盘井一级运煤专线前期工作有序推进，2012年开工建设。宁夏贺兰经敖镇接荣乌高速的公路正在积极开展前期工作；五年间建成1座500千伏、1座220千伏、3个110千伏输电工程、5个35千伏输变电站；上海庙能源化工基地引黄供水一期工程于2010年4月开工建设，于2010年底建成投用，2011年供水能力达到20万立方米/天，到2015年供水能力达到40万立方米/天，到2020年将达到60万立方米/天。目前上海庙镇生活用水供水能力已达到2万立方米/天。

经过五年的建设，上海庙能源化工基地已经形成一区三园的基本布局，上海庙镇区（21.3平方公里）、上海庙能源化工园区（规划控制面积24平方公里）、上海庙精细化工园区（规划控制面积11.6平方公里）、综合服务园（9.6平方公里）。“一区三园”目前规划面积为66.5平方公里，控制面积为150平方公里，现已建成道路114公里，其中园区内道路59公里，园区连接线公路55公里。完成园区内绿化450万平方米，连接线道路绿化2万亩。

为适应新的产业发展趋势，2013年，由中咨公司编制的《内蒙古上海庙能源化工基地产业发展战略规划》认为，上海庙是国家规划的矿区和十三个大型煤炭基地的重要组成矿区，开发利用煤炭资源，是实现资源优势向经济优势化的重要战略选择，是促进当地乃至内蒙古自治区经济发展的重要支撑，开发意义重大，提出“建设技术一流、环保一流、节能一流、具有国内外先进水平的能源化工基地，构建煤炭、煤电、煤化工三大产业链，形成‘煤为基础、电为支撑、化为主导’的循环产业集群”的发展目标和战略定位。

2）城镇规划支撑

①上海庙发展建设需要合法性城镇规划支撑，主要基于以下几个方面：由于上海庙能源化工区将企业生活设施纳入生活区进行统一规划建设，因此新建区域的主要功能是近期为矿区开发提供配套的综合性服务，远期为矿区开发中形成的产业集聚和各类生产要素提供生产、生活空间，同时也为资源型城市未来资源枯竭进行的产业顺利转型提供基础保障；②上海庙镇位于资源普查区范围内，压占资源，对地下煤炭开采不利，需要搬迁；③按照《城乡规划法》第十三条的规定，在城市总体规划、镇总体规划确定的建设用地范围之外，不得设立各类开发区和城市新区，从合法性角度需要整合生活区和上海庙镇区；④由于区域交通区位的改变以及产业结构中心的变化，鄂托克前旗政府所在地敖勒其召镇的职能也发生相应变化，传统的农牧中心地位下降，行政中心和经济中心的偏离导致行政中心职能的弱化和专业化，远期旗政府在政策符合状况下搬迁可能也是发展趋势，上海庙新镇区将成为旗域城镇化进程下的新载体空间。

上海庙总体规划确定了镇区以“两轴、一环、五组团”的结构形式进行布局。两轴，即连通南北、东西的两条城市主干道构成的城市轴线。一环，即为城市外部连接城市用地的城市环路。五组团，即以不同方向的城市轴线划分的五个城市组团，城市的空间形态呈现完整的花型，花瓣簇拥着花蕊。镇区道路采用“两环、两轴”的布局形式，除了两环、两轴的主路网格局外，各组团之间形成小的环路系统，进一步完善城市交通体系。道路走向按照地形变化设计，南北向道路基本沿等高线布局，形成自由变化的城市空间格局。

根据上海庙镇区发展具体要求，城区规划了两条南北和东西通透的中央绿化公园和产业工人居住组团、镇区搬迁居民居住组团、教育基地、商业中心及行政中心等功能区。镇区以两轴交汇处为中心区域，沿东西轴线布局城市行政办公用地，南北轴线布置商业用地、文化娱乐设施用地。城市行政办公、商业中心布置在城市中心，形成城市“花心”；居住用地布置到各个组团，每个组团相对各成体系，并与城市中心区相互联系，构成整体；城市南侧设置教育科研用地，布置容纳一万人的职业技术学院。城区东北部地势最高区域规划宗教用地，恢复重建上海庙。

3）专项规划跟进

为保证区域建设的顺利进行，各项基础设施进行专项研究和规划。

供水保障方面，早在2006年10月，水利部牧区水利科学研究所《内蒙古鄂托克前旗上海庙经济技术开发区供水规划》，提出以黄河为水源的地表水首选的供水推荐方案，建议近期水源地选在水泉村北富水段，初步规划4眼井，供水至开发区水厂，并考虑宁东供水工程供水的补充方案。2007年《上海庙能源化工基地规划》提出保障供水、供电、交通等基础设施保障条件，如供水保障方面，规划引黄供水工程计划分两期实施，一期工程于2015年底前完成，2010年年供水能力达到3000万立方米，到2015年达到1.3亿立方米的年供水能力；二期工程于2020年底前完成，形成1.8亿立方米的年供水能力。

供电保障方面，2008年5月，中国电力工程顾问集团西北电力设计院编制完成《内蒙古鄂托克前旗10×1000兆瓦电源点规划》，拟规划建设总容量为10000兆瓦的三个大型坑口电站：其中第一发电厂（2×1000兆瓦超超临界燃煤机组），上海庙第二发电厂（4×1000兆瓦超超临界燃煤机组），上海庙第三发电厂（4×1000兆瓦超超临界燃煤机组），成为产业链条的重要组成部分和区域电力供应的重要保障。2009年5月，中国电力工程顾问集团西北电力设计院编制完成《上海庙能源化工基地10×1000兆瓦+4×300兆瓦电源点规划》，认为在上海庙地区规划千万千瓦级煤电基地是可行的。2012年4月，鄂尔多斯电业局编制完成《鄂尔多斯市鄂托克前旗供电方案》，提出2012～2015年，鄂托克前旗规划新建220千伏变电站1座，新建110千伏变电站4座，可以满足地区新增用户的用电需求。2012～2015年鄂托克前旗安排110千伏及以上工程15项，投资估算6.7亿元，其中220千伏工程4项，投资2.6亿元，新增220千伏主变容量540兆伏安，新增220千伏线路150公里；110千伏工程11项，投资4.1亿元，新增110千伏主变容量728兆伏安，新增110千伏线路211.3公里。

交通运输保障方面，2006年10月，内蒙古交通设计研究院有限责任公司编制完成了《2006～2020年内蒙古自治区上海庙能源化工基地交通网布局规划》，提出建设里程约404公里（含支线），其中一级公路260公里，二级公路144公里的布局方案，将有利于发挥公路在综合运输体系中的作用，有利于公路和其他运输方式间的衔接，提高综合运输效率。2008年12月鄂尔多斯市政府于下发了《鄂尔多斯市铁路中长期发展规划》，2012年3月铁路规划设计院完成了《鄂托克前旗铁路发展规划》，提出2015年前建设新上海庙至定边铁路、陶利至上海庙铁路、精细化工园铁路专用线、新上海庙镇一号矿井铁路专用线、榆树矿井铁路专用线等线路；2020年前建设鹰骏一号井田铁路专用线、鹰骏二号、三号井田铁路专用线鹰骏五号、马兰井田铁路专用线等线路；2025年前建设巴楞井田铁路专用线、陶利井田铁路专用线等线路。

生态保障方面，2006年，内蒙古自治区林业勘察设计院编制《上海庙生态环境保护规划》，提出通过对该区域生态结构和功能的完善以及农、林、牧、水、旅游资源的优化布局和调整，达到维护和恢复工业园区周边的整体生态功能，将工业建设带来的负面影响减少到最低程度，保障该地区社会、经济、人民生活的生态安全和环境优化的总目标。2007年11月，内蒙古自治区环境科学研究院编制完成了《内蒙古上海庙能源化工基地总体规划环境影响报告书》，认为基地规划符合相关发展规划的产业布局要求，在保障评价提出相关措施的条件下，从环保角度是可行的。

（2）建设过程

2001年12月，上海庙镇经自治区人民政府批准，设为自治区经济开发区。2006年6月，自治区主席办公会提出建设大型煤化工基地的构想。因原有配套生活区位于能源化工区西部，2007年5月，鄂尔多斯市市领导及相关部门从环境保护与居住安全角度提出另行选址意见，据此要求对配套生活基地进行重新选址并组织建设，2008年12月开始编制上海庙镇总体规划，2009年开始全面规划实施。

1）实施人口转移工程和城镇及新型村庄建设工程

实施“城镇及新型村庄建设工程”。按照“整合村庄、集中居住”的要求，根据各嘎查村产业布局、地理位置、风俗习惯和行政区划，将鄂托克前旗68个嘎查村调整为14个中心村，其中，敖镇设3个中心村，即敖召其嘎查（设在敖镇）、三段地村、吉拉嘎查；上海庙镇设3个中心村，即上海庙村（设在上海庙新镇区）、特布德牧民新村、布拉格嘎查；城川镇设5个中心村，即城川村（设在城川镇）、二道川村、大沟湾村、珠和嘎查、黑梁头村；昂素镇设3个中心村，即昂素嘎查（设在昂素镇）、玛拉迪嘎查、毛盖图嘎查。到2013年，构筑“226”格局，即打造2个重点镇（敖勒召其镇和上海庙镇），2个居民聚集区（城川镇和昂素镇），6个中心居民点（三段地村、特布德嘎查、二道川村、大沟湾村、珠和嘎查和玛拉迪嘎查）。同时，完善4个一般居民点（吉拉嘎查、布拉格嘎查、黑梁头村和毛盖图嘎查）和禁止开发区草原、林地看护用房和散居户旧房改造。2011～2013年为建设期；2014～2015年为巩固提高阶段，在完成各项建设任务的前提下巩固建设成果。

按照“产业集聚、集中发展”的思路，确定相应城镇产业定位和发展方向，形成人口、产业与城市功能布局有机调控机制，为人口转移提供产业支撑。其中敖镇是鄂托克前旗的政治、文化、综合服务中心，主要发展绿色加工业、商贸流通业、镇郊农业，建设综合商贸集散地、小型工业园区、农牧民创业园区、物流园区；上海庙镇是鄂托克前旗的经济重镇，发展工业园区和旅游业、金融业、餐饮业等服务业。

按照“八个一、十配套”[①]的目标建设城川镇和昂素镇等2个居民聚集区和三段地村、特布德嘎查、二道川村、大沟湾村、珠和嘎查及玛拉迪嘎查等6个中心居民点。2013年建设吉拉嘎查、布拉格嘎查、黑梁头村和毛盖图嘎查等4个一般居民点，在落实安全饮水、户用沼气、供电、道路、移动通信信号、电视信号等保障的基础上，各建设一处能够满足农牧民正常生产生活需要的3000平方米的综合服务中心。

实施“人口转移工程”。按照鄂托克前旗各镇及中心村产业布局、人口吸纳能力和农牧民受教育程度，在尊重农牧民意愿的基础上，通过农牧业产业化转移、城镇区二、三产业就业转移和城乡社会保障转移等方式将

① “八个一”即建设一处便民信息服务中心、一所幼儿园、一所文化室、一所医疗室、一所综合商店、一处老年公寓、一处居民健身场所、一所警务室；“十配套”即给水排水、有线电视、宽带网络、水冲式厕所、垃圾无害化处理站及供电、道路、绿化、通信、供热配套。

农牧业人口转移到敖镇、上海庙镇，同时，积极鼓励农牧民向旗外转移。鄂托克前旗总户数28023户、77216人，其中，农村牧区常住人口13512户、39933人。到2013年，向敖镇、上海庙镇转移农牧民24858人，安排转移农牧民就业岗位1万个，实现“251”目标；农村牧区居住人口下降到15075人（居民点居住人口90%，散居户占10%），建设8个居民集中区（2个居民聚集区和6个中心居民点）。

2）实施“六个一”工程，提高转移农牧民生活水平

为了保证农牧民“移得出、稳得住、能致富”，按照保障就业、提高收入，措施到户、落实到人的原则，实施“六个一”配套工程。

配套工程一：提供一套住房。以2008年年底前在册登记户口为准，自愿拆除农村牧区原有住房且放弃宅基地使用权转移进城的农牧民，政府免费为其在敖镇或上海庙镇提供住房。2人以上3人以下（含3人）的农牧户，政府免费为其提供一套70平方米的住房；3人以上的农牧户，每多1人增加20平方米。无偿提供住房面积达到140平方米以上的，可以按两套或两套以上分配住房；无偿提供住房面积达不到140平方米以上确需增加住房面积的，在自愿申请的前提下，政府按照成本价为其提供住房。政府将统一建设转移农牧民住宅小区转变为通过分散采购为其提供住房，实行社区化管理，使农牧民尽快融入城市文明生活之中。

配套工程二：找到一份工作。到2013年，鄂托克前旗共转移农牧民24858人，其中，接受教育的5885人，参加养老保险的6781人，需安置就业的12192人。计划通过以下渠道安置转移农牧民：一是加强培训，重点对20岁至50岁的转移农牧民进行免费职业技能培训，根据用人单位需求，开展“订单式”培训、委托培训、校企联合培训，提高转移农牧民的就业竞争力；二是鼓励农牧民从业，凡稳定工作一年以上的农牧民，给予每人每年3000元的奖励；三是鼓励企业吸纳农牧民，凡聘用鄂前旗转移农牧民稳定就业一年以上的企业，政府帮助其缴纳所聘用转移农牧民应缴纳社会保险企业承担部分50%的费用；四是鼓励农牧民自主创业，对自主创业就业的转移农牧民全部实行“零税费”，形成一定经营规模、收入稳定的每三年予以10000元奖励；五是转移农牧民子女普通高校本科毕业且取得学士

学位以及煤炭、化工、医疗卫生、师范等专科以上毕业生，聘用在相应的机关企事业单位就业。其他专业的毕业生在参加行政机关及企事业单位招聘考试时优先录用；六是对高考落榜生，由政府提供学费，安排到职业技术院校进行职业技能教育。

配套工程三：落实一份社保。将按照政府要求流转土地且拆除原住房、放弃农村牧区宅基地使用权的转移进城农牧民，全部纳入城镇居民养老保险体系、城镇无业居民医疗保险体系、新型农村牧区合作医疗体系以及城镇低保救助体系进行统筹解决。养老保险方面，转移进城农牧民和城镇居民享受同等养老保险待遇，领取养老保险金的年龄提前到男年满55周岁，女年满50周岁；2015年前男年满55周岁，女年满50周岁转移农牧民养老保险的差额和提前年限个人缴费部分由政府补足。医疗保险方面，转移进城农牧民可参加城镇居民医疗保险，享受相应待遇。城镇低保方面，所有低保户待遇全部提高到500元/月・人。因智障、病残、年龄偏大等丧失劳动能力生活困难的，统一纳入综合福利中心管理。转移农牧民可自愿参加城镇医疗保险或新型农村牧区合作医疗保险，享受相应待遇。

配套工程四：发放一份补贴。禁止开发区转移农牧民，人均生活补贴按照每亩草牧场6元标准发放，补助标准以6元为基数，每年上调20%。优化开发区和限制开发区的转移农牧民自愿放弃宅基地，并将所承包土地自愿封闭的，比照禁止开发区转移农牧民人均生活补贴标准发放。对就业难度较大的转移进城的“4050”农牧民及以季节工、小时工等多种灵活方式就业的转移农牧民，给予每人每年生活补贴3000元。

配套工程五：享受一份教育奖励。凡转移农牧民子女，考取一类本科、二类本科、三类本科的，一次性分别给予20000元、10000元、5000元的补贴性奖励（不包括农牧民户籍蒙古族大学生就学补助金）；贫困学生每人每年给予1000元补助；为中小学、幼儿园学生每年购买医保和意外伤亡保险。

配套工程六：领取一份土地收益。将现有农牧民的草牧场承包经营权证变为草牧场使用权证。草牧场使用期限为70年。草牧场使用权在依法、自愿、有偿的前提下可以通过继承、赠予、转包、出租、入股、抵押等形式进行流转。

3）实施“现代农牧业建设工程”，提高未转移农牧民生活水平

实施“现代农牧业建设工程”，优化农牧业资源配置和产业布局，着力建设现代农业、现代畜牧业以及建立健全农牧业产业化服务体系，提高集约化生产水平，增加未转移农牧民收入。到2013年，现代农牧业建设实现“5528”目标，即鄂托克前旗现代农牧业发展实现水资源、耕地、人口、牲畜和生态5平衡（水资源实现采补平衡；耕地实现与水资源平衡；牲畜饲养量实现年所需饲草料与人工饲料地草料产量和天然草地可食产草量平衡；人口实现科学利用农牧业资源，直接从事农牧业的人口与达到预期农牧民收入目标的人口平衡；在实现以上4平衡的前提下，生态植被消耗所剩生物量与达到预期植被盖度生物量平衡），现代畜牧业示范户人均纯收入达到5万元，现代农业示范基地项目区农民人均纯收入达到2万元，鄂托克前旗植被覆盖率达到80%。其中现代农牧业经营户建设标准如下：

现代畜牧业：限制开发区的现代畜牧业示范户，草牧场面积要达到10000亩以上、水浇地达到100亩以上或草牧场达到7000亩以上、水浇地达到200亩以上；优化开发区的现代畜牧业示范户，草牧场面积要达到5000亩以上、水浇地达到300亩以上。户均牲畜饲养量达到1200头（只），肉羊基础母羊存栏量控制在300只或绒山羊基础母羊存栏量控制在500只以内，户均年出栏率达到75%以上。力争通过三年的建设，种植业全部实现规模化经营、全程机械化作业；养殖业实现规模化经营、品种良种化、饲草料配方化、羔羊出栏短期化、生产饲喂全程机械化、饲养管理科学化，推进现代草原畜牧业示范户建设。到2013年，鄂托克前旗新增现代畜牧业示范户719户，总规模达到1080户。

现代农业：通过推广统一作物、统一品种、模式化栽培、机械化耕作、测土配方施肥、低毒低残留农药等综合农艺措施，对耕、种、收全程进行技术指导，提高现代农业基地科技含量。现代农业示范基地农民土地规模经营单户耕地面积达到180亩以上，每5000亩组建一支农机服务队，生产过程实现全程机械化作业，综合农艺技术措施推广应用率达到100%；全力推广三段地农牧业科技推广示范园农牧业集成技术，推进设施农业全面向

集约化、自动化、高效益和全天候、反季节方向发展。建设内容及标准包括：以园区形式进行建设，规划面积不低于100亩，温室和大棚的建设比例达到1：2以上；建立设施农业中介组织，进行产前规划、产中管理、产后营销。到2013年，鄂托克前旗新增现代农业示范基地5万亩，鄂托克前旗达到10万亩；新增设施农业基地2000亩，总面积达到3000亩。

配套措施在：①实施肉羊产业“163”工程。推行“宝日套亥”商品三元杂交羔羊标准化养殖模式，提高后代产肉性能、肉的品质及饲料报酬率。这种模式较传统百母百羔时基础母羊1年1胎1羔出栏一次的模式减轻生态压力约66%，实现提高收入300%。到2013年，该模式覆盖鄂托克前旗肉羊养殖户的90%以上；②实施绒山羊产业“157”工程。推行绒山羊由粗绒型向细绒型转变的改良技术、绒山羊母羊怀孕后期与冷季长绒高峰期差开技术以及暖季绒山羊增绒技术。推广人工暖季限制日照长绒饲养模式，显著保护生态、大幅度提高产绒量。1只绒山羊可在减轻生态压力50%的基础上增加产绒量71.11%，到2013年，在绒山羊核心群区域内普遍推广；③实施肉牛养殖“123”工程。采取政府引导、中介组织介入、牧户参与，市场化运作的措施，通过肉牛繁育、育肥及服务体系建设，以冷配改良现有基础母牛为主，以调购优质纯种基础母牛为辅，加强肉牛品种改良，全面提高肉牛的生产性能和品质。到2013年，在无定河流域建成10万头肉牛养殖基地，养殖大户户均饲养量200头，培育肉牛养殖大户30户；④实施养殖园区建设“918”工程。养殖园区要按照园区布局合理、集成饲养管理技术得到全面应用、生产管理基本实现机械化、环境卫生整洁、人工劳动强度减轻的目标，采取合作组织、公司等性质的运作方式，围绕现代农业基地建设，按照饲养量在1000只以上的养殖大户和5000只以上的养殖园区标准，到2013年，鄂托克前旗配套建成9个养殖园区和180个养殖大户。

3 治理模式分析

（1）治理模式特征

1）治理主体

上海庙镇城市建设是鄂托克前旗城市史上前所未有的政府主导和资本

双推动的最为激进、快速、大规模的造城运动，生态环境健康、社会和谐进步、经济高效循环、区域协调融合的愿景并未完全实现。由于国家层面的战略摇摆和情绪化导致城市建设具有失去年轮的速成特征。新矿建设过程中，政府原有规划的居民住宅建筑面积为120、145、245平方米三个档次，然而公司并未采用做好的方案，而是相应地降低户型面积，形成90、102、120和140平方米四种类型。

2）开发模式

上海庙镇主要采用的是成片开发模式与开发补偿模式的综合，其优势有：加速基础设施的配套完善；提升土地开发的效率；加速城市功能的完善与协调；能够形成较为统一的城市景观；确保城市用地的有序扩张。具体做法是通过划定新城范围并进行规划，将土地拍卖给大型企业或挂牌出售，企业将竞拍的土地通过详细规划设计进行开发以发挥最大的效益。2008年完成上海庙镇总体规划之后，政府优先开发核心综合功能区，建设具有地方特色的生态空间，开发商业服务设施，投资建设基础设施与公共事业，并投入大量资金建设一批高质量、高起点、尺度宜人的居住区供农牧民转移落户。近年来已经局部地出现了开发补偿型方式，部分工矿企业通过提供资金并承担项目建设的方式参与了临近地块的公共服务或基础服务设施。应提倡该种开发方式，调动企业建设积极性，提升对生产、生活与社会环境的责任感，逐步实现企业与政府互利双赢的局面。

3）融资模式

融资模式基本以项目带资、财政投资为主。上海庙镇能源化工基地作为自治区级开发区，得到了自治区政府大量的物资投入与优惠政策；地方财政也积极给予建设启动资金，并为社会公用事业提供财政预算，将其纳入到最近几年的重点建设工程中。今后应开拓公司融资与招商引资模式，以市场化手段赢得更多的资金。

（2）治理模式问题

1）居住设施建设的时序选择问题

一般矿井建设周期5～6年，预想40%的员工在上海庙镇住，40%的员工住银川，20%住公寓。新矿在建期间公共服务设施太少，生活不便利，随着生活环境的改善，95%以上的员工选择住在上海庙镇，企业总部也有在镇区建设的设想，原有计划和规划面临调整。

2）规划基础设施的超前问题

规划的综合管网建设过程中减少，中水管网原来的方向在北侧污水处理厂，由于污水处理厂一直未建，因此中水接东南侧的自来水水厂和西南侧引黄河水。由于原有水源在城区南侧，不够使用，现有水源由北侧来，水源地距离上海庙30公里，导致管网压力出现问题，甚至管网系统倒置现象。没有公交，出租车很少，目前公交站点仅设置在榆树井、铁道口、1号煤矿、生活区、焦化园、长城煤矿等几处，极不方便。

3）施工方案调整问题

建设实施过程中，局部改动很多，部分根据需要进行改动，如上海庙镇车站方案进行了调整，法院建了一部分拆除重建，对方案进行调整，长城花园局部改变，建了一部分后发现太密集，对规划方案进行调整。这些部分改动不利于设施的可持续利用，或是未考虑城镇发展的未来需求。

4）制度约束的现实考量

上海庙镇规划实施过程中，领导规划不可避免。法定的规划通过正式的修改程序合法化，规划时效性很短，上海庙镇规划得以实施很重要的方面是实施主要领导的长期性，包括专家审查制度。目前的形式对领导随意改变规划起到制约作用，促进了决策民主化；也对用人提出反思，包括领导任期问题。领导对规划的了解和上对下的问责制度可以促进对部门的约束，如泰山家园东侧50米宽的绿化带，为了施工方面便将绿化带围在施工现场。

5）专家咨询技术辅助作用

为促进上海庙镇规划的高质量实施，镇政府成立规划专家咨询组，明确总规划师职责，专家队伍在不断扩大，专业广泛。设计单位的职责在延伸，任何变动均须征求设计单位的意见。

6）公众参与缓慢推进

居民的公众参与，由于灾害性事件发生对规划的认识越来越多，但不理性，追求私人利益的最大化。

7）实施对设计的逆反馈

目前上海庙镇的绿化管理运营成本很高，目前每亩用水400立方米/年，因此涉及树种的选择，如爬地柏、景天，旱柳、榆树等抗旱树种。

（三）公司合作治理模式——晋中市张壁古堡村

1 案例背景

（1）区位条件

张壁村也称为“张壁古堡”，属介休市龙凤镇，位于介休市城区东南10公里，三面环沟背靠绵山，属丘陵地貌，现有耕地3600余亩，人口1143人。张壁村曾荣获“中国十大魅力名镇”“中国历史文化名村”“国家特色景观旅游名村”等荣誉。村内古堡集军事、民俗、宗教、星相于一体，博大精深，弥足珍贵，含有独特而丰富的宗教和民俗文化。

（2）产业发展

目前张壁古堡以旅游产业为主。村民的生产生活，也与旅游产业密切相关，其收入来源由最初的农业生产、劳务输出转向了旅游服务及与旅游相关的生产活动。在旅游业的带动下，村民们积极发展旅游服务业、特色旅游农产品加工业和以旅游为依托开办农家乐饭店。同时，张壁村现有核桃林2560亩，其中已有2000余亩为挂果盛期，500亩为幼苗树，村内逐渐发展起以休闲观光农业和核桃深加工产业为主，建立集观光、采摘、农产品销售为一体的发展模式。

2 改造实施过程

（1）村庄规划

张壁村的保护规划遵循原真性、整体保护、分步整治、分级保护原则，以保护历史环境、挖掘文化内涵、改善居民生活、突出军事古堡特色为目标，按照点、线、面的格局进行规划保护。“面”的保护指划分张壁古堡村域为绝对保护区、严格控制区、环境协调区，进行分区管控。“线”的保护指对重点街巷、堡墙开展修复、加固、重建等维护工作。“点”的保护则是对具有典型特征的民居、宗教与礼制建筑、古文化遗址和古墓葬进行重点保护。

（2）改造过程

1995年，张壁古堡由张壁村委会开发建设并对外开放。但是由于资金技术等问题，张壁村保护开发步履艰辛。2005年1月，张壁古堡旅游集团公司投资300余万元，对张壁古堡进行了保护性开发和经营，对村庄的可汗庙、魁星楼、二郎庙、兴隆寺等建筑组群中的十余座建筑进行了科学的抢救性修复，还原了张壁古堡的完整风貌。同年，张壁古堡被CCTV评选为“中国十大魅力古镇”，第二批入选“中国历史文化名村”。2007年，张壁村被当地政府选定为新农村建设的重点村。2009年，在“大招商、大引资，创优发展环境”战略思想的带动下，张壁村成为“大招商、大引资”的试验村。为了利用村内特有的旅游资源发展旅游业，政府引进了本地大型企业对村内古堡进行全面保护性开发。市政府与山西义棠煤业公司联合对张壁古堡进行开发保护，张壁古堡旅游发展进入新的阶段。2010年，政府出资新修了7.5公里旅游路，景色优美，道路畅通，为游客们提供了更为便捷、舒适的旅游环境。

2011年，政府启动了378旅游线改线工程，形成了更加合理的绵山、张壁旅游线框架。为了进一步扩大旅游开发范围，试图使村内古堡得到更好的保护，由政府和企业共同合作，在张壁旧村外建设了新农村，对堡内村民进行了迁移。整个张壁新村建设占地141亩，总投资9700万元，建筑面积45000平方米，以单元楼和二层小楼为主，所有住房全部为精装房，可安置村民350户。新村按照“安全、质量、精致、一流”的施工要求，以“古朴、典雅、实用、宜居”为设计理念，村内建设有商铺、道路、管网、花园、村委、学校、文体中心、集中供暖、污水处理厂等生活配套服务设施。目前已有部分村民搬进新居，2012年，农民人均纯收入7900元，村集体年均收入达到25万元。

3 治理模式分析

（1）治理模式特征

1）建设经营主体

张壁古堡目前采用的保护与开发模式是政府支持、企业投资，合作发展村庄旅游业。政府通过引入企业经营，在对古村镇保护的基础上，进行适度的开发利用。在古村镇历史文化遗产得以保存延续的同时，达到促进当地经济发展、提高当地居民的收入的目的。政府方面，首先将张壁村评定为当地新农村建设的重点村，并通过各方努力引进了本地大型企业对村内古堡进行全面保护性建设，积极开发村内的旅游资源。此外，政府还出资修建了通往村庄的旅游路，制定了合理的旅游线框架。企业方面，自2009年后，由山西义棠煤业公司成立凯嘉文化旅游开发有限公司，与介休市政府签订张壁古堡保护开发协议，对张壁古堡实施深度开发。在此后的三年内投资1亿元对张壁古堡的内部设施、原有建筑、生态地貌、周边环境和旅游道路进行全面保护开发。

2）收益分配

每年公司的门票收入，用于上缴税收以及用于公司的日常经营、管理，同时公司每年支付张壁村10万元，划入张壁村委管理。由于旅游开发尚未成气候，同时需要大量资金维护张壁村旅游景点的保护和修缮，公司入不敷出。而划入张壁村村委的补偿款，由于制度和分配等隐形因素，只能用于张壁村日常开销，张壁村村民没有得到任何直接经济收益。

3）村民参与情况

目前张壁村的旅游管理等日常工作由凯嘉文化旅游开发有限公司主要负责，公司与社区处于相互分离的状态，缺少张壁村村民的主动参与。在当地旅游规划、旅游开发、新居建设等方面，村民只进行了形式化的参与，缺少真正的决策权。此外，由于旅游开发利益分配不均衡，村民从旅游中获得的收益极为有限。凯嘉文化旅游开发有限公司在张壁村只吸收了少量从事低端服务的劳动力，村民基本没有参与到旅游的开发经营中。

（2）治理模式问题

张壁村的开发建设仍旧存在一些问题：①由于张壁村旅游发展滞后，旅游设施缺乏，旅游产品种类不丰富，品牌效益没有建立起来。张壁村的旅游服务接待处在居民自发参与的阶段，并且只能提供简单的食宿接待，村内缺少旅游专业设施；②张壁新村的建设当初是作为义棠煤业发展业务中的附加条件而被接受的，在古堡经营权出让后，当地政府除了行政事务不参与张壁村经营管理活动，作为开发商也不愿意持续提供除了旅游开发所需的相关基础设施建设、公共服务、村镇环境改善等，因而造成目前新社区建设不可持续；③张壁村居民在旅游开发中参与不够，热情不高。作为张壁村保护开发中的古民居大多数是当地居民私人所有或者是集体所有，但是张壁村经营权的出让，导致居民被排除在开发商和当地政府之外，无法享受到保护开发带来的直接经济利益。当地政府和旅游公司完全忽视了社区因素以及居民的需求，造成了保护开发过程中的许多矛盾；④张壁村的发展处于孤立的状态，政府在开发利用过程中没有起到引导和监督的作用，与周边著名的旅游景点并未实现联合发展，因此信息、客源并不丰富。

（四）协同治理模式——赤峰市巴林左旗后兴隆地村

1 案例背景

（1）区位条件

后兴隆地村位于内蒙古自治区东南部、赤峰市北部，巴林左旗林东镇北侧约五公里处（图2′-7-2）。村域面积约8平方公里，耕地5053亩，林地、荒地3000亩，草牧场面积3000亩，村庄建设用地约为947亩。下辖5个村民小组（分队），村庄宅基地沿村内主要道路东西向狭长分布，东侧与省道S307相接，交通条件尚可。

（2）社会结构

后兴隆地村户籍人口1580人，实际居住人口约1000人，出生男女性别比为107：100，50岁以上村民占总人口的35%左右。现有青壮年劳动力以外出务工（二、三产业）为主，中老年劳动力职业构成以农业种植为主，外出务工收入占总收入比重较大。家庭结构以2～5人为主，初中以下教育水平人口达到87.6%（2012年），整体居民文化素质较低，符合我国乡村人口结构的基本特征。这种就业结构和文化结构预示着农牧业生产仍然是未来本村收入提高的主要来源之一。

因后兴隆地村距离县城较近，大部分务工劳动力仍在乡村居住，留守儿童数量较少，但留守妇女和老人数量较多。通过访谈观察发现，后兴隆

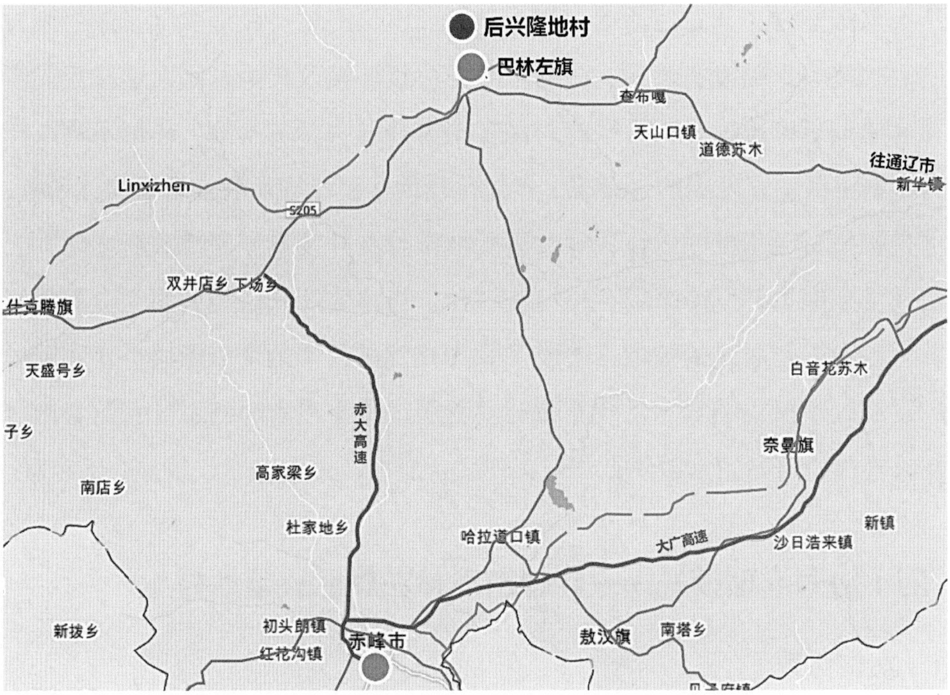

图2′-7-2　后兴隆地村区位图

地村基本的乡村社会秩序尚存，治安环境较好，村民基本遵循守信、互助的乡村传统，民风相对淳朴，一些老年人具有极强的参与意识；村长及村委会成员作为乡村精英阶层具有的一定的无私奉献精神。

（3）产业发展

后兴隆地村是典型的北方山地平原传统农业村落，以农耕为主，此类乡村因量大面广而无特色，但乡村本身生态环境较好，与农业种植、牧业养殖紧密结合，因此其治理模式具有普惠性和可复制性，而非有限样本和不可推广。全村耕地5053亩，其中井灌地2600亩，人均耕地5～8亩。后兴隆地村亟需执行二轮土地承包政策，土地分一类（水地生长期130天左右）4400亩，三类耕地（无水源浇灌山坡地）653亩。耕种作物以玉米等粮食作物为主（4400亩），杂粮为辅（653亩）。耕种收入受天气影响较大，每亩年收入约500～1000元。目前农户土地流转意向较为强烈，采取农户自愿整块竞标流转的方式，2014年流转土地共2000亩，流转土地同样用于种植玉米。

除种植业外，村民收入还包括养殖业和劳务输出，其中养殖业以肉驴养殖及特色“乌驴”养殖为主。2009年12月，东阿阿胶集团于后兴隆地村建设合作社（图2′-7-3），建设之初社员100人，现在社员已达到500户，实际覆盖40多个村庄。天龙合作社设有理事会、理事长、监事会监事长，股东社员。合作社致力于探索规范提升完善驴产业。从养殖户采购，养殖技术，饲料，改良，育肥，销售，发展规模养殖，分类销售，活体循环交易。合作社努力在将产业细化，薄利经营让利于民。收入60%进行股份分红，40%为合作社滚动投入。企业为合作社提供了技术支撑，市场信息引导。收购所有毛驴，分类销售。收购单价活驴30～32元/公斤，在合作社定点回收。

乡村旅游尚在起步阶段，村民普遍支持农家乐、民宿等旅游项目，但仍未发展合适的旅游项目及打造成熟的旅游服务环境。村集体计划近期内规划结合本村地缘优势开展趣味农家乐，开发辽文化，村史展览，开展与驴产业相关的趣味旅游、餐饮、手工、采摘等，村集体计划2015年开展5个以上农家乐趣味项目。

（4）基础设施及公共服务设施

乡村整体基础设施条件较差，但街道相对规整，村庄原有道路为沙土路面，2013年在东阿阿胶企业和政府财政支持下实现村庄主要道路铺设水泥路2公里，此外其余街巷硬化5.7公里，村道两侧实现绿化，完成主街道东段5500平方米的道路两侧硬化工程，并修建1300延长米的花墙。集中供水水厂，已实现全村自来水供应，但因计费水表质量问题，目前全村自

图2′-7-3　后兴隆地村肉驴养殖专业合作社

来水使用免费，由村委会补贴水费，为保证供水量满足需求，采取定时供应。村庄未建有公共排水设施，约半数村民家庭自建水井并通过水管将污水排至污水井，仍有部分村民随意倾倒污水。垃圾处理未建统一回收处理系统，居民自行将垃圾掷于污水井或定期运送至后山填埋。采暖以烧煤为主，做饭燃料基本以秸秆为燃料。

村民住宅大部分在1990年后建设，住宅以一层砖瓦结构房屋为主，沿街院墙高度统一并统一刷白漆共计4800米，院落状况反映一定贫富差距（图2′-7-4、图2′-7-5、图2′-7-6）。

图2′-7-4　相对富裕户

图2′-7-5　一般户

图2′-7-6　困难户

后兴隆地村公共服务设施已建成且使用的包括村委会、卫生站、便民连锁超市和村民广场，即将建成的有活动中心，已规划准备建设的包括托儿所、浴室、养老院等。由于距离林东镇较近，村内儿童幼托、中小学均在镇上就读，镇上配有班车进行接送。由于村集体资金的缺乏，部分规划的公共设施、绿化活动场地未能按时建设。

2　改造实施过程

（1）分工时序

按照乡村治理的参与主体政府、企业、村集体和居民、中国人民大学（规划师）的分工确定乡村整治的时序，近期安排为3年（图2′-7-7）：2012年，进行整治规划设计，选择一户进行庭院整治示范。2013年，道路施工，建设雨水排放工程，立村口标志性雕塑，建设集体育肥厂；2014年，院落全部进行整治，乡村绿化；远期根据发展条件建设燃气工程（秸秆气化）、污水排放工程，逐步建设健身场地、演艺广场、休闲公园，改造公共服务设施。

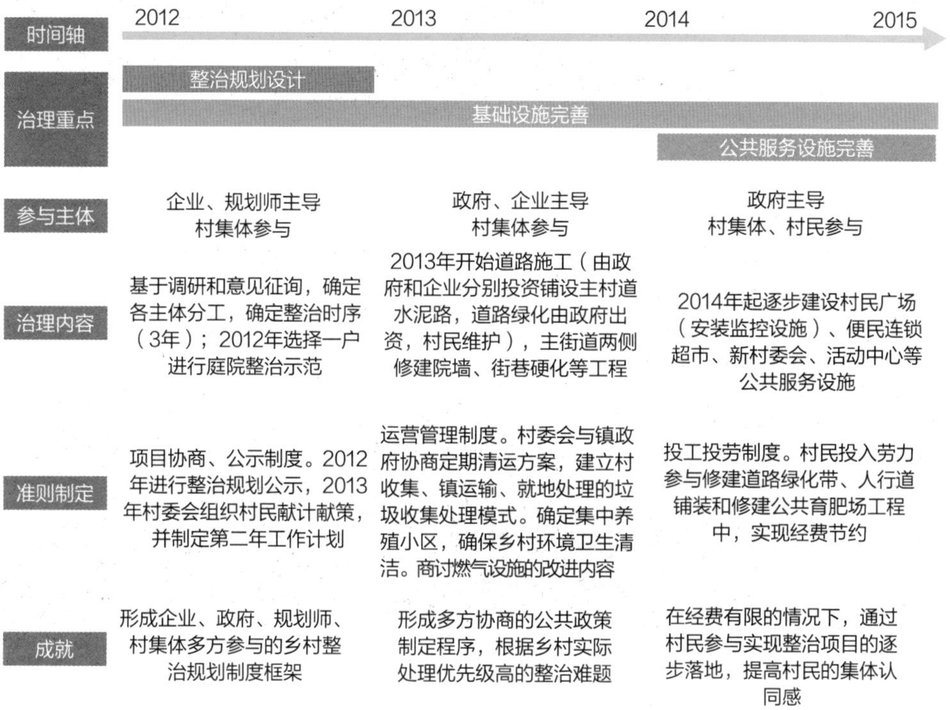
时间轴
2012
2013
2014
2015
治理重点
整治规划设计
基础设施完善
公共服务设施完善
参与主体
企业、规划师主导 村集体参与
政府、企业主导 村集体参与
政府主导 村集体、村民参与
治理内容
基于调研和意见征询，确定各主体分工，确定整治时序（3年）；2012年选择一户进行庭院整治示范
2013年开始道路施工（由政府和企业分别投资铺设主村道水泥路，道路绿化由政府出资，村民维护），主街道两侧修建院墙、街巷硬化等工程
2014年起逐步建设村民广场（安装监控设施）、便民连锁超市、新村委会、活动中心等公共服务设施
准则制定
项目协商、公示制度。2012年进行整治规划公示，2013年村委会组织村民献计献策，并制定第二年工作计划
运营管理制度。村委会与镇政府协商定期清运方案，建立村收集、镇运输、就地处理的垃圾收集处理模式。确定集中养殖小区，确保乡村环境卫生清洁。商讨燃气设施的改进内容
投工投劳制度。村民投入劳力参与修建道路绿化带、人行道铺装和修建公共育肥场工程中，实现经费节约
成就
形成企业、政府、规划师、村集体多方参与的乡村整治规划制度框架
形成多方协商的公共政策制定程序，根据乡村实际处理优先级高的整治难题
在经费有限的情况下，通过村民参与实现整治项目的逐步落地，提高村民的集体认同感

图2′-7-7　具体治理过程示意图

（2）规划编制

乡村规划方案制定按照公共政策制定程序进行：2012年5月13日，乡村规划工作开始启动，6月10日，进行村庄预调研，确定案例村庄，测绘地形图。6月25日，现场征求部分居民院落改造意见，确定乡土材料的使用原则，选择院落改造示范户。7月15日，对村庄整治规划进行公示，征求居民意见，对居民进行问卷调查，征求具体建设意见。与政府、企业、居民沟通，确定实施过程中各方责任。8月初，编制村庄整治节点、公共服务设施建设方案，形成规划评审成果并进行规划论证和居民公示。村庄整治规划、建设、运营管理角度确定为五项原则：①立足现实，有序推进，逐步提高；②突出生态，原生材料，乡土建筑；③产业支撑，生活需要，经

图2′-7-8　村庄现状图

图2′-7-9　村庄整治规划图

济节约；④居民为主，多方参与，明确分工；⑤规则先行，合力互助，和谐邻里。

规划方案（图2′-7-8、图2′-7-9）具有四个特征：①简单。在规划建设过程中，具体方案设计依托现有土地产权，尽可能少拆迁，主要针对基础设施建设、环境整治和公共服务设施配置三个方面进行，因此规划图纸、规定极为简单，主要有用地现状、整治规划、绿地系统规划、道路竖向、雨水工程规划、污水工程规划、燃气工程规划六张图，而文字也根据征求意见的结果对结论直接注明，力求简单明了，一目了然；②实用。规划方案切实考虑居民经济水平和生活特点，如临街围墙高度通过各家测量后（图2′-7-10）提出适宜方案1.6米（鸡飞跃最高高度）。居民原有院落采用片石砌筑，主要居住房屋建筑材料仍然采用黏土砖，因此方案征求居民意见，用等量的红砖置换片石用于道路边沟和公共空间建设（红砖易腐蚀），而居民居住建筑仅对外墙勾缝即可，规划给出乡土景观规划示意图；③可操作。规划方案即考虑设计的合理性，也考虑实施过程中的关键影响要素是否可以解决。如由于乡村为带状，因此小公园的布置既考虑合理的服务半径，也需要考虑占用的遗弃宅基地权属、可否征收及征收费用等，因此由村长及村委会先与宅基地所有者沟通后确定，确保规划方案可实施；④虑长远。规划方案实施并非一次完成，而是根据财力、居民意愿逐步推进，因此具体设计必须兼顾近期需求和长远发展需要。如污水排放在暂时没有经济条件情况下近期改厕，建渗水井，远期居民二次建房（楼房）前建设污水排水管网，原有村委会所在地规划为污水处理场，现有废弃小学改造为诊所、村委会和浴池。秸秆气化技术已经成熟，但近期乡村没有建设的实力（管网和燃气站需300万元），该项目作为远期建设项目，在近期道路边沟建设过程中，沟底采用红砖铺砌，有条件建设燃气管网时只要启开上盖和排水沟底红砖即可施工，预留了未来建设的条件。

图2′-7-10　不同高度院墙测量

（3）准则制定

乡村日常生产生活运营不可能像城市一样有固定的维护人员，任何设施的建设均需考虑最小的成本和最适宜的技术，尤其基础设施和公共服务设施的正常运行必须建立正常运营秩序，形成长效运转机制。后兴隆地村乡村治理根据具体情况形成如下制度：

投工投劳制度。由于经费有限，建立所有公益事业全部采用投工投劳形式建设制度。具体包括：乡村后山岩石裸露，雨水较大时会产生泥石流，为对山地生态整治，建立植树季节每家植树不少于20棵的制度，苗木则由旗林业局提供；道路铺装绿化、灌渠等农田设施改造以及村委会和活动中心、小公园等公用设施建设采取投工投劳形式（图2′-7-11、图2′-7-12、图2′-7-13），鼓励捐助。

运营管理制度。环境卫生方面形成自分类制度，村委会与镇政府协商定期清运方案，建立村收集、镇运输、就地处理的垃圾收集处理模式。规模养鸡户、养驴户可在村东规划的集中养殖小区进行畜牧养殖，确保乡村环境卫生清洁。燃气设施是未来基础设施水平提升的重要方面，在燃气是否装表、最低保证用量、未来是否用于采暖热源预留更多的容量等具体内容已在商议之中，运营过程中每户提供气化炉1天秸秆用量，而维修维护人员培训和管线、设备由村集体负责，灶由老百姓负责的制度初步达成。

项目协商、公示制度。乡村规划进行全面公示（图2′-7-14），年度项目建设形成协商制度

图2′-7-11　修建道路绿地带

图2′-7-12　铺装人行道

图2′-7-13　修建公共育肥场

图片来源：村委会提供。

图2′-7-14　规划公示（2012）

图片来源：本文作者拍摄。

（图2′-7-15），2013年末村委会组织居民献计献策（图2′-7-16），制定第二年工作计划，如今年为改进乡村社会治安状况准备进行安全监控设施的安装项目纳入日程。

图2′-7-15　项目协商（2013）

图片来源：村委会提供。

图2′-7-16　献计献策（2014）

图片来源：村委会提供。

3　治理模式分析

（1）治理主体模式转变

后兴隆地村乡村规划和建设参与方包括政府、公司、村民及集体、大学四方，随着乡村治理进程的推进和规划实施项目的变更，各方角色、职责和任务也发生相应的转变（表2′-7-2）。

后兴隆地乡村规划建设和管理角色转变与责任划分　表2′-7-2

参与方	巴林左旗及林东镇政府	中国人民大学	东阿阿胶股份有限公司	后兴隆地村民及集体
角色	消极配合者主动演变为主动协作者	短期协作者演变为长期服务者	发起者和资金提供者演变为协作者	被动受益者演变为主体决策者和建设者
职责	出政策、出资金	出思想	出资金	出劳力、出资金

续表

任务	负责排污工程、铺路、秸秆气化燃气工程等市政公共设施的建设； 负责提供公共设施建设资金及明确资金调配管理相关机制； 负责提供生态绿化苗木； 负责垃圾运输和处理； 负责明晰新农村项目建设的农民宅基地和农用地产权，无土地纠纷； 负责村集体财务公开管理； 负责养驴公益宣传标语的审批； 负责施工过程的监督检查与反馈	负责东阿阿胶希望乡村调研及筛选； 负责拟定项目规划及实施方案； 负责规划建设预算、时序安排与制度设计； 负责项目整治规划设计，包括整治用地布局图、绿地系统规划图、道路交通图、雨水工程规划图、污水工程规划图、燃气工程规划图； 负责项目建设施工技术指导与后期规划实施评估	负责前期规划设计所需的资料； 负责审核设计方案与图纸等； 负责项目接洽与协同； 负责提供村庄构筑物整治资金、育肥场建设资金； 负责工程项目中村庄构筑物整治所需原材料的招标、比价、采购； 负责施工过程的监督检查与反馈； 内蒙古天龙食品有限公司负责回收成年驴； 成立东阿阿胶·巴林左旗养驴扶贫基金会，负责改良站工作指导，养殖技术培训等后续工作	按照合同要求养殖并出售给东阿阿胶下属企业内蒙古天龙食品有限公司成年驴； 按照规划要求整治私人院落和空间； 公共空间和公共设施建设采取投工投劳形式； 按照环境整治要求规范日常生产生活行为； 建立乡规民约，互利合作，坚守诚信
	联合设立乡村规划研究与教育基地，致力于乡村规划管理人才的培养			

后兴隆地村在由过去政府投入为主，到企业主体和规划师加入过程中，各主体间不断交互，逐步实现决策过程的村民决策话语权的提升，即“农民置上”的本原模式回归。该模式是乡村治理采取常态化、长远性、协商式等系统性决策形式，并以“授之以鱼”的显性表达和“授之以渔”的隐形显示两种方式并存体现。这一过程中村民的意愿得到最大体现，村民的积极性得到极大调动，成为乡村建设和运营管理的主体，政府、企业、规划师在决策过程中以原则界定、政策约束、标准制定、意识引导、资金投入等形式合力参与乡村治理过程。

（2）治理时序方法特征

①时序的缓慢推进特征。后兴隆地村乡村治理具有两个方面的特征：乡村治理与城市存在本质的差别，因此治理过程是漫长的，治理路径是缓慢推进，而不是速成的；②长效机制建立是关键。在企业和规划师介入后兴隆地村乡村治理的过程中，后兴隆地村原有的政府-村集体-村民的单一治理结构在新主体的参与下对各自职责和关系进行梳理，逐步从各自分管的治理路径转向讨论式的治理模式，从公共政策程序性角度来通过规划方

案充分表达居民意见和意愿，并在企业和村集体技术决策保证计划的实施，并通过企业和上级政府发起的项目实现居民实际生产生活需要。在变革过程中，仍需进一步完善建设程序和配套制度以适应国家政策和居民发展长远诉求。

（五）政府、集体组织和居民合作模式——广州猎德村改造项目

1 案例背景

猎德村位于广州市中心城区、地处珠江新城中央商务区范围内，区位优势十分突出。猎德村是从北宋元丰三年（1080年）已经在史籍中有记载的一座古村落，距今已有930年的历史。1979年以前，整个村落的形态仍维持传统的村落形态，民居多沿用“三间两廊”的建筑模式，也有一些厨房厕所与房间分开的做法，多为平房，旧村房与房之间的巷道一般为1～2米宽，村落采光通风良好。村边有猎德涌经过，河涌和码头供运输货物、出海打鱼和端午节赛龙舟使用。猎德村经济以农业为主，主要种植杨桃等水果及蔬菜和水稻。1978年，村工农业总产值205万元，人平均年收入205元。

改革开放后，伴随着第一家驻村工厂的进入和家庭联产责任承包制的实行，猎德村的经济开始出现腾飞，村民开始大规模地拆旧屋建新屋改善生活，村里建成大量两层至三层半的钢筋混凝土房子。村民在原有的地块上建房，房子的阳台还向巷道挑出70～80厘米，使得不足2米的巷道只剩下几十厘米的采光空间，“握手楼”成了这个时期的写照。1994年，由于村属人口的增加，猎德村在原有村落旁边扩建新村，后来即有一系列新型“农民新村”——竹园南、竹园北小区先后建成。随着经济的进一步发展，外来人口增多，出租住房成为村民重要的经济来源，同时猎德村所在地在广州拥有特殊的地理位置，村域土地被大量征用，村民将征用土地的补偿款进一步用于改建房屋，为了争取更大的建筑面积，原有的天井和院落被新房子填满，原来两三层的房屋进一步改建成五六层甚至更多层数的住宅，村内房子的采光和通风变得非常差，居住环境迅速恶化，演变成一条“典

型”的城中村①。2007年时，猎德村内房屋拥挤不堪，“贴面楼”遍布，成为长期难以改造的“钉子村”。在密度极高的农民自建住宅内，居住着包括7800个村民和3万多外来租房者，居住环境卫生条件恶劣，消防通道狭窄，安全隐患突出。

2 改造实施过程

从2003~2007年，村委会、村集体经济组织——猎德经济发展公司持续探索猎德村整体改造规划。2007年，广州市政府修建猎德大道，计划征收猎德村的一大片土地，涉及250间房屋、400户人家，土地补偿标准为每亩30万元，房屋补偿标准为每平方米2800~3300元。这与当时猎德村周边的国有土地价格差异较大，同时涉及村民的外迁，因此，征地过程遭到了村民的激烈阻挠。在这种背景下，借鉴佛山等地进行“三旧”改造经验，猎德村村集体决定变“被动征收”为“主动改造”，向天河区政府提出了由村集体自行进行村庄整体改造的申请，拉开了猎德村旧村改造的序幕。

猎德村总用地面积为33.6万平方米，其中规划村用地25.4万平方米。按规划，村里拿出了西面的一块面积为9.3万平方米的土地作为商业办公用地，申请转为国有，由市政府制定土地开发中心组织代征拍卖，所得46亿元地价款全部返还村里，作为旧村改造项目的资金。剩下的土地分为两块：①南边的用地规划为集体物业用地，面积3.2万平方米，采取合作的形式，成立股份公司，由香港合和集团出资10亿元，村集体出资9亿元，合作建设五星级酒店及商业建筑，合和集团获得20年经营权，每年向村集体支付1.2亿元管理费，20年后交还村集体；②东边的用地为复建安置区，为旧村改造后的新生活区，用地面积13.2万平方米。

在政策创新思维支持下，猎德城中村改造的土地利用方式是采用所谓的土地使用“四分区”原则，通过商业地块拍卖、产权置换获得所需的改造资金，解决改造的资金难题。而以村集体经济经营为核心，综合房地产

① 黎颖．猎德模式城中村改造的特色与思考[J]．广州城市职业学院学报，2011,04:13-17.

经营、实体公司运营、个人房租收入等因素重构改造后的村经济运营方式，解决村集体以后可持续发展的资金问题。有了充足的资金，猎德村改造进程加快。猎德村改造的基本原则是对红线范围内有明确产权的村民住宅和集体物业按1：1进行等量复建安置，并对原有的违法建筑给予建筑成本补偿。整个改造步骤为先建村民安置房，再进行融资地块和集体物业用地的开发。按照新的改造模式，猎德村村民获得了较大的利益，因此“三旧”改造过程十分顺利，2010年猎德村基本完成改造。

3 治理模式分析

（1）治理主要参与者特征

猎德村改造主要基于村集体股份制公司，采取“政府＋企业＋集体组织＋居民”的治理模式，由村委会、集体经济组织主导整个改造过程，改造全程没有引进地产商。

1）政府作为引导力量。在改造过程中，政府充分考虑居民利益，做到“让利于民”，允许村集体自行改造。同时政府积极参与，给出改造的优惠政策，指导改造，并通过优惠政策保障了村民改造后的利益，这些都是推动“猎德模式”城中村改造快速、顺利实施的有利条件。而且政府采取了“还利于民”的方式，一方面帮助村里将融资地块“代征代拍”，另一方面将地块拍卖收益全部返还给村集体进行旧村改造。而且政府充分尊重村民和村集体股份公司的意愿，允许改造后的村庄仍旧保持集体土地的性质，同时又可以用于经营性建设。

2）私人开发企业是助力。私人开发企业通过土地拍卖，为猎德村改造注入大量资金，使得城中村改造可以全面推进，改造规划和建设能够完整贯彻，整体居住环境有较大提升。

3）集体组织和本地居民是核心。以村集体经济经营为核心，综合房地产经营、实体公司运营、个人房租收入等因素重构改造后的村经济运营方式，解决村集体以后可持续发展的资金问题。由于政府允许村集体自行改造，并引入合作机制参与改造，真正调动了土地权利人的积极性；居民在整个改造过程中，因为村集体组织的存在，使得居民在参与公共事务的能力和意识都比较强。

（2）集体组织是重要基础

本案例可以看出，除了政府的积极引导作用外，猎德村集体组织的作用是相当明显的，社会力量比较强大。2002年末，猎德村撤村改制为街道，并成立体现村民经济利益的股份制公司——猎德经济发展公司。猎德村村集体经济实力比较强，2007年村集体收入达1亿元，主要来源于村留用地（24公顷）上的物业出租。同时村民也比较富裕，除村民人均分红约3万元外，住宅出租收入也可达到3万～5万元。

强大的村集体组织是该治理模式的重要基础。由于较为强大的集体组织的存在，使得社会力量能够平衡政府和市场力量，居民诉求可以合理申诉。同时，由于较为强大的集体组织的存在，居民的参与公共事务的能力和意识比较强，能够做到较好地沟通协调，使得改造实施过程中的阻力减小，改造的速度和效率大大提高。

（3）保障村民利益是重点

猎德村治理模式的突出特点是充分保障村民利益。村集体和村民在改造过程起到主导作用，村民利益诉求得到更多关注，改造政策得到本地村民的拥护。相对而言，政府投入城市公共服务的资金并未从该项目中收取。

“猎德模式”城中村改造根据“四分制”土地使用原则划分土地，将改造后的空间分别建成商业开发区（土地出让拍卖）、村集体经济发展区、居住复建安置区和传统民俗建筑景观复建区四片。商业开发区的土地则用于出让拍卖，土地拍卖的资金用于进行城中村改造。村集体经济发展区主要是用于与房地产开发商合作建设商业项目，所得的资金划拨到体现村民经济利益的股份制公司猎德经济发展公司。但是，该治理模式中并未考虑外来人口的住房需求，且政府为该区域及其周边地区所投入的公共设施改造资金也未从该项目中收取，因此该治理模式的可推广性值得商榷。

（六）集体主导模式——东莞市石龙镇西湖村

1　案例背景

（1）区位条件

西湖村位于东莞市北部石龙镇东江南侧，村域面积3.5平方公里，下辖麦边、下甲、官厅、李屋、徐棉、新围6个自然村，本地户籍村民2700多人，外来人口2万多人。西湖村地处广深高速铁路、广深高速公路、广惠高速公路中段，南距深圳黄田机场、北到广州新白云机场仅30～50分钟，境内建有火车站（东莞站）和石龙镇客运站交通枢纽，省道S120东西向贯穿西湖村，交通便利（图2′-7-17）。

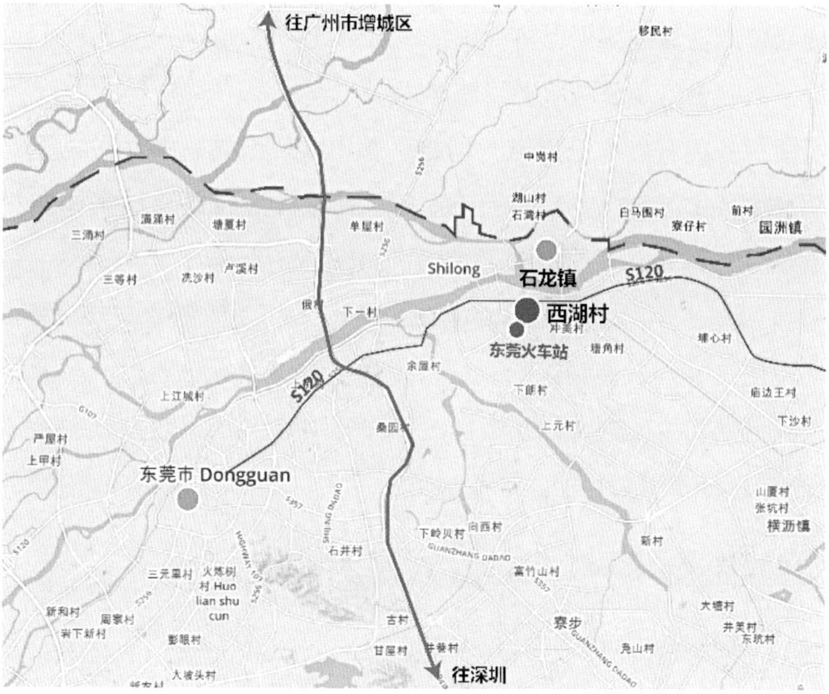

图2′-7-17　西湖村区位示意图

（2）产业发展

西湖村内基本无农用耕地，农村经济结构以二、三产业为主，第二产业以服装制造、电子装备加工等中小规模企业为主，吸引了大批中国香港、中国台湾以及日本、澳大利亚的投资者入驻。第三产业目前已形成了较大规模的服装、家具、商贸、五金、电子批发市场，其中西湖服装批发市场是目前全市占地面积最大的服装批发市场，此外，服务于区域内部及周边的金沙湾购物广场形成西湖区的商业中心。此外，村内另建有五星级名冠金凯悦酒店，形成较为完善的生产性和生活性商业配套设施。

（3）村集体资产

至2010年末，西湖村集体总资产7.9亿元，拥有厂房面积约15万多平方米，商场、铺位15万平方米。2010年度全村集体年总收入达5860万元。2013年村民人均年分红约10000元，西湖村委承担村庄全部户籍人口的社保和医保费用。西湖村积极执行《东莞市农村集体资产管理规定》，并实行村务财务公开制度，在各自然村的公众橱窗上向广大村民公开财务状况，成立理财小组，定期审查财务收支，召开村民代表座谈会，广泛收集对进一步加强资产管理的意见，实行民主理财制度。

（4）基础设施及公共服务设施建设

西湖村各项基础设施如电力网络、邮电通信系统，供水系统等建设完善，公共服务如教育、绿化、金融、医疗等实现全面覆盖。每个自然村都建有篮球场等体育休闲设施，设有图书馆等文化设施，全村现有幼儿园3所、小学1所，已落实规划建设的有石龙中学、石龙体育馆。自然村居民点卫生环境优良，均设有消防栓，给排水设施按城镇标准建设。西湖村被评为“东莞市文明村”，全村的6个自然村均被评为“市级安全文明小区”，全村676户中有656户被评为“文明户”。

2　改造实施过程

（1）规划建设

1）规划制定

西湖村的现代化规划建设始于20世纪80年代末，乡村面貌由过去以农业种植为主的田园风光逐渐转变为城市化的建设格局。90年代初，村集体投资建设的西湖路东西向贯穿西湖村，是西湖村对外交通的主要干道。西湖路北侧为生产片区，布有徐棉和李屋两个自然村，建设用地用途主要为工厂、居住和商业；西湖路南侧为生活片区，分布有下甲、新围、官厅、

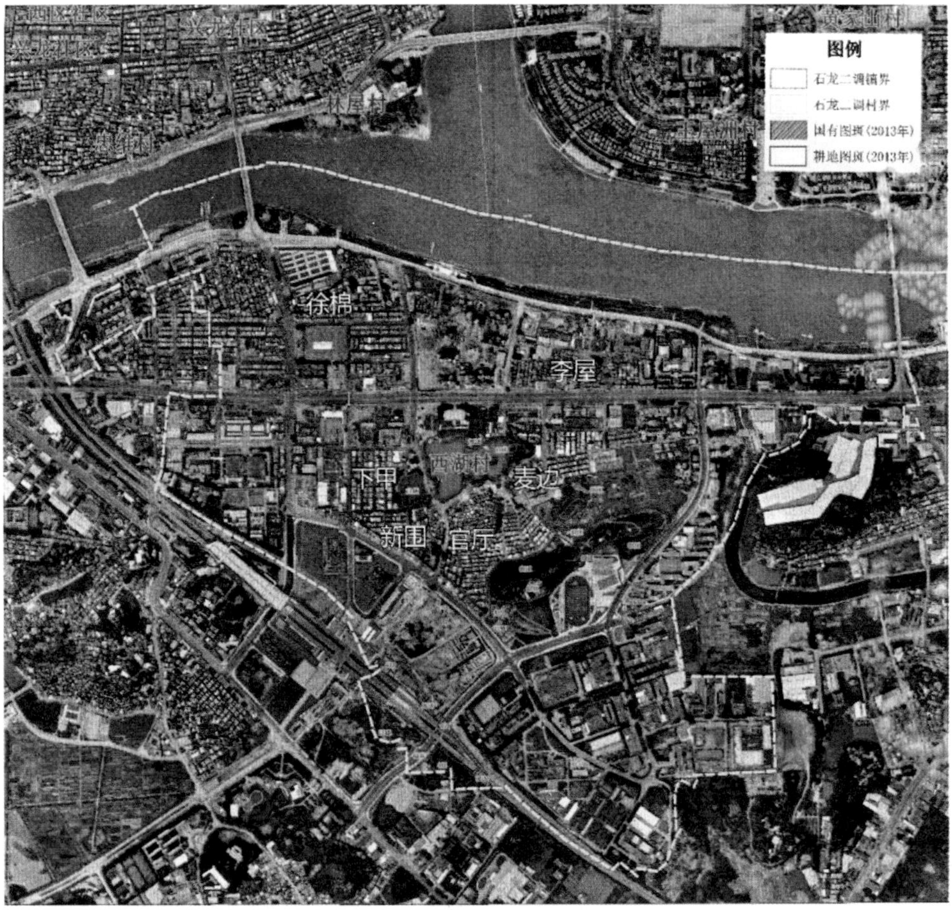

1:6,000

图2′-7-18 西湖村航拍图（2013）

资料来源：西湖村委会。

麦边四个自然村（图2′-7-18），共同围绕西湖村中心公园，绿化环境品质较高，西侧和南侧主要为工业用地，西南侧东莞火车站去年启用，东南侧主要为园林绿化用地和大型公共服务设施用地（石龙中学、体育馆等）。六个自然村内基础设施配套完善，建筑分布紧凑，建筑高度统一和谐，村路畅通，充分利用自然村内空地布置景观小品或休憩设施。

2）规则制定

西湖村规划建设工作的规则制定主要集中在宅基地住宅建设和村小组厂房出租两方面。宅基地房屋需要重建或大面积修缮的，村民需提前向村小组申请，建设过程中村小组前往实地考察建设是否符合管理规定各项标

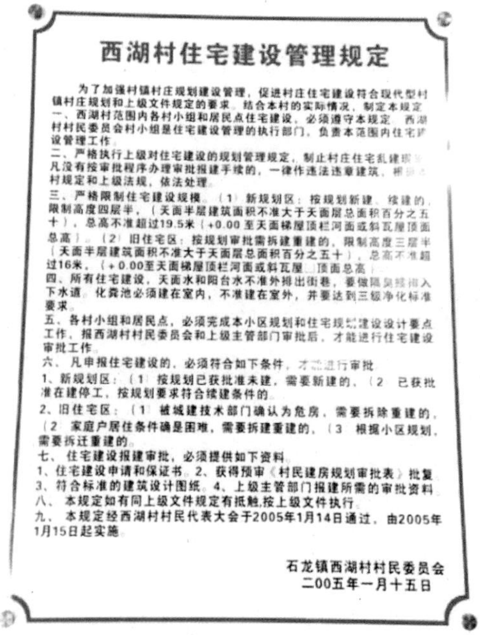

西湖村住宅建设管理规定

为了加强村镇村庄规划建设管理，促进村庄住宅建设符合现代型村镇村庄规划和上级文件规定的要求，结合本村的实际情况，制定本规定。
一、西湖村范围内各村小组和居民点住宅建设，必须遵守本规定。西湖村村民委员会村小组是住宅建设管理的执行部门，负责本范围内住宅建设管理工作。
二、严格执行上级对住宅建设的规划管理规定，制止村庄住宅乱建现象。凡没有按审批程序办理审批报建手续的，一律作违法违章建筑，根据本村规定和上级法规，依法处理。
三、严格限制住宅建设规模。（1）新规划区：按规划新建、续建的，限制高度四层半，（天面半层建筑面积不准大于天面层总面积百分之五十），总高不准超过19.5米（+0.00至天面梯屋顶栏河面或斜瓦屋顶面总高）。（2）旧住宅区：按规划审批需拆建重建的，限制高度三层半（天面半层建筑面积不准大于天面层总面积百分之五十），总高不准超过16米，（+0.00至天面梯屋顶栏河面或斜瓦屋顶面总高）。
四、所有住宅建设，天面水和阳台水不准外排出街巷，要做隔臭接排入下水道。化粪池必须建在室内，不准建在室外，并要达到三级净化标准要求。
五、各村小组和居民点，必须完成本小区规划和住宅规划建设设计要点工作，报西湖村村民委员会和上级主管部门审批后，才能进行住宅建设审批工作。
六、凡申报住宅建设的，必须符合如下条件，才能进行审批。
1、新规划区：（1）按规划已获批准未建，需要新建的。（2）已获批准在建停工，按规划要求符合续建条件的。
2、旧住宅区：（1）被城建技术部门确认为危房，需要拆除重建的。（2）家庭户居住条件确是困难，需要拆建重建的。（3）根据小区规划，需要拆迁重建的。
七、住宅建设报建审批，必须提供如下资料。
1、住宅建设申请和保证书。2、获得预审《村民建房规划审批表》批复。3、符合标准的建筑设计图纸。4、上级主管部门报建所需的审批资料。
八、本规定如有同上级文件规定有抵触，按上级文件执行。
九、本规定经西湖村村民代表大会于2005年1月14日通过，由2005年1月15日起实施。

石龙镇西湖村村民委员会
二〇〇五年一月十五日

图2′-7-19　西湖村住宅建设管理规定

准（图2′-7-19），无误后上报村委，村委进行核实。通过村民-村小组-村委三层监督，可及时有效制止违规建筑的建设，对维护居民点整体风貌起重要作用。西湖村对厂房出租企业设有准入门槛，禁止污染工厂进入。

（2）实施过程

自20世纪80年代起，西湖村在进行规划建设过程中村支书等村集体干部就对用地进行功能分区的构想，保留了重要的绿地和未来建设用地，并没有完全以“坐地收租”的形式实现村集体经济的快速增长。在20世纪90年代的建设中，基于一定的经济实力，村支书致力于完善乡村的各项基础设施和公共服务设施，在优化村民的居住环境的同时提升了西湖村接纳外来人口工作和居住的容量，创造了较好的投资建设环境。20世纪90年代后期至21世纪以来，村集体得以引进大型商业设施、工业设施和基础设施正是基于土地资源的保留。西湖村改造具体实施过程见图2′-7-20。

西湖村改造实施的过程也是利益主体关系协调的过程（图2′-7-21）。西湖村乡村治理的主导主体为村委会，而参与主体包括镇政府及其他上级政府、村民小组、村民以及市场。村委会通过统筹西湖村集体土地产权，前期通过三级分配制度将部分土地资源下放村民作为宅基地，部分土地下放至六个村民小组进行厂房建设和出租，大部分土地资源主要通过商业租赁方式取得收益，并通过分红和其他福利方式实现全村利益共享。后期增加一级分配方式，即通过集体土地低价国有化的方式，以政府为主体出让土地进行大型公共服务设施和商业设施的投入建设。在务工经济的影响下，西湖村形成了以村委会主导的乡村社会政治经济结构，政府、村委会、村民小组和村民在各层级和市场主体进行交换活动的过程中获得收益。这种收

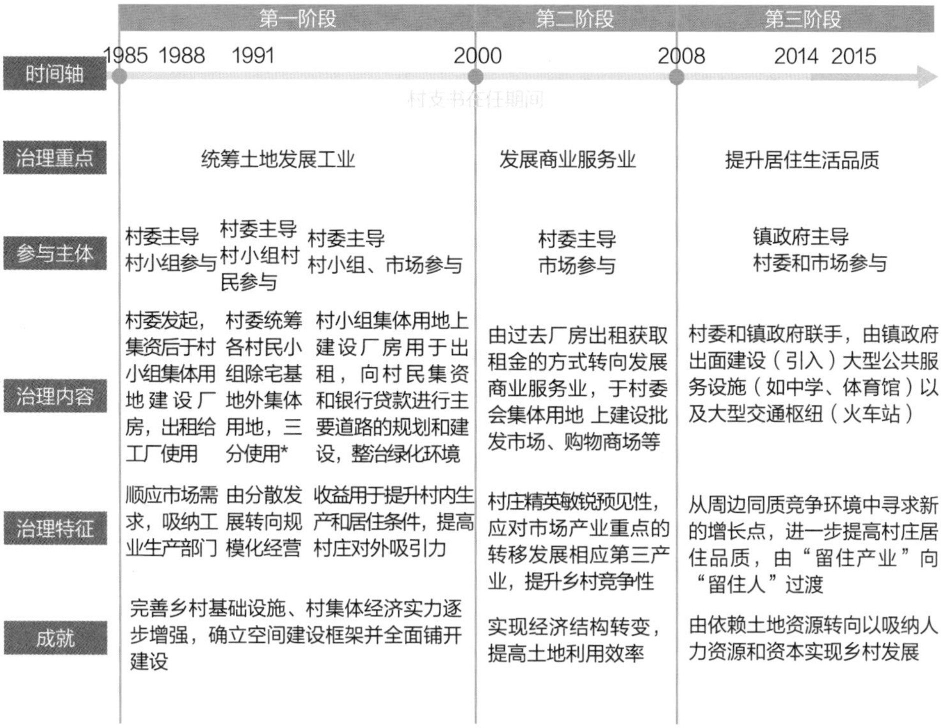
第一阶段
第二阶段
第三阶段
时间轴
1985 1988 1991
2000
2008
2014 2015
村支书在任期间
治理重点
统筹土地发展工业
发展商业服务业
提升居住生活品质
参与主体
村委主导 村小组参与
村委主导 村小组村民参与
村委主导 村小组、市场参与
村委主导 市场参与
镇政府主导 村委和市场参与
治理内容
村委发起，集资后于村小组集体用地建设厂房，出租给工厂使用
村委统筹各村民小组除宅基地外集体用地，三分使用*
村小组集体用地上建设厂房用于出租，向村民集资和银行贷款进行主要道路的规划和建设，整治绿化环境
由过去厂房出租获取租金的方式转向发展商业服务业，于村委会集体用地上建设批发市场、购物商场等
村委和镇政府联手，由镇政府出面建设（引入）大型公共服务设施（如中学、体育馆）以及大型交通枢纽（火车站）
治理特征
顺应市场需求，吸纳工业生产部门
由分散发展转向规模化经营
收益用于提升村内生产和居住条件，提高村庄对外吸引力
村庄精英敏锐预见性，应对市场产业重点的转移发展相应第三产业，提升乡村竞争性
从周边同质竞争环境中寻求新的增长点，进一步提高村庄居住品质，由“留住产业”向“留住人”过渡
成就
完善乡村基础设施、村集体经济实力逐步增强，确立空间建设框架并全面铺开建设
实现经济结构转变，提高土地利用效率
由依赖土地资源转向以吸纳人力资源和资本实现乡村发展

图2′-7-20　西湖村具体改造实施过程

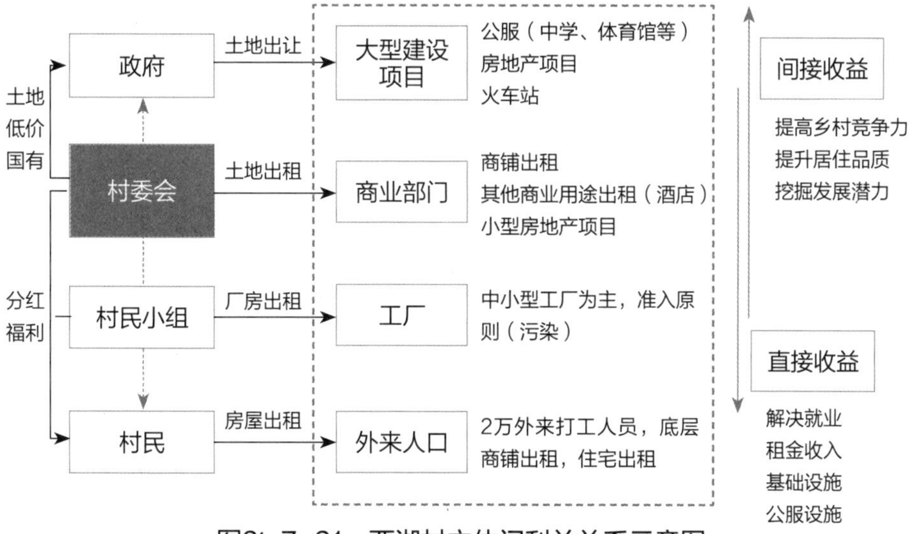

图2′-7-21　西湖村主体间利益关系示意图

益有以下特征：基层组织或群体收益更侧重于直接收益，如解决就业，租金收入，而通过上级政府实现的土地资源的利用其收益更侧重于间接收益，即提高乡村整体的公共服务水平和竞争力等。西湖村委会在统筹基层资源且不

断转移至上级政府进行土地市场运作的过程，也即是利益模式随着权利转移不断变化的过程。

3 治理模式分析

（1）治理模式的特征

1）人地关系的逐步脱离，利益共同体的逐步巩固

过去村民自治与“人—地—籍”紧紧地联系在一起，土地的集体产权是村民自治的经济基础，户籍身份是村民自治的社会基础，村民自治也就具有强烈的封闭性和排他性。在西湖村自治过程中，“人—地”关系逐渐瓦解并转变为“人—资”关系，户籍身份成为绑定村民和乡村利益共同体的纽带，随着集体资产的不断增加，村民个体利益在共同体的比重降低，乡村发展权力逐步转移至村委会（村庄精英），强大的集体力量推动乡规民约的实施，乡村内部权利结构由过去的松散治理逐步过渡为集中治理。

2）治理层级间的平等沟通和合作

西湖村村内主要有三级治理层次：村委会、村民小组和村民。自1991年开始土地统筹工作开展以来，由老村支书为代表的村委承担主要的乡村规划和建设的主持工作，主要以宣传的“软”手段通过村小组将乡村发展思路和乡规民约向村民传达，通过村民和村集体监督的方式管理具体的建设工作，必要时寻求政府部门介入（“硬”手段）。

西湖村村委与上级政府石龙镇政府多采用“平等协商”方式进行沟通和合作，小宗用地的调整和建设、租赁行为等由西湖村村委直接和企业（或其他社会部门如医院）进行沟通，政府配合其进行相关工作；大宗用地的建设需要采取国有土地拍卖方式或其他出让方式进行的，由村委和镇政府部门协商，村集体往往将土地低价出让给镇政府，通过镇政府的公共服务设施配套建设或中高端居住用地拍卖建设，换取新的经济增长潜力或区域整体服务品质的提升。

3）规划手段：“结构引导”+“要素管控”[①]

西湖村二十多年来的规划建设由村庄主导逐步转向村庄+政府共同主导

① 引自《东莞市城市总体规划（2016-2030）》。

方式，在规划手段上秉承“结构引导”+“要素管控”方式，20世纪90年代初完成村集体土地统筹工作后，村委马上进行土地结构的梳理，融资建设道路设施，确定西湖村的基本空间框架，并进行空间功能的确定和划分。在以村小组或村民自行管理的用地建设上，西湖村通过要素管控方式对建筑高度、建筑风貌、厂房租赁对象等进行一系列规则制定，通过要素管控的方式实现“自下而上”建设的有条不紊。

（2）乡村精英的作用

1）发展条件预判

改革开放以来，东莞实施经济国际化战略，大力吸引外资，发展外向型经济。在这一过程中老支书成为充分掌控村庄发展的内部资源禀赋和外部条件的关键力量，并在二十余年间一直把握村庄的建设重点。在20世纪80年代中期，他认识到土地资源和区位是西湖村得以发展起步的重要动力，在短短五年间实现土地的统筹并不惜举债完善乡村的道路基础设施建设，并进行厂房建设和出租，实现村集体经济在短期内的快速增长。在20世纪90年代后期，老支书意识到仅仅发展工业的低效益和不可持续性，因此带动村集体对商业设施、工业设施和部分基础设施进行投资建设，一方面实现村集体资产的增值，另一方面为西湖村发展重点的转型提供较高的起点。进入21世纪以来，在基本维持原有工业厂房出租的情况下，村集体和镇政府合作，将保留的村集体用地通过国有化方式一部分用于大型公共服务设施建设。在集体用地国有化的过程中，村集体往往以远低于市场价格将土地出让给政府，牺牲了一定程度的经济收入，但村支书认为政府在这些设施的投入是未来提升西湖村竞争力的关键要素，是区别于周边乡村在未来成为吸引更多高收入人群居住和生活的热点地区。正因乡村精英在西湖村规划建设过程中准确的预判，西湖村得以在发展过程中把握机会，从过去资源禀赋不突出的条件逐步成为石龙镇重要的交通枢纽和商业中心地区。

2）协调各方利益关系

从最初的分散生产到后来的集中经营，村支书在村民、村小组和村委会的利益协调中起了至关重要的作用。从20世纪80年代召集村民将承包到各家各户的土地集中起来发展工业的想法，到20世纪90年代举债建设道路等基础设施的行为，包括近年来低价出让的高潜在价值的集体用地的做法，均具有超前性特征。这些做法的回报并不即时且不直接，因此在决策过程中如何获得其他村民和村干部的认可是难点之一，“精神领袖”的作用由此凸显。与大范围的城乡规划不同，乡村、社区层级的规划建设往往落实到每家每户，因此利益纠纷更为琐碎，而一名能获得大部分村民个体认同的干部是执行乡规民约的必要条件。

（3）治理过程的反思

1）法制环境不适应乡村发展需求

西湖村治理过程中存在法制环境的两个局限：①法制环境不适应乡村发展需求一方面，西湖村历经二十余年的土地统筹和利用性质以集体用地为主，其在土地利用方式上有别于传统的宅基地+农地模式，而是接近城市地区的建设用地出让模式，通过租赁、拍卖等方式实现收益，这一模式背离了现有关于集体用地的法律体系，不合法却存在一定合理性。考虑到乡村治理环境和发展条件的多样性，应尊重并肯定以西湖村为代表的乡村规划建设治理模式可取之处，探索集体土地的流转模式，逐步建立和完善产权交易市场并完善相应法律法规；②西湖村在发展过程中早已实现城市化，但在组织上仍维持乡村基层治理模式，该治理模式和一般城市基层社区组织的职能存在差异。目前社区治理因缺乏相关条例协调和指引，存在交叉管理和真空领域等管理问题。如何从法律法规层面上应对乡村社区向城市社区的转化，及时衔接和填补社会治理真空同样是西湖村面临的法制环境问题。

2）集体资产利用的局限性

西湖村目前实质上以社区企业模式进行运营，其中村委作为“董事会”主导社区的发展规划，但这种仍然处于产权模糊和治理结构封闭状态的企业组织形式，是否具备可持续发展的内在潜力值得进一步研究。此外，在近二十年的积累下，西湖村的集体资产主要包括固定资产和流动资产，固定资产主要为20世纪八九十年代投入建设的工业、商业设施和基础设施（表2′-7-3），现保持较为稳定的盈利状态。随着服务配套的逐步完善，除了集体分红和村民福利支出外，村集体的流动资金在上级政府部门的规定下只能进行稳健的理财方式如银行储蓄，缺乏对外投资实现资本盈利的途径。

西湖村部分固定资产情况一览表 表2′-7-3

部分固定资产	资产类型	主要性质	出让（建设）年份	建设和运营主体
金沙湾购物广场	商业设施	商业性	1998	村委会
西湖服装批发市场	商业设施	商业性	1998	村委会
西湖车库	商业设施	商业性	2000	村委会
龙田阁楼商铺	商业设施	商业性	1996	村委会
西湖自来水厂区	基础设施	公益性	1992	村委会
西湖综合市场	商业设施	商业性	1994	村委会
江南厂房	工业设施	商业性	1995	村委会

3）乡村自治功能的可持续性

自20世纪80年代以来西湖村的规划建设方向和时序基本由村委会把控，其中村支书相当于社区规划师，制定社区的发展战略、定位，确定各片区的用地功能和开发强度。通过土地的统筹村委会同时承担了建设主体的工作，与上级政府、村民小组和市场进行协调以实现规划愿景。在这一过程中由于村委会承担社区发展的多重身份，因此具有高度内向性的功能特点，尽管村支书作为治理精英较好把握内外部环境变化和城市整体发展需求，推动西湖村从自给自足的封闭环境向开放流动的城市社区转变。然而在近两年村支书和其他老干部退休后，继任的村委干部是否能持续拥有长远和客观的眼光，在单一的决策模式下是否能够避免过分关注村民利益而表现出外部不经济的情况尚未知晓。在人口流动的趋势下，西湖村原有的乡村信任机制将逐步转向规则管理，如何应对利益主体的变更和权力大小的改变同样是西湖村未来乡村治理的挑战之一。

（七）政府、村民合作式治理模式——成都市蒲江县大兴镇炉坪村

1 案例背景

（1）政策背景

1）城乡建设用地增减挂钩项目

近年来，成都市作为城乡建设用地增减挂钩项目的试点地区，通过一

批项目的实施，在统筹城乡发展、促进农村建设发展方面取得了明显成效。城乡建设用地增减挂项目，是在保护耕地的前提下，要求农村建设用地的减少与城市建设用地的增加挂钩，将农村中拆旧区整理出的新增土地面积，扣除建新区用地面积后，结余出建设用地指标，通过在土地市场上的交易指标，换取拆旧区的土地整理、复垦和建新区农民新居及相应配套设施的建设资金。成都市以城乡建设用地增减挂钩作为城乡统筹的主要政策手段，通过“以工补农、以城带乡”，让农村和农民可以获得与城市均等的基础设施和公共服务。其实质是农民通过“以房换地”的形式实现集中居住，以减少宅基地面积、部分庭院经济为代价，换取居住环境、房屋质量和生活基础设施的改善。①

2）村民议事会制度

成都作为统筹城乡综合配套改革试验区，其基层民主的建设也始于城乡统筹发展实践。2008年，成都市开始大力推进农村产权制度改革，为了得到农民的普遍支持，破解土地权属正义协调者不清难题，村民议事会制度逐渐形成，并已经成为各村常设的议事决策机构。议事会制度有村组两个层面，即包括：由农户推选产生的村民小组议事会，和由被村民小组议事会推举出的组代表组成的村议事会。从职能上讲，村民议事会主要行使乡村事务的议事权、决策权和监督权。这些权利来自村民大会或者村民代表会议的授权，相当于在村民大会或者村民代表大会闭会期间的一个常设代表机构。该制度的建立，使得成都农村土地确权工作迅速评为推进，也对后续的土地综合整治工作起到了很好的基础性作用。

3）土地综合整治项目

2010年，为了进一步推进统筹城乡建设和深化土地管理制度改革，由成都市国土资源局牵头，在全市范围内开始实行土地综合整治项目。土地综合整理项目成为新一轮城乡统筹建设的契机，其内容包括有：集中建设中心村和聚集点；农民以土地承包经营权入股，村集体以土地整理新增耕地发展现代农业；政府加强统一领导，国土资源、财政、农业、水利、交

① 张世勇．村级组织的农地调查实践——对成都市ZQ村建设用地增减挂钩项目实施过程的考察[J]．贵州社会科学，2013(4):119-125.

通、规划等部门充分发挥各自部门的职能特点和技术专长，分工协作，形成合力（表2′-7-4）。

成都市统筹城乡综合配套改革的相关政策及标准　　表2′-7-4

	相关政策及标准
城乡建设用地增减挂钩项目	《四川省城镇建设用地增减挂试点管理办法》（川国土资发【2008】68号） 《四川省城乡建设用地增减挂钩试点项目验收办法》
村民议事会制度	《关于进一步加强农村基层基础工作的意见》（成委发[2008]36号） 《关于构建新型村级治理机制的指导意见》（成组通[2008]113号） 《成都市村民议事会组织规则（试行）》《成都市村民议事会议事导则（试行）》《成都市村民委员会工作导则（试行）》 《加强和完善村党组织对村民议事会领导的试行办法》
土地综合整理项目	成都市国土资源局、成都市农业委员会《关于维护农民权益做好土地综合整治项目土地权益调整的意见》（成国土资发【2010】158号） 成都市国土资源局《关于加强农村土地综合整治项目实施监管工作的通知》（成国土资发【2011】171号） 《成都市农村土地综合整治项目实施监管工作细则》和《成都市建设用地整理项目土地复垦监管审查试行办法》的通知（成国土资发【2011】256号） 《成都市农村土地综合整治项目实施监管工作细则》和《成都市建设用地整理项目土地复垦监管审查试行办法》的通知（成国土资发【2011】230号） 《成都市国土资源局关于充分发挥农民主体作用完善农村土地综合整治工作流程的指导意见》（成国土资发【2011】236号） 《成都市国土资源局关于建设用地整理项目竣工验收的程序规定的通知》（成国土资发【2011】297号） 《成都市农村土地综合整治项目实施监管办法》（成国土资发[2014]69号）
农村规划建设	《成都市社会主义新农村规划建设管理办法（试行）》 《成都市社会主义新农村建设规划技术导则》《成都市农村新型社区建设技术导则》 《成都市川西林盘保护整治建设技术导则》 《镇（乡）村建筑抗震技术规程》 《四川省农村居住建筑抗震设计技术导则》 《成都市村镇居民自建房工程技术及施工质量控制要点》

（2）区位条件

大兴镇炉坪村位于大兴镇西北部，距大兴场镇2.5公里，距离成都市70公里，位于成都市一小时经济圈内，属于乡村旅游次密集带的远郊游憩区。全村辖区面积8.28平方公里，其中，耕地面积2603亩，全村辖13个村民小组，690户，总人口2205人，劳动力1145人。炉坪村现已形成“一横、三纵、一环”的道路交通格局，总长33.3公里，交通条件良好。

（3）产业发展

炉坪村根据自身的自然条件及产业基础条件，以新农村为核心周边区域重点发展了猕猴桃、茶叶两大优势特色产业。同时，依托现代农业产业基地，开展采果、品果、采茶、制茶等农业体验活动，大力发展观光农业和休闲旅游业，实现一三产业互动，拓宽群众增收渠道。其中，村域北部规划标准化猕猴桃产业园，采用“龙头企业+合作社+基地+专家+农户”的形式发展高端猕猴桃产业。目前并已经形成了5000亩猕猴桃标准化示范基地。此外，聚居点周边区域整合建设成为标准化茶叶产业园，引进龙头企业打造有机茶基地，组建托管公司、茶叶专业合作社，采取“公司+合作社+基地+专家+农户”的形式，对茶叶品种、种植技术、投入品等实施全程托管。目前已经形成3500亩优质茶叶标准化示范基地。现阶段，村庄居民依托猕猴桃和茶叶两项产业发展，实现人均年收入12680元，比规划建设前增加了一倍。

2 改造实施过程

（1）规划建设

炉坪村安置点规划建设工作在2011年以土地综合整理项目为契，正式拉开序幕。第一批报名参加土地综合治理项目共212户居民。规划依照高效互动的产业业态、自然和谐的村建生态、特色化的乡村稳态、田园化的村庄附态“四态合一”的理念与川西风貌塑造的要求，按照“全域统筹生产要素、综合协调基础配套”的思路进行设计。建设项目包括：土坯房改造翻新、道路建设、村庄给排水设施建设、污水处理设施和垃圾收集设施建设、包括村级综合服务中心在内的村庄公共服务设施建设等。目前安置点的建设配套产业的发展，基本实现了产村相融，从根本上帮助农民脱贫；实现了适度聚居，集约利用了土地；村庄风貌统一，且形成了川西民居风格；地方文化特色得以挖掘，村庄历史得以传承。

（2）治理历程

炉坪村乡村治理分四个时段：①2006～2011年的准备期、②2012年的启动期、③2013年的实施期和④2014年的运营期，重点、主体、内容、特征与成就见表2′-7-5。

炉坪村乡村治理历程一览表　　表2′-7-5

时间	准备期（2006~2011年）	启动期（2012年）	实施期（2013年）	运营期（2014年）
重点	土地整理项目立项、宅基地征收和补偿、居民安置点选取	居民安置点规划、规划申报审批、旧房屋拆除、村民分配住宅	新村居民点建设	土地流转、村庄产业发展新村运营维护
参与主体	县国土局、县规划局、村委会、村民议事会、村民、乡村规划师	县国土局、县规划局、村委会、小区建设议事会、建筑公司	村委会、村民议事会、村民、自治物业管理委员会	县农委、村委会、村民议事会、村民、新炉合作有限公司
主要内容	1. 县国土局与村民议事会协商，对该村进行土地整理项目； 2. 县国土局依据村民意愿，征收宅基地并签订合同，给予建房补贴和征地补贴； 3. 县国土局在与村民议事会协商确定三处安置点后召开村民大会，由村民投票选点	1. 县规划局主管，乡村规划师协助，共同完成安置点规划编制。从提出方案、村民大会探讨、修改方案，上述流程进行了三轮后，最终确定规划方案结果； 2. 规划方案经由上报审批，进入实施阶段； 3. 村民大会推选出小区建设议事会； 4. 村委会动员村民进行旧房屋拆除，县国土局提供租房补助； 5. 村民议事会组织村民抽签完成房屋分配	1. 民居自建：小区建设议事会在村内召开建筑公司招投标会，由村民自主选取建筑公司，以数户为一组选择一家公司的形式共选择7家； 2. 由交通、水利、环卫等部门完成村内基础设施建设； 3. 由县规划局、县国土局、乡村规划师、小区建设议事会共同进行施工管理，并现场对村民诉求进行回应	1. 村委会组织流转1000余亩耕地，每年租金1200元/亩，年底分红500元/亩； 2. 村内成立新炉合作有限公司； 3. 县农委招商引资建设千亩茶叶核心示范园、千亩猕猴桃标准化基地； 4. 村内成立自治物业管理委员会，每年收取每户收取120元村庄建设维护费用，并进行村庄建设维护工作
特征	尊重意愿、共同决策	合作规划、保障充分	统规自建	产业围村
成就	1. 212户居民参与土地整理项目； 2. 安置点选择合理	1. 安置点规划编制完成； 2. 旧居拆除顺利； 3. 安置房屋分配妥善	1. 安置点建设遵循规划，且施工顺利； 2. 居民入住安置点	1. 实现产业围村，村民收入直线上升； 2. 形成村庄建设常态化管理体制

3　治理模式分析

（1）治理模式的特征

1）基于村民议事会的基层治理

村民议事会制度的形成和发展，使得乡村政治生活村民大会或者村民代表大会已经不再形同虚设，而是有了一个规模适度的常设机构。在成都的改革发展中，经由各家各户推选产生的村民议事会已经实际掌握了乡村公共事务的大多数决策权，逐渐成为乡村居民调节内部矛盾和表达集体利益诉求的制度性平台。相对于此前村支部、村委会极少数人直接决策而言，参与决策的人数大大增加了，自然更有可能使决策代表基层广大民众的利益，也有利于促进决策过程的公开透明。同时，议事会的成长和发展，也促进了公共事务决策与执行的分离，无疑也能进一步强化村务监督。

2）实现多主体的合作式规划治理

在本案例中，参与乡村规划建设的主体包括政府相关部门、乡村规划师、村集体与村民，其中各主体之间基本不存在明显的权力侵占，主体之间职责界限清晰，且各主体以平等、自愿的前提下沟通形成方案。在乡村规划治理中，政府部门提供决策支持与底线保障，乡村规划师负责沟通与规划协调，村民则成为主体并发挥最终决策权，真正实现村民满意的乡村规划，据调研得到从住房条件、基础设施提供、生态环境等各方面村民的满意度均有明显提升。

3）依托政策提供规划建设资金保障

炉坪村治理成功得益于成都市土地整理相关政策，通过土地增减挂的模式形成乡村规划建设的初始动力，为持续性推动乡村建设提供资金保障。在土地增减挂中，通过大面积的土地整理产生的市场收益成为乡村规划建设的启动资金，已成为村民补偿、规划施工建设的重要资金组成部分，是实现激活自身资本以推动乡村建设开展的重要途径。

4）大力发挥乡村规划师的承接作用

乡村规划师在成都市乡村规划与建设中起到至关重要的作用。目前的乡村规划师多以直接的社会招聘形式为主，基本实现每个镇拥有一名乡村规划师。乡村规划师在成都市乡村规划建设中起到承上启下的作用，一方面将规划理念、规划方案等书面性文件以简单易懂的形式告知村民，保障村民的知情权，提高村民对于乡村规划建设、乡村治理的参与度，并在实际规划建设中与村民直接沟通，解决村民的实际难题，推动乡村规划的有序开展，如在规划建设阶段中施工微调的处理与认证，乡村规划师在其中发挥重要作用。另一方面又将村民集中反映的实际情况汇总上报规划部门，并与规划部门协商解决方案，担任村民“发声器”的作用，保障了乡村规划切实符合村民的利益。

由于乡村规划师多与乡村接触，比规划部门工作人员、传统规划编制单位更真切地了解当地情况，能更好辅助规划编制部门完成切合乡村需求的乡村规划，同时乡村规划师又比村干部、村民掌握更多规划知识，能更全面、更合理地将村内实际诉求通过规划手段体现在方案编制与实施过程中。因此，乡村规划师确已成为乡村与政府、村民与规划编制单位之间的桥梁，真正推动乡村规划的本土化转变。总体来说，乡村规划师作为沟通中间人，已成为乡村合作治理模式中不可或缺的重要角色。

5）积极推动部门的“服务性”转变

成都市基于乡村规划师与畅通的村民参与机制，反逼政府部门放弃统包统揽的规划管理思路，实现从“管制性”向“服务性”的转变。在成都市炉坪村的乡村规划建设过程中，政府多部门积极参与其中，但没有一个部门采取直接决策的模式，每一个部门都是在提供自身专业技术指导的情况下通力合作，形成符合多部门技术要求的方案初稿，在交由村民议事会讨论并决策后才予以实施，如若提出修改意见，则再次进行方案完善修编。可见在乡村选点、规划建设方案确定、后续施工验收等环节中，政府部门都将自身定位为提供技术支持和明确底线保障的辅助者，不再是传统的方案决策者。所以总体来说，政府部门多样化的“服务性”，放弃传统的主体决策地位，定位为乡村合作治理中的主体之一，为合作治理提供了可能。

（2）参与渠道的贯通

成都炉坪村的乡村规划建设中，自始至终体现了为村民提供畅通表达利益诉求渠道的制度设计，在整个规划建设过程中包括最初的方案选点、分配方案到之后的规划建设方案均实现了村民的直接参与和决策。

在选点环节，成都乡村规划均按照村民自愿的原则，全村内村民自愿报名参加土地整理项目，参与项目的村民亦同时参与选点及后续工作，在炉坪村中690户村民中，有212户自愿报名参加。从乡村规划选点开始，考虑到村民对于地质分析、承载能力分析等方面的技术不足，政府组织多部门从专业技术角度协商形成多个选点的备选方案后，将最终决策权交还给村民，借助村民议事会制度，由村民自行决定最终选点方案。总体来说，选点环节村民积极参与并拥有真正的决策权。

在分配方案环节，政府完全下放权力至村集体中，不予干预，通过村民议事会自行讨论决定分配方案。炉坪村对于房屋分配方案确定采取抓阄的形式，在每户不同人数区分不同户型后，选择同一户型的村民均以抓阄的形式随机分配住房。同时考虑到维持原有社会网络，在分配完成后，在双方自愿的前提下可以在同户型间自行交换。总体来说，分配方案确定中村民全程参与其中并起到了真正决策作用。

在规划建设环节，同样由多部门形成规划建设方案，并与村民多次“见面”，由村民提出修改建议。炉坪村的规划建设方案一共大修改3次，小修改若干次，虽然受限于村民对规划建设专业知识的局限性，致使大修改多与村民的建议关系较少，但小修改中仍体现村民的意愿，如全村房屋房顶式样、材料选取均由村民提出建议并进行修改。在建设主体确定过程中，炉坪村采用政府提供交流平台、村集体组织、村民直接商谈的模式，成都市政府提供市内有资质的建筑公司，由村集体协调召集建筑公司直接入村，与村民面对面协商，在经过3轮商谈后，以数户为一组选择一家公司的形式共选择7家建筑公司进行施工建设。在施工建设过程中，村民也全程参与并对于其中施工的细节提出建议，如增加屋前微田园面积，相应减少屋后田园面积，在不与规划建设方案有大冲突的前提下予以当场确认。总体来说，在规划建设中已形成畅通的村民参与渠道，村民在其中发挥的作用已不容忽视。

综上所述，村民在乡村合作治理中不再作为被动信息接纳者，而是通过发挥主体能动性，积极发挥作用，也已成为乡村合作治理中的重要力量。

（3）案例模式的局限性

1）乡村规划建设资金来源的多样性

在传统乡村规划与建设中，资金通常成为重要瓶颈而限制乡村空间优化和产业升级。在成都炉坪村案例中，成都市土地增减挂为乡村规划建设带来多样化的资金渠道，同时受益于成都城乡之间建设用地指标大幅度的差价，直接导致土地整理带来的资金收入可以覆盖乡村规划建设过程，即使存在资金缺口，亦可通过政府资金予以支持，换言之对政府财政不会带来较大负担。因此在我国目前土地政策下，这种土地整理模式在大城市周边乡村较易实现，其余大部分乡村较难满足较大幅度的城乡建设用地差价，即较难通过土地整理产生足够覆盖乡村规划建设的资金。

2）乡村建设常态化管理的可持续性

成都乡村规划建设确实为村民带来实际利益，村民的居住条件、生活环境、生产环境均得到质的飞跃，已形成“乡村的自然与城市的社区”并存的空间形态。但接踵而至的问题却不容忽视，虽然伴随乡村规划建设兴起的农业规模化经营，村民可通过土地流转与农业企业招工的双重渠道获得收益，但秉持“谁享用，谁付费”的原则，要保证成都这类乡村新型社区的公共服务水平，必然需要有持续性资金投入。目前，案例村中收取的每户120元/年的村庄建设维护费用仍不足以负担村级公共服务，需要市级财政填补。在我国大部分乡村，每年持续性的用于村级社区公共服务的费用是广大村民难以负担的，这势必容易导致新型乡村社区难以持续性运行，需要探索“投工代费”等多种形式结合的乡村建设常态化管理模式。

3）村民权力渠道畅通但能力偏弱

案例村中虽然已形成较成熟的合作治理模式，村民在每个环节也均拥有参与治理的畅通渠道，但实际情况反映出村民参与度与制度建设中预期相差较大，主要原因在于村民参与治理的能力偏弱，空有“发声”途径却“无力发声”。所以，在已为村民提供畅通表达利益诉求渠道的制度设计的情况下，需要加强村民能力建设，在继续推行义务教育的同时以乡村规划师为媒介传输规划思想与知识，使这部分决策群体有能力与制度设计相衔接，实现更为深刻的合作式乡村规划治理。